First Stage シリーズ

新訂電気機器概論

千葉　明　[監修]

昆秀行・酒井豊喜・庄司忠信・津田良仁・並木正則・山口亨一　[編修]

実教出版

目次 Contents

序章　「電気機器」を学ぶにあたって　6

1 電気エネルギーと電気機器　6
1. 電気エネルギーへの変換と利用　6
2. 電力の変換　10

2 「電気機器」を学ぶための基礎知識　11
1. 電流と磁界　11
2. 電磁力の向きと大きさ　11
3. 電磁誘導　13
4. 磁性材料　15
5. 複素数とベクトル　16

第1章　直流機　17

1 直流機　19
1. 直流機の原理　19
2. 直流機の構造　22
3. 電機子巻線法　24
- 節末問題　27

2 直流発電機　28
1. 直流発電機の理論　28
2. 直流発電機の種類と特性　32
- 節末問題　36

3 直流電動機　37
1. 直流電動機の理論　37
2. 直流電動機の特性　42
3. 直流電動機の始動と速度制御　44
- 節末問題　48

4 直流機の定格　49
1. 直流発電機の定格　49
2. 直流電動機の定格　51
- 節末問題　52

▶ まとめ　53
▶ 章末問題　54

第2章　電気材料　55

1 導電材料　57
1. 電線材料　57
2. 超電導材料　58
3. 抵抗材料　60
- 節末問題　60

2 磁性材料　61
1. 高透磁率材料　61
2. 永久磁石材料　63
- 節末問題　64

3 絶縁材料　65
1. 絶縁材料の特性　65
2. 絶縁材料　67
- 節末問題　68

▶ まとめ　69
▶ 章末問題　69

第3章　変圧器　71

1 変圧器の構造と理論　73
1. 変圧器の構造　73
2. 変圧器の理論　77
3. 変圧器の等価回路　81
- 節末問題　85

2 変圧器の特性　86
1. 変圧器の電圧変動率　86
2. 変圧器の損失と効率　92
3. 変圧器の温度上昇と冷却　98
- 節末問題　102

3 変圧器の結線　103
1. 並列結線　103
2. 三相結線　107
- 節末問題　112

4	各種変圧器	113
	1　三相変圧器	113
	2　特殊変圧器	115
	3　計器用変成器	120
	●節末問題	123

▶まとめ……124
▶章末問題……126

第4章　誘導機　129

1	三相誘導電動機	131
	1　三相誘導電動機の原理	131
	2　三相誘導電動機の構造	134
	3　三相誘導電動機の理論	138
	4　三相誘導電動機の等価回路	141
	5　三相誘導電動機の特性	144
	6　三相誘導電動機の運転	150
	7　等価回路法による回路定数の測定	155
	●節末問題	157
2	各種誘導機	159
	1　特殊かご形誘導電動機	159
	2　単相誘導電動機	161
	3　誘導電圧調整器	166
	4　誘導発電機	168
	●節末問題	170

▶まとめ……171
▶章末問題……172

第5章　同期機　175

1	三相同期発電機	177
	1　三相同期発電機の原理と構造	177
	2　三相同期発電機の等価回路	184
	3　三相同期発電機の特性	188
	4　三相同期発電機の出力と並行運転	194
	●節末問題	197

2	三相同期電動機	199
	1　三相同期電動機の原理	199
	2　三相同期電動機の特性	203
	3　三相同期電動機の始動とその利用	207
	●節末問題	209

▶まとめ……210
▶章末問題……211

第6章　小形モータと電動機の活用　213

1	小形モータ	215
	1　小形直流モータ	215
	2　小形交流モータ	220
	3　制御用モータ	224
	●節末問題	230
2	電動機の活用	231
	1　電動機の利用	231
	2　電動機の所要出力	233
	3　電動機の保守	236
	●節末問題	236

▶まとめ……237
▶章末問題……237

第7章　パワーエレクトロニクス　239

1	パワーエレクトロニクスとパワー半導体デバイス	241
	1　パワーエレクトロニクス	241
	2　電力変換	242
	3　電力変換回路	242
	4　半導体バルブデバイスとその性質	244
	●節末問題	251
2	整流回路と交流電力調整回路	252
	1　単相半波整流回路	252
	2　単相全波整流回路（単相ブリッジ整流回路）	255
	3　三相全波整流回路（三相ブリッジ整流回路）	256
	4　交流電力調整回路	257
	●節末問題	258

3	直流チョッパ······259
1	直流チョッパの基本······259
2	直流チョッパの利用······263
	●節末問題······264

4	インバータとその他の変換装置······265
1	インバータの原理······265
2	インバータの出力電圧調整······268
3	方形波インバータの波形改善······270
4	インバータの利用······271
5	その他の変換装置······275
	●節末問題······277

▶まとめ······278
▶章末問題······279

問題解答······280
索引······283

✤ Column

発電機と電動機，実用化はどちらが先？······26
世界最強の磁石······56
リニア中央新幹線建設······59
トップランナー変圧器······72
環境配慮型変圧器······128
トップランナーモータ······130
発電機の冷却方式······183

深掘り！

次世代ワイドバンドギャップ半導体······250

Let's Try (実験系)

直流モータを分解しよう······23
簡単なモータをつくろう······26
回転磁界と回転子の関係をみてみよう······200
手動でステッピングモータを回してみよう······229

（本書は，高等学校用教科書「工業738 電気機器」（令和6年発行）を底本として制作したものです。）

■**本書の使い方**
・**単位の表し方**
　① 量記号には斜体の文字を使用し，単位には [ ] をつけています。　　例：R [Ω]，I [A]
　② 数字のみの場合には，[ ] をつけていません。　　例：3 V，π rad
・**図記号**　JIS（日本産業規格）に定められた「電気用図記号」（JIS C 0617-1～13）。
・**問題**　例題・問，節末問題，章末問題を用意しました。学習の段階に合わせてお使い下さい。
・**計算時の注意**　基本的には，有効数字を3けたで計算しますが，$\pi = 3.142$，$\sqrt{2} = 1.414$，$\sqrt{3} = 1.732$ で計算します。
・**Let's Try！**　考えたり，やってみたり，調べたり，話し合ったりして学習を深められるように，簡単にできる実験や調査などの題材を用意しました。
・**話題**　学習に関連した身近な話題を用意しました。

まえがき　　　　　　　　　　　　　　　　　　　　　　　　　　Introduction

　電気機器学が，最近ホットな話題になっている。とくに自動車関係の会社では，開発が進むにつれ，電気機器学がわかり，モータに詳しい人が求められている。ハイブリッド，プラグインハイブリッド，電気自動車や燃料電池車などの次世代自動車は，いずれもモータで駆動する自動車であり，今後どんどん開発が進み，生産が増える見込みだ。

　現在の自動車のモータの多くは，レアアース磁石を適用した永久磁石型モータである。しかし，アメリカでは，以前より誘導機を使っている会社がある。また，ドイツでも電気自動車(EV)に誘導機を採用するところもある。では，一体どのようなモータがよいのだろうか。この答えは，将来のレアアースなどの材料の入手性や価格，環境への配慮等を含め，エンジニアの改善改良によって変革するだろう。それに，これから新しいモータも開発されるだろう。どのモータにもよいところもあれば，欠点もある。その基礎と特性を理解して，よいところを伸ばし，欠点を改善するのは，これから電気機器学を学ぼうとしている君たちなのだ。

　直流発電機を発明したエジソンや，誘導機を発明したテスラの時代に始まった電気機器学は，電気・電子・情報関係では最も歴史があり，電気のエネルギーをいかに効率よく動力等に変換するかを追求する学問である。エジソンやテスラの時代に比較すると，現代では，効率が極めて高くなり，また，小形化・軽量化している。とくに，電磁界のコンピュータ解析が進んだことにより，大きく進展している。

　このような状況下で，本書は，主として工業高等学校の電気・電子・情報関係における教科書として編修されたものであり，電気機器学の基礎理論，法則などの学習を行い，さらに，専門知識を習得し，例題・章末問題を通して知識を定着できるようくふうされている。時代の移り変わりによって変化しない基礎学問に重点を置き，君たちの将来にわたって活用されるように構成されているので，高校卒業後の資格試験の勉強にも最適である。

　国際的な電気電子情報関係の学会 IEEE では，電気機器関係のノーベル賞ともいえるニコラ・テスラ賞を，貢献者に与えている。本書を学び，将来ニコラ・テスラ賞の受賞を目指して，電気機器の発展に貢献してほしい。

序章 「電気機器」を学ぶにあたって

1節 電気エネルギーと電気機器

　電気エネルギーは，地球上にある化石燃料や自然エネルギーなどから電気に変換されたエネルギーである。この科目では，電気エネルギーの発生から消費までの間で使用される，さまざまな電気機器（電気機械・器具）やパワーエレクトロニクス技術が果たす役割について学習する。

1 電気エネルギーへの変換と利用

1 エネルギー資源と電気エネルギー

　わたしたちが利用しているエネルギー資源には，おもに表1のようなものがある。このうち，(1)の①からは機械エネルギー（運動エネルギーともいう）が得られ，それ以外の資源からは熱エネルギーが得られる。実社会や生活の中でエネルギーを利用するには，エネルギー資源から得られたエネルギーをほかの形のエネルギーに変換しなければならない。現在は，水力発電所，火力発電所，原子力発電所などで，資源から得たエネルギーを水車やタービンで機械エネルギーに変換し，発電機によって電気エネルギーに変換している。

▼表1　おもなエネルギー資源

資源の分類	資源の例	直接得られるエネルギー
(1) 自然エネルギー	①水力・風力・潮力・波力	機械エネルギー（運動エネルギー）
	②太陽熱・地熱	熱エネルギー
(2) 化石燃料	石炭・石油・天然ガス	熱エネルギー
(3) 核燃料	原子力	熱エネルギー

　エネルギーにおいて，変換前のエネルギー資源を**一次エネルギー**，変換によって得られるエネルギーを**二次エネルギー**という。また，一次エネルギーに対する電気エネルギー（二次エネルギー）の比率を**電力化率**という。電気エネルギーの必要性は年々高まっており，日本の電力化率は，図1に示すように46％に達している。

❶資源エネルギー庁「令和元年度におけるエネルギー需要実績」

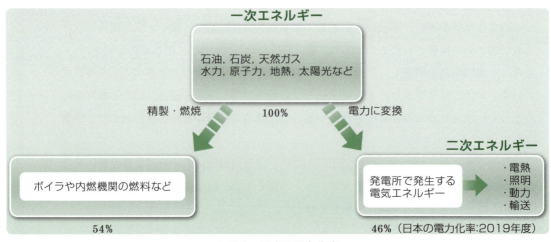

▲図1　日本の電力化率

2 電気エネルギーの特徴

電気エネルギーは、最も使いやすい形態のエネルギーである。電気エネルギーは、表2のような変換機器や装置を用いると、ほかの形態のエネルギーに容易に変えることができる。また、図2のようにさまざまな特徴がある。

▼表2 エネルギーの形態と変換装置・機器の例

もとのエネルギーの形態	変換後のエネルギーの形態	変換機器・装置
電気エネルギー	熱エネルギー	電熱器, 電気炉
	機械エネルギー	電動機, アクチュエータ
	電気エネルギー	変圧器, 整流器
	化学エネルギー	蓄電池, 電解槽
	放射エネルギー	電球, 蛍光灯

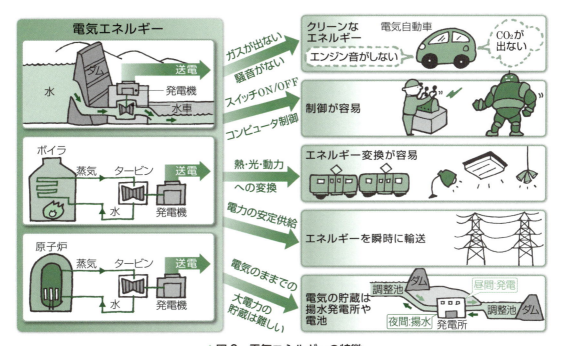

▲図2 電気エネルギーの特徴

3 電気の利用

日常、わたしたちは身近にある電気を利用して生活しており、家庭生活では、暗くなれば照明器具を使い、部屋の温度調節にはエアコンを利用している。また、携帯電話の着信音が鳴れば、受信ボタンを押して通話をしている。つまり、わたしたちは電気を**エネルギー**として、また**信号**として利用している。

▲図3 電気をエネルギーとして利用

▲図4 電気を信号として利用

1節 電気エネルギーと電気機器　7

4 電気エネルギーの発生から消費まで

わたしたちが日々利用している電気エネルギーは水力・火力・原子力などの発電所でつくられている。発電所の水車，あるいはタービンが供給する機械エネルギーで三相同期発電機を回転させ，電気エネルギーである三相交流電力を発生させて，送電している。送られた電気は，動力，鉄道輸送，照明，電熱，化学などの分野で利用されている。日本では，年間消費電力量の約 55 %がモータで消費されている。

図 5 は，電気エネルギーの発生から消費までを示した概略図である。発電所でつくられた電気は，さまざまな電気機器を経て輸送される。図 5 の色文字のか所は，本書で学ぶ項目である。この図から電気機器は，電気エネルギーの輸送の各所で大切な役割を担っていることがわかる。

❶資源エネルギー庁「平成 25 年度エネルギーに関する年次報告」による

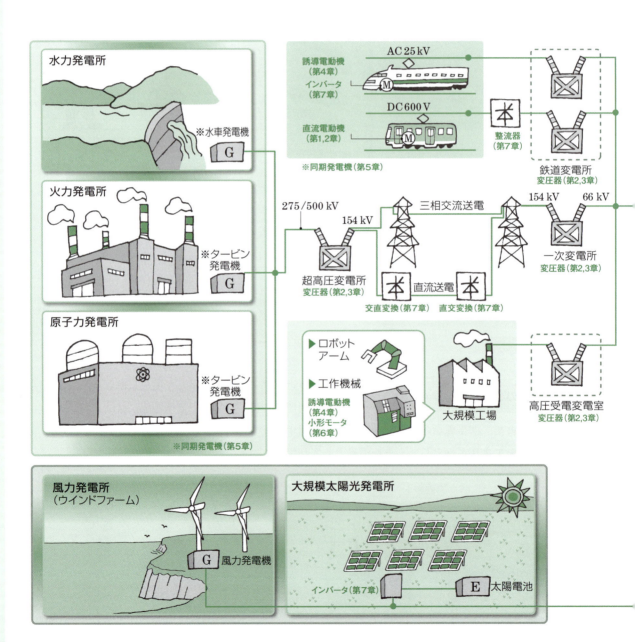

▲図 5　電気エネルギーの発生から消費まで

5 電気機器の種類

電気機器には，おもに表3のようなものある。また，そのほかの機械・器具として，力率調整用のコンデンサやリアクトル，電線路を遮断する開閉器や遮断器などがある。一般に発電機や電動機のように，機器の中心となる部分が回転するものを**回転機**といい，変圧器や変換装置（整流器やインバータ等）などのように，静止している機器を**静止器**という。

◀表3 電気機器のおもな種類

電気機器		内容
回転機	発電機	機械エネルギーを受けて電気エネルギーを発生する
	電動機	電気エネルギーを受けて機械エネルギーを発生する
静止器	変圧器	交流の電流，電圧を変える
	変換装置	周波数の変換や，直流から交流，交流から直流への変換

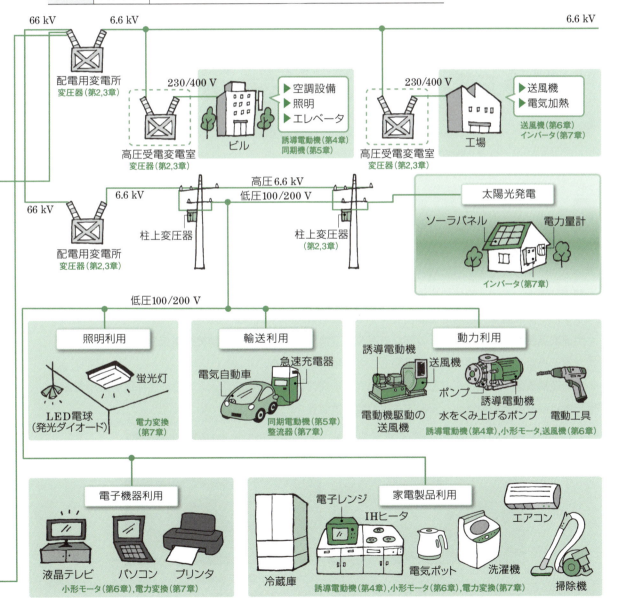

2 電力の変換

1 直流と交流の変換

わたしたちの家庭には，発電所でつくられた交流の電気が，東日本では 50 Hz，西日本では 60 Hz の周波数で送られてくる。したがって，コンセントに接続して使用する電化製品は，交流電源で動作する。一方，乾電池や太陽電池，燃料電池の出力は直流である。パソコンや携帯電話のような電子機器には直流電源が必要である。

このように，電気は交流と直流が混在して使われており，交流を直流に，また直流を交流に変換する必要がある。具体例をあげると，図6(a)のように，急速充電器で電気自動車の電池に充電する場合，交流を直流に変換する**整流装置**が必要である。また，図6(b)のように，太陽光発電の場合は，発電した直流を交流に変換する**インバータ装置**が必要である。

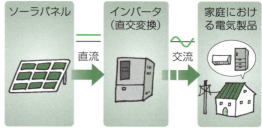

(a) 急速充電器の働き　　　(b) インバータの働き

▲図6　交流・直流波形と交直変換機器

2 パワーエレクトロニクス技術の利用

電気エネルギーの発生・輸送・変換・制御・消費などを，半導体技術を用いて，小形・軽量・高機能な利便性をはかりながら，効率的に電力を変換する技術を**パワーエレクトロニクス技術**という（図7）。なかでも**電力変換装置**は，パワー半導体デバイスの進化とともにめざましい進歩をとげている。電力変換装置には次のようなものがある。

◆**整流装置**◆　交流を直流に変換する装置（図6(a)）。
◆**インバータ装置**◆　直流を交流に変換する装置（図6(b)）。
◆**直流変換装置**◆　直流を電圧の異なる直流に変換する装置。直流電動機や電気自動車の電源装置，また電子機器，通信機器の組込み電源として利用されている。
◆**交流変換装置**◆　交流を電圧や周波数の異なる交流に変換する装置。大容量の交流電動機用電源や，東日本と西日本との周波数を変換する周波数変換装置などに利用されている。

(a) 電車の電源　　　　(b) 電気自動車の電源

▲図7　パワーエレクトロニクス技術の利用

2節 「電気機器」を学ぶための基礎知識

「電気機器」を学ぶにあたっては，すでに科目「電気回路」で学んだ以下の法則や内容が重要である。ここにかかげた法則や内容をよく理解したうえで，「電気機器」の学習に取り組もう。

1 電流と磁界

1 アンペアの右ねじの法則

直線導体に電流を流すと，導体の周りに磁界が生じる。このとき，電流の方向と右ねじが進む方向を一致させれば，磁界の方向はねじの回転する方向である。このことを**アンペアの右ねじの法則**という。

▲図8 アンペアの右ねじの法則

2 電流と磁界の向きの表し方

図9(a)は，紙面を上から貫くように流れた電流と，その電流により発生した磁界の向きのようすを示したものである。図9(b)に示すように，電流が紙面と垂直に裏から表に向けて流れていることを⊙（**ドット**）の記号で表し，逆に，電流が紙面と垂直に表から裏に向けて流れていることを⊗（**クロス**）の記号で表す。

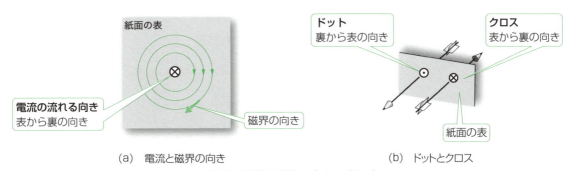

(a) 電流と磁界の向き　　　(b) ドットとクロス

▲図9 電流と磁界の向きの表し方

2 電磁力の向きと大きさ

1 フレミングの左手の法則（電磁力の向き）

電磁力の向きを知る方法として，**フレミングの左手の法則**がある。これは，図10のように「左手の親指・人差し指・中指をたがいに垂直になるように開き，人差し指を磁界の向きに，中指を電流の向きに向けると，親指の向きが電磁力の向きと一致する」というものである。

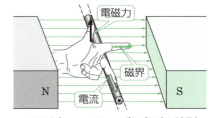

▲図10 フレミングの左手の法則

2 直線導体に働く力の大きさ

a 導体を磁界と直角に置く場合 図11(a)のように，磁束密度 B [T] の平等磁界中に導体 l [m] を直角に置き，電流 I [A] を流すと，導体には，次式で示す**電磁力** F [N] が働く。

$$F = BIl \text{ [N]} \tag{1}$$

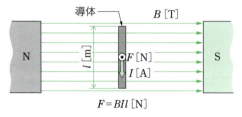

(a) 導体を磁界と垂直に置いた場合　　(b) 導体を磁界と θ の角度に置いた場合

▲図11　導体の角度と電磁力

b 導体を磁界と θ の角度に置く場合 図11(b)①のように，磁界の向きに対して θ の角度にある導体に働く力 F [N] は，次のようになる。

$$F = BIl\sin\theta \text{ [N]} \tag{2}$$

なお，式(2)および図11(b)において，l [m] の導体①に働く力は，長さ $l\sin\theta$ [m] の導体②を磁界の向きに対して垂直に置いたときに働く力と等しい。

3 方形コイルに働くトルク

図12のように，磁界中におかれた方形コイルに電流を流すと，方形コイルにはトルクが働く。図13(a)のように，磁界の磁束密度を B [T]，コイルの寸法を a，b [m]，流れる電流を I [A] とすると，コイルに働くトルク T [N·m] は，次式で表される。

$$T = BIab \text{ [N·m]} \tag{3}$$

図13(b)のように，磁界の向きに対してコイルの面のなす角度が θ のとき，コイルに働くトルク T [N·m] は，次式で表される。

$$T = BIab\cos\theta \text{ [N·m]} \tag{4}$$

一方，図13(c)のように，コイルと磁界に垂直な面との角度が θ，コイルの回転半径を r [m] とするとトルク T [N·m] は，次式で表される。

$$T = 2BIar\sin\theta \text{ [N·m]} \tag{5}$$

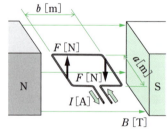

▲図12　磁界中の方形コイル

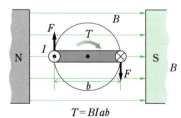
(a) コイルと磁界との角度が $\theta=0$ のとき

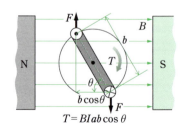
(b) コイルと磁界との角度が θ のとき

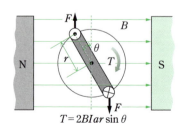
(c) コイルと磁界に垂直な面との角度が θ のとき

▲図13　磁界中の方形コイルに働くトルク

3 電磁誘導

コイルを貫く磁束が変化すると，起電力が発生する。この現象を**電磁誘導**といい，これによって発生する起電力を**誘導起電力**，流れる電流を**誘導電流**という。

1 誘導起電力の大きさと向き

a ファラデーの法則 電磁誘導によって生じる誘導起電力の大きさは，「コイルの巻数と，コイルを貫く磁束の時間的に変化する量の積に比例する。」これを電磁誘導に関する**ファラデーの法則**という。

b レンツの法則 電磁誘導によって生じる誘導起電力の向きは，「誘導起電力によって流れる電流のつくる磁束が，もとの磁束の増減を妨げる向きに生じる」。これを**レンツの法則**という。

c 誘導起電力の表し方 図14(a)のようなコイルに電流が流れると，右ねじの向きに磁束が生じる。この関係を考慮して，図14(b)のように磁束 $\varPhi$，電流 I，起電力 E の正の向きを定める。図14(c)において，コイルを貫く磁束 $\varPhi$ [Wb] が微少時間 $\varDelta t$ 秒間に $\varDelta \varPhi$ [Wb] だけ増加した場合，コイルに発生する誘導起電力 e [V] は，ファラデーの法則およびレンツの法則から，次式のように示される。

$$e = -N\frac{\varDelta \varPhi}{\varDelta t} \text{ [V]} \tag{6}$$

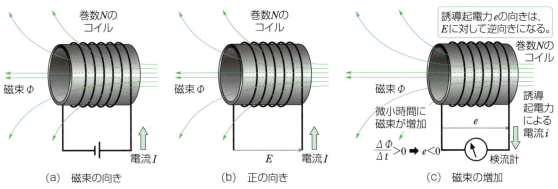

▲図14 磁束の向きと誘導起電力の向き

2 フレミングの右手の法則（誘導起電力の向き）

誘導起電力の向きを知る方法として，フレミングの右手の法則がある。これは，図15のように，右手の親指・人差し指・中指をそれぞれ直交するように開き，「親指を導体が移動する向き，人差し指を磁束の向きに向けると，中指は誘導起電力の向きと一致する。」というものである。

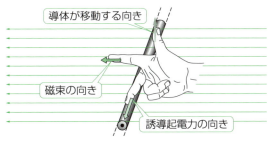

▲図15 フレミングの右手の法則

3 直線状導体の誘導起電力の大きさ

図 16(a)のように磁束密度 B [T] の平等磁界中に長さ l [m] の導体が，速度 u [m/s] で磁界に垂直な向きに運動すると，導体に誘導される起電力 e [V] の大きさは次式で表される。

$$e = Blu \text{ [V]} \tag{6}$$

起電力の向きは，**フレミングの右手の法則**で示す向きである。

次に，図 16(b)のように，導体が磁界の方向から θ の方向に運動した場合を考える。導体の速度 u [m/s] は，磁界と直角方向の $u' = u\sin\theta$ と，同方向の $u'' = u\cos\theta$ に分解できる。したがって，起電力 e [V] の大きさは，次のようになる。

$$e = Blu\sin\theta \text{ [V]} \tag{7}$$

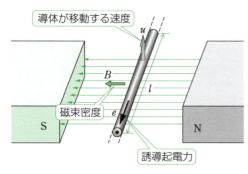

(a) 導体が垂直に切る場合　　(b) 導体が磁束を斜めに切る場合

▲図 16　直線状導体の誘導起電力

4 渦電流と渦電流損

鉄心を貫く磁束が変化すると，レンツの法則により，図 17(a)のように鉄心中には磁束の変化を妨げる向きに誘導起電力が生じ，渦状の電流が流れる。この電流を**渦電流**という。渦電流が流れると，鉄心にはジュール熱が発生して電力損失が生じる。これを**渦電流損**という。

図 17(b)は，一枚一枚の表面を絶縁した薄板鋼板を何枚も重ねた鉄心である。このようにすることによって，渦電流が小さくなる。変圧器などの鉄心に薄板鋼板を使うのは，渦電流を減らすためである。このような鉄心を**積層鉄心**という。

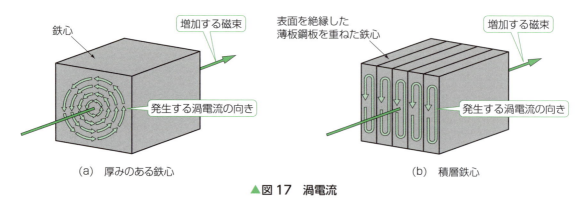

(a) 厚みのある鉄心　　(b) 積層鉄心

▲図 17　渦電流

4 磁性材料

電気機器に使われる材料の中に鉄や電磁鋼板，永久磁石材料などの磁性材料がある。これらの磁性材料は，磁気に対して特有の性質をもっている。

1 磁化曲線

図18(a)のような，鉄心にコイルを巻いた磁気回路において，電流を流し，磁界の大きさ H [A/m] を増加させると，鉄心中の磁束もしだいに増加する。このようすを，横軸に磁界の大きさ H [A/m]，縦軸に磁束密度 B [T] として表した曲線を，**BH 曲線**（**磁化曲線**）という。磁束密度 B は，磁界の大きさ H が小さいうちは比例するが，大きくなると磁束密度は増加しなくなる。この現象を**磁気飽和**という。

BH 曲線は，図18(b)のように，同じ鉄でも材料によって異なる。

2 ヒステリシス曲線

a ヒステリシス

図18(a)の磁気回路において，コイルに流れる電流を調整して，磁界の大きさ H [H/m] を図19のように変化させる。

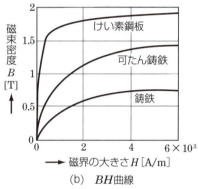

▲図18 鉄の磁化特性

はじめに，磁界の大きさ H を 0 から $+H_m$ まで増加させると，磁束密度 B は点Oから点aまで変化して，BH 曲線が得られる。次に，磁界の大きさ H を $+H_m$ から0に減少させると，曲線はa−bのように変化し，H を0にしても，磁束密度 B は0にならない。このときに残った B_r の値を**残留磁気**という。また，同じ磁界の大きさ H を与えても，磁束密度 B は磁化の経過状態によって異なる値となる。このような現象を**ヒステリシス**（履歴）という。

次に，コイルに流れる電流の向きを変えて，磁界の大きさ H を逆方向に増加させると，磁束密度 B は点cで0になる。このときの磁界の大きさ H_c を**保磁力**という。さらに磁界の大きさ H を点c → $-H_m$ → $+H_m$ と変化させると，磁束密度 B は，c→d→e→f→aと変化し，一つの閉曲線が得られる。この閉曲線を**ヒステリシス曲線**（**ヒステリシスループ**）という。このような性質は，強磁性体材料によく見られる。

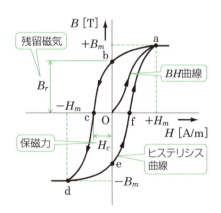

▲図19 ヒステリシス特性曲線

b ヒステリシス損　鉄心入りコイルに，電流の向きが周期的に変化する交流電流を流すと，磁界の向きも周期的に変化し，鉄心中に熱が生じて温度が上昇する。これは，磁界の向きが変わるごとに鉄心の保磁力 H_c を打ち消すために，鉄心のヒステリシス曲線の面積に比例した電気エネルギー（電力量）が熱として消費されるためである。この電力損失を**ヒステリシス損**という。

5 複素数とベクトル

電流や電圧を表示するときに，ベクトルを用いて表すことがある。このベクトルを，複素数を用いた複素数表示や，$\sin\theta$ と $\cos\theta$ を用いた三角関数表示，また，極座標表示などを用いると，計算が便利になる。

1 複素数表示

複素数とベクトルは，もともと別々の概念であるが，和や差，実数倍に関して，同じ性質を有していることを利用して，電気工学ではベクトルを複素数を用いて表している。

a 複素数

一般に，a，b を実数として，$a + jb$ の形で表される数を**複素数**という。

複素数は，実数と虚数の和として表される数で，複素数 $a + jb$ を z とおくと，次式で表される。

$$z = a + jb \tag{8}$$

ここで，a を実部，b を虚部という。また，j は $\sqrt{-1}$ のことで**虚数単位**という。❶

b ベクトルの複素数表示

複素数 $z = a + jb$ の z の文字の上にドット（・）をつけた，次式で表される。

$$\dot{z} = a + jb \tag{9}$$

c ベクトルの三角関数表示

式(9)は，三角関数表示では次式で表される。

$$\dot{z} = z(\cos\theta + j\sin\theta) \tag{10}$$

2 極座標表示

ベクトルの大きさを z，始線からの角度を θ としたとき，極座標表示で表すと，次式で表される。

$$\dot{z} = z\angle\theta \qquad \left(\text{ただし，} z = \sqrt{a^2 + b^2},\ \theta = \tan^{-1}\frac{b}{a}\right) \tag{11}$$ ❷

3 複素数表示とベクトル表示の関係

複素数 $\dot{z} = a + jb$ が与えられたとき，その座標は図20(a)のように複素平面上に点 $P(a, b)$ として表すことができる。一方，あるベクトルが $\overrightarrow{OP} = (a, b)$ として表されるとき，極座標表示では，$\dot{z} = z\angle\theta$ となり，図20(b)のようになる。それぞれ，z は複素数の大きさ（絶対値）とベクトルの大きさ（動径）を表し，θ は偏角と傾角を表している。

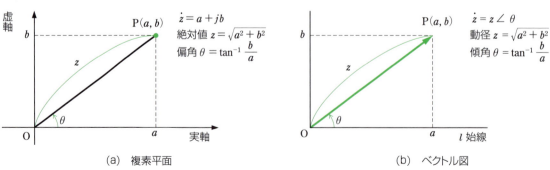

▲図20 複素数表示とベクトルの表示

---

❶数学では i で表されるが，電流の量記号 i とまちがえないよう，電気工学では j が用いられる。
❷$\tan\theta = \dfrac{b}{a}$ のとき，θ は $\theta = \tan^{-1}\dfrac{b}{a}$ と表される。

第 1 章 直流機

　コイルを貫く磁束が変化するとコイルには起電力が発生する，電磁誘導という現象が起こることは，すでに「電気回路」や序章で学んだ。この現象を利用すると，直流電力を発生できる。また，コイルに直流を流すと，導体には力が働く。この現象を利用すると，動力を発生できる。
　直流電力を発生させる直流発電機と，直流電流によって動力を発生させる直流電動機は，まとめて直流機といい，わたしたちの生活にも大きく役立ってきた。これら直流機の構造・特性・用途などについて学ぼう。

◆定格出力 2.4 kW，定格直流電圧 36 V
▲貨物運送用電動トラックの直流電動機

直流機　1
直流発電機　2
直流電動機　3
直流機の定格　4

Topic 直流機の移り変わり

直流機は，回転速度やトルク制御が容易である。この特性により，大形機から小形のモータまで，速度制御が必要な分野で大量に使われてきた。しかし，パワーエレクトロニクス技術の躍進によって，その実用例が変わってきた。以下に直流機の変遷の概要を示す。

1節 直流機

この節で学ぶこと 電力を発生させる発電機と，機械的仕事を発生させる電動機は同じ構造をもつという。なぜ同じ構造なのに発生させるものが異なるのだろうか。また，より大きな電力や機械的仕事を発生させるには，どのようなくふうがされているのだろうか。ここでは，直流の発電機と電動機の原理について学ぼう。

1 直流機の原理

直流の電力を発生させる **直流発電機** と，直流の電力によって機械的仕事を発生させる **直流電動機** をまとめて **直流機** という。

1 直流発電機のしくみ

図1(a)に示すように，永久磁石の磁極の間に方形コイルを置き，XX′ を軸として **原動機**❶ で矢印の向き（時計まわり）に周速度 u [m/s]❷ で回転させると，**フレミングの右手の法則**❸ によって定まる向きに起電力 e [V] が生じる。このとき，コイル辺（$\overline{ab}$, $\overline{cd}$）の長さを l [m]，平等磁界❹の磁束密度を B [T]，磁界に垂直な面に対して，コイルの面がなす角度を θ [rad] とすると，コイル辺に誘導される起電力 e [V] は次式で表され，図1(b)のような正弦波の交流波形になる。

$$e = 2Blu\sin\theta \qquad (1)❺$$

❶水力・火力・電力などのエネルギーを機械エネルギーに変換する装置のこと。水力発電では水車，火力発電ではタービンがこれにあたる。
❷物体が円周上を単位時間あたりに進む距離。周速度 [m/s] = 距離 [m] ÷ 時間 [s]。
❸序章 p.13 参照。
❹磁界の大きさと向きが一定な磁界のこと。
❺磁界を切るコイル辺が2本なので，コイル全体の起電力は2倍する。

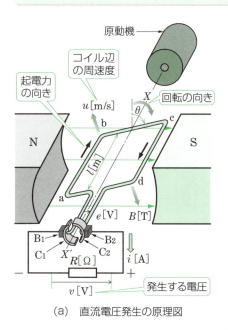

(a) 直流電圧発生の原理図　　(b) 誘導起電力

▲図1　直流電圧の発生

1 直流機　19

図2(a)のように，コイルの先端には半円状の二つの導体 C_1，C_2 が接続されており，コイルとともに回転する。C_1，C_2 が，導線に固定されたブラシ B_1，$B_2$❶に接触すると，コイルに発生した起電力 e [V] によって，抵抗 R [Ω] には一定方向の電流 i [A] が流れ，その両端には，図2(b)のような**脈動電圧**❷v [V] が生じる。電流の流れを一定方向にする C_1，C_2 を**整流子片**❸，整流子片の集まりを**整流子**❹といい，このように機械エネルギーを電気エネルギーに変換する装置を**直流発電機**❺という。

❶ 一般に黒鉛ブラシが用いられる。
❷ 流れの向きが一定で，大きさが周期的，あるいは不定期な変動をともなった電圧・電流のこと。脈流ともいう。
❸ commutator segment
❹ commutator
❺ direct-current generator

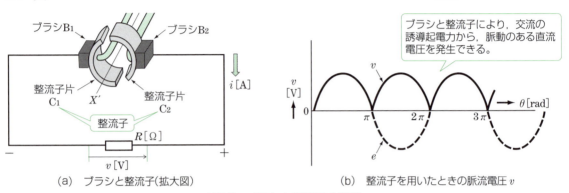

(a) ブラシと整流子(拡大図)　　(b) 整流子を用いたときの脈流電圧 v

▲図2　ブラシと整流子の役割

問1　図1において，コイルが回転している。コイル辺の長さ l は 0.4 m，周速度 u が 30 m/s，磁束密度 B が 0.1 T である。コイルの位置を示す角度 θ が $\frac{\pi}{2}$ rad のとき，発生する起電力 e [V] を求めよ。

❻ 序章 p.11 参照。
❼ 第1章3節 p.37 参照。
❽ direct-current motor

2　直流電動機のしくみ

図3に示すように，磁界中に置かれた方形コイルに直流電流 I [A] を流すと，**フレミングの左手の法則**❻によって定まる向きに，**電磁力**❼$F = BIl$ [N] が生じる。この電磁力により，XX' を回転軸として，コイルは時計まわりに回転するが，半周ごとに逆向きの電流が流れると，逆回転してしまう。そこで，整流子片 C_1，C_2 とブラシ B_1，B_2 によって電流の向きを切り換え，同じ磁極のまえにあるコイル辺に同一方向の電流を流すことで，コイルが回転を続けられるようにしている。このように，電気エネルギーを機械エネルギーに変換する装置を**直流電動機**❽という。

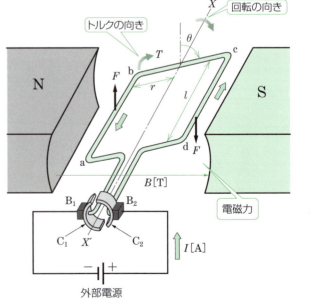

▲図3　電磁力・トルクの発生

以上のように，直流機は発電機にも電動機にもなる。また，滑らかな回転や脈動の小さな電圧を得るためには，コイルの数と整流子片の数を増やす必要がある。

❶第1章 p.26参照。
❷複数のコイル辺があると，各コイル辺に生じる電磁力の和は一定になり，滑らかな回転になる。

問 2 図3において，コイルに $I = 0.5$ A の電流を流した。長さ l が 0.4 m のコイル辺に生じる電磁力 F [N] を求めよ。ただし，磁束密度 B は 0.1 T とする。

3 コイルが4個の直流機

コイルが4個の場合の直流機の原理を図4に示す。図4(a)のように原動機でコイルを回転させると，それぞれのコイルには，図4(c)の細線および破線のような電圧が発生する。図4(b)のように，コイル l_1，l_2 および l_3，l_4 をそれぞれ直列に接続し，これらの2組のコイル群を並列にブラシ間に接続すると，ブラシ間の発生電圧は，図4(c)の太線で示す v [V] のようになり，脈動は小さくなる。

実際の直流機では，多数のコイルと多数の整流子片が接続されているので，脈動はほとんどなくなり，滑らかな直流電圧になる。

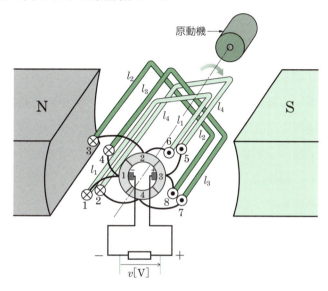

(a) コイルが4個の場合の配置図

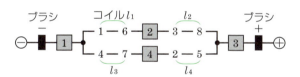

(b) 電機子コイルの接続図

1～4 は整流子片番号，1～8 はコイル辺番号

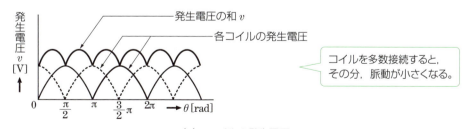

(c) コイルの発生電圧

コイルを多数接続すると，その分，脈動が小さくなる。

▲図4 コイルが4個の直流機（発電機の場合）

1 直流機

2 直流機の構造

1 直流機の構成

直流機は，固定された部分の **固定子** と回転する部分の **回転子** からなる。固定子は **界磁**❶ および **継鉄**❷ によって，回転子は **電機子**❸ および整流子などによって，それぞれ構成されている。

2 固定子の構造

界磁は，図5に示すように，**界磁鉄心**❹ に **界磁巻線**❺ を施し，これに界磁電流を流して，界磁と電機子の間のエアギャップ❻ に磁束を発生させる。なお，この磁束を電機子の表面に平等に分布させるために，界磁鉄心には磁極片が設けてある。界磁鉄心は，軟鋼板を積み重ねてリベットでとめ，ボルトで継鉄に取りつけられている。継鉄は，磁束の通路となるばかりでなく，機械の外枠を形づくるもので，鋳鉄または厚い軟鋼板を円筒形に曲げてつくられている。

3 回転子の構造

電機子は，図6に示すように，電機子鉄心，電機子巻線および整流子によって構成されている。**電機子鉄心**❽ は，磁束の大きさと向きが周期的に変化する **交番磁束**❾ による渦電流損を少なくするため，**電磁鋼板**❿ を層状に重ねた **積層鉄心**⓫ が用いられる。また，その外周には **電機子巻線**⓬ を収めるための多数の **スロット**⓭ が設けられている。

電機子巻線には，材質としては軟銅線が用いられる。形状はその断面が円形のものと断面が長方形の **平角線**⓮ が多く用いられる。コイルの形は，図6のようにきっ甲形（六角形）が多く用いられ，口出線は整流子片に接続されている。

---

❶ field system；磁界を発生させる。
❷ yoke
❸ armature；トルクや起電力を発生させる。
❹ field core
❺ field winding；界磁巻線には，絶縁被覆した軟銅線が多く用いられる。
❻ 空隙ともいう。
❼ 厚さは0.8～1.6 mmである。

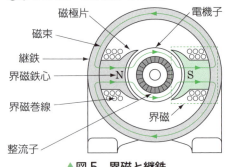

▲図5　界磁と継鉄

❽ armature core
❾ 時間とともに大きさと方向が変化を繰り返す磁束をいう。
❿ 厚さは0.35 mmまたは0.5 mmである。第2章 p.61参照。
⓫ laminated core
⓬ armature winding
⓭ slot；巻線を挿入する溝のこと。

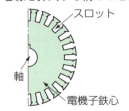

⓮ 第2章 p.58参照。

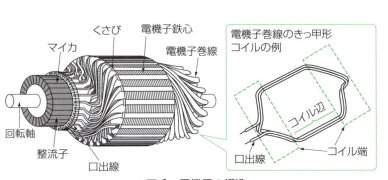

▲図6　電機子の構造

4 直流機の構造

　図7は，直流発電機の内部構造の例である。電機子鉄心・電機子巻線・整流子は，回転軸に取りつけられている。軸受には，ボールベアリングを用いて摩擦を少なくしている。界磁鉄心は継鉄に，ブラシはブラシ保持器に取りつけられている。

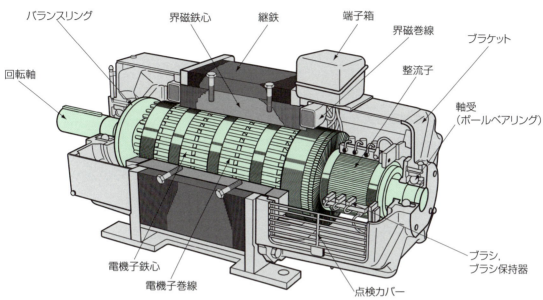

▲図7　**直流発電機の構造**（定格：55 kW，220 V，1750 $\min^{-1}$）

Let's Try 直流モータを分解しよう

　直流機は，発電機にも電動機にもなり，構造は同じである。
　小形の永久磁石形直流モータを分解して，図7の直流発電機の構造と見比べてみよう。電動機の各部の用語もしっかり覚えよう。

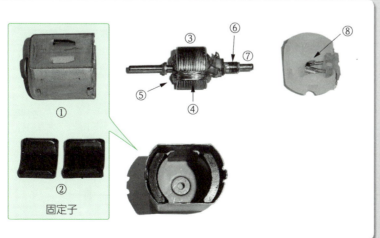

電動字消し器の中にモータが使われている。分解したらまた組み立ててモータを動かしてみよう。

①継鉄　②界磁（永久磁石）
③電機子（回転子）
④電機子鉄心　⑤電機子巻線
⑥整流子　⑦回転軸
⑧ブラシ

◀図　**直流モータの各部**

3 電機子巻線法

電機子巻線は，図6のようなきっ甲形で，このコイル辺を電機子鉄心のスロットに挿入する。各コイル相互のつなぎ方には，**重ね巻**❶と**波巻**❷がある。なお，一つのスロットに，コイル辺を図8(a)のように上下に重ねて2個ずつ入れたものを**二層巻**❸という。

1 重ね巻

図8は，直流機の重ね巻の巻線例である。図8(a)は4極❹8スロット二層重ね巻の電機子巻線の配置図であり，図8(b)はその展開図である。図8(c)は電機子内部の回路であり，**重ね巻では並列回路数 a と極数 p が等しい**❺。したがって，並列回路が多くなるので，並列巻ともいい，低電圧，大電流の直流機に適している。

❶ lap winding
❷ wave winding
❸ double-layer winding
❹ 界磁極の数を極数という。図1～4で説明した直流機では，界磁はN極，S極の二つの極からなるので，2極である。
❺ 図8(a)では，NSNSの四つの極で構成されているので，4極である。

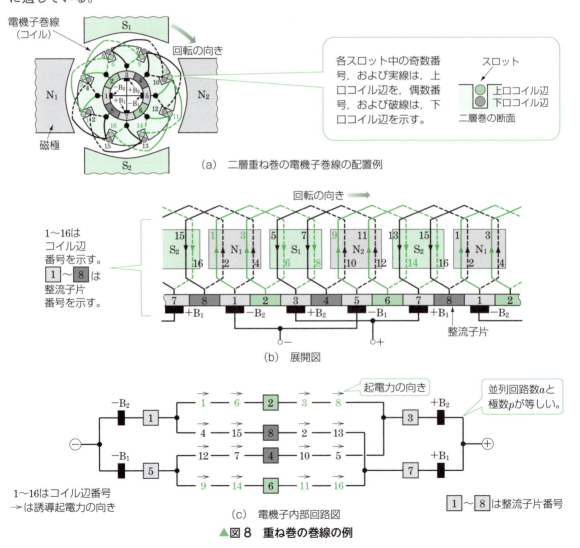

▲図8 重ね巻の巻線の例

2 波巻

図9は,波巻の巻線例である。図9(a)は4極9スロット二層波巻の電機子巻線の配置図であり,図9(b)はその展開図である。また,図9(c)は電機子内部の回路図であり,**波巻では並列回路数 a は極数に関係なく2である**。したがって,直列接続される巻線数が多くなるので,直列巻ともいい,高電圧,小電流の直流機に適している。

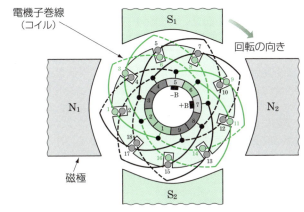

(a) 二層波巻の電機子巻線の配置例

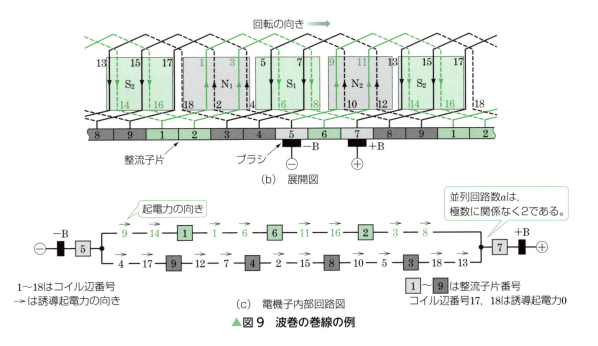

(b) 展開図

(c) 電機子内部回路図

1～18はコイル辺番号
→は誘導起電力の向き

1～9は整流子片番号
コイル辺番号17,18は誘導起電力0

▲図9 波巻の巻線の例

Let's Try　簡単なモータをつくろう

<準備>　エナメル線（直径 0.3～0.4 mm, 約 40 cm）, ゼムクリップ大 2 個（長さ 29 mm）, 単 3 乾電池（1 個）, ネオジム磁石（2 個）, 両面テープ, 紙やすり, プラスチックダンボール, ペンチ, はさみ

<方法>
① エナメル線の両端を約 10 cm ずつ残して, 乾電池に 5 回巻いてコイルをつくる。
② ほどけないようにコイルの両端を 2 回コイルに巻き付けてからコイルを横に出す。横に出したコイルは 4 cm 程度のところで両端をペンチで切る。
③ 片方のエナメル線の被膜を紙やすりで全部はがす。もう一方のコイルは, 半周分だけ被膜をはがす。コイルの中心とエナメル線の両端が一直線になるように整える。
④ プラスチックダンボールに両面テープを貼り, 乾電池を固定する。
⑤ ゼムクリップ二つをペンチで完成図のように加工して, 乾電池とクリップが接するようにプラスチックダンボールに差し込む。
⑥ ネオジム磁石を乾電池につける。コイルをクリップに乗せると, くるくると回り始める。

<考察>　回転力（トルク）を増すには, どうしたらよいだろうか。ヒントを参考にして, どのようにしたら回転力がアップするか, グループ等で考えてみよう。また, 工作したモータを改造して回転力アップを実際に確かめてみよう。

<ヒント>　フレミング左手の法則で説明される電磁力は, $F = BIl$ [N] で表される。コイルの回転力（トルク）を増すには, いろいろな要素を考えなければならない。
たとえば, 以下の要素を増やしたとき, トルクが増えるか考えてみよう。

・磁石の強さ（磁束密度）　・電圧（電流）の大きさ
・コイルの回転半径　　　・コイルの巻数
・コイルの太さ　　　　　・回転軸と軸受の摩擦　　など。

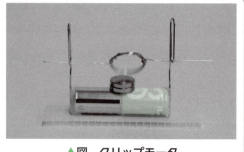

▲図　クリップモータ

✤Column　発電機と電動機, 実用化はどちらが先？

　実用的な最初の直流発電機は, 1870 年にゼノブ・テオフィル・グラム（1826−1901：ベルギーの電気技術者）によって製造されたのだが, 一方の直流電動機は, このときはまだ実用化されていなかった。しかし, ある偶然によって実用化へ進むことになる。

　1873 年, ウィーン万国博覧会にグラムの直流発電機が出品されていたときのことである。助手が発電機の出力ケーブルを, うっかり休止している別の発電機に接続してしまった。そして, それに気づかず発電機を動かしたところ, 休止している発電機が突然回転し始めたのである。発電機は電動機にもなることが, この偶然により発見され, 実用的な電動機の開発につながったのである。

▲図　グラムの直流発電機

■節末問題■

1 次の文章の①〜⑤に当てはまる語句を語群から選べ。

直流機の構造は，固定子と回転子とからなる。固定子は，①，継鉄によって，また，回転子は，②，整流子などによって構成されている。

電機子鉄心は，③磁束が通るため，④が用いられている。また，電機子巻線を収めるための多数のスロットが設けられている。

六角形（きっ甲形）の形状の電機子巻線は，そのコイル辺を電機子鉄心のスロットに挿入する。各コイル相互のつなぎ方には，⑤と波巻とがある。直流機では，同じスロットにコイル辺を上下に重ねて2個ずつ入れた二層巻としている。

> **語群** ア．鋳鉄　イ．電機子　ウ．交番　エ．一定　オ．積層鉄心
> 　　　　カ．界磁　キ．重ね巻　ク．直列巻

2 直流電動機の回転方向を変えるには，どのような方法があるか。

3 図10のように，2台の小形直流モータの軸どうしをチューブで結合し，一方のモータに電池，もう一方のモータにLEDを接続した。電池のスイッチを入れると，LEDはどうなるか。また，その理由はなぜか。

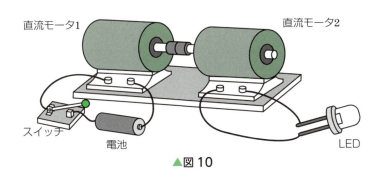

▲図10

4 直流機の電機子巻線法には，どのような巻線法があるか。

2節 直流発電機

この節で学ぶこと▶ 機械エネルギーを電気エネルギーに変換する直流機が直流発電機である。ここでは，直流発電機の原理と構造・種類・特性・用途などについて学ぼう。

1 直流発電機の理論

1 起電力の大きさ

図1(a)の電機子巻線❶が磁束を切ると，フレミングの右手の法則により定まる向きに起電力が発生する。これを180°展開して示すと図1(b)になる。

❶電機子巻線のコイル辺を電機子導体ともいう。

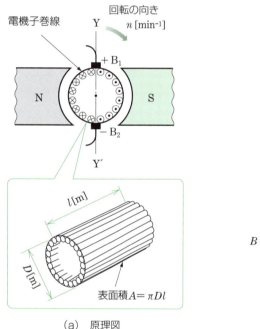

(a) 原理図　　(b) 起電力の発生と磁束密度分布図

▲図1　電機子巻線の磁束分布と起電力

磁極と電機子の間のエアギャップにおける磁束密度は太線のようになるが，その平均磁束密度を B [T]，電機子の直径を D [m]，1本の電機子導体の長さを l [m]，電機子導体の周速度を u [m/s]，1分間の回転速度を n [min^{-1}]❷とすると，1本の導体に誘導される起電力 e [V] は，次式で表される。

$$e = Blu = Bl\frac{\pi Dn}{60} \qquad (1)$$

❷回転速度の単位で，1分間の回転数を表し，毎分という。
n [min^{-1}] は，n per minute または，毎分 n という。

❸ u は毎秒の周速度，n は毎分の回転速度なので，秒速に直すために60で割る。

一般に，電機子巻線の全導体数を Z，正負ブラシ間の並列回路数を a とすると，発電機の起電力 E [V] は，次式で表される。

$$E = \frac{Z}{a} \times e = \frac{Z}{a} Bl \frac{\pi Dn}{60} \tag{2}$$

1 極から出る磁束を Φ [Wb]，その磁束が通る電機子の表面積を A [m^2] とすると，極数 p の場合の磁束密度 B は，次式で表される。

$$B = \frac{\Phi}{A} = \frac{\Phi}{\frac{\pi Dl}{p}} = \frac{p\Phi}{\pi Dl} \tag{3}$$

式(2)に式(3)を代入すると，次式が得られる。

$$E = \frac{Z}{a} p\Phi \frac{n}{60} = K_1 \Phi n \tag{4}$$

$K_1 = \frac{pZ}{60a}$ より，K_1 は発電機の構造によって決まる定数であるので，**直流発電機の起電力は 1 極あたりの磁束と回転速度の積に比例する**ことがわかる。

❶ 一般に電機子導体は 1 本ではないので，全導体数として Z を起電力 e に掛ける。

例題 1

極数 p が 4，電機子巻線の全導体数 Z が 400，並列回路数 a が 4 の直流発電機がある。この電機子の直径 D が 30 cm，軸方向の長さ l が 40 cm，磁束密度 B が 0.5 T である。$n = 1500$ min^{-1} で回転させるときに誘導される起電力 E [V] を求めよ。

解答 起電力 E [V] は，式(2)から，次のようになる。

$$E = \frac{Z}{a} Bl \frac{\pi Dn}{60} = \frac{400}{4} \times 0.5 \times 0.4 \times \frac{\pi \times 0.3 \times 1500}{60}$$
$$= 471 \text{ V}$$

❷ 測定値は一般に誤差を含んでいる。したがって，有効数字のけた数を多く並べても正確とはいえず，意味がない。本書では，測定値や近似値の計算の結果は，原則として有効数字 3 けたで示す。

問 1 極数 p が 6，電機子巻線の全導体数 Z が 200 の波巻の直流発電機がある。この発電機を $n = 1000$ min^{-1} で回転させたときに誘導される起電力 E は 100 V であった。このときの 1 極あたりの磁束 Φ [Wb] を求めよ。

2 電機子反作用

直流発電機に負荷をつないで電機子巻線に電流（電機子電流）を流すと，電機子電流によって電機子周辺に磁束が生じ，界磁電流による磁束，すなわち**界磁磁束**の分布が乱される。この電機子電流による界磁磁束への影響を**電機子反作用**という。これによって，発電機の起電力が減少したり，磁束密度が 0 T となる位置が移動したりする。

❸ 第 1 章 p.22 参照。

❹ armature reaction

a 電機子電流の影響

図2(a)は，2極の発電機において，磁極と電機子の間のエアギャップでの界磁磁束の分布図である。また，図2(b)は，界磁磁束を考えずに，電機子電流のみが流れたときの磁束の分布図である。よって，負荷運転中のエアギャップの磁束分布は，図2(c)のように，図2(a)の界磁電流のみによる磁束と図2(b)の電機子電流のみによる磁束との和となる。このとき，YY′の位置は回転の向きに角度 θ [rad] だけ移動するので，この新しい軸 nn′ を **電気的中性軸**❶ といい，移動前の YY′ を **中性軸**❷ という。

電気的中性軸が移動すると，ブラシの位置が図2(c)の YY′ のままでは，このブラシで短絡される電機子巻線に起電力が誘導され，短絡電流が流れるため，ブラシと整流子片間に火花が生じ，整流子を焼損してしまう。

❶磁束密度が0になる位置のこと。
❷幾何学的中性軸ともいう。
❸○の記号は，電流が流れていない状態を示す。
❹磁束密度は0になっている。
❺負荷電流が流れると，磁束密度は0にならない。

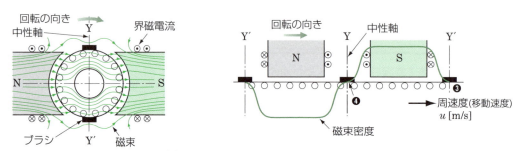

(a) 界磁電流のみによる磁束分布

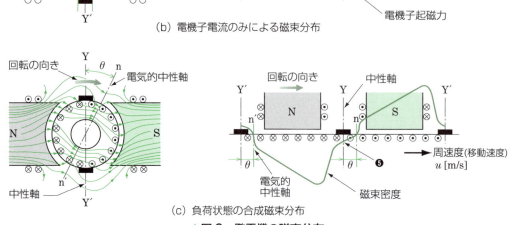

(b) 電機子電流のみによる磁束分布

(c) 負荷状態の合成磁束分布

▲図2 発電機の磁束分布

b ブラシの移動

火花の発生を防ぐには，ブラシの位置を回転の向きに角度 θ だけ移動させる必要がある。こうすると，電機子電流による磁束は，図 3 (a) に示すようになる。この磁束を生じさせる起磁力を **電機子起磁力** といい，F_a で表す。

図 3 (b) は，F_a と **界磁起磁力** F をベクトル図で表したものである。この図からわかるように，F_a は，界磁起磁力 F と逆向きのベクトル F_d をもつため，F を減少させる。この働きを **減磁作用** といい，F_d を **減磁起磁力** という。また，電機子起磁力 F_a の界磁起磁力 F に垂直なベクトル F_c は F の方向を曲げている。この働きを **交差磁化作用** といい，F_c を **交差起磁力** という。

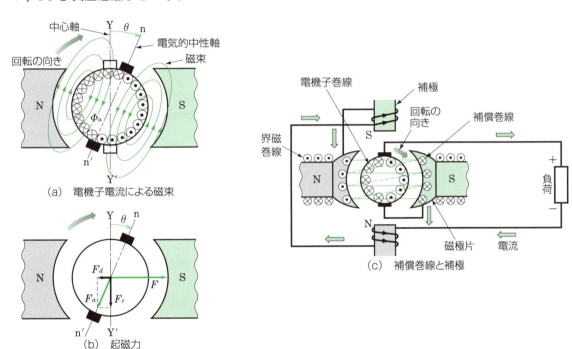

(a) 電機子電流による磁束
(b) 起磁力
(c) 補償巻線と補極

▲図 3　電機子反作用の防止法

c 補償巻線と補極

電機子反作用の影響を防ぐため，図 3 (c) に示すように，磁極片に巻線を設ける。この巻線を **補償巻線**❶ という。補償巻線を電機子巻線に直列に接続すると，電機子電流と逆向きに電流が流れるため，電機子巻線の磁束を打ち消す作用をする。また，ブラシで短絡されるコイルには，電機子反作用による誘導起電力❷が発生するので，それを打ち消す起電力が誘導されるように **補極**❸ を用いる。このように，ブラシを移動しないですむよう，くふうがなされている。

❶ compensating winding；高価であるため，大形機のみに用いられる。

❷ p.29 で学んだように，電機子反作用によって生じる電圧をいう。

❸ interpole

2 直流発電機の種類と特性

直流発電機には，界磁磁束をつくる方法によって，他励発電機と自励発電機がある。

1 他励発電機

図4(a)は，他励発電機の原理図であり，図4(b)は，その回路図である。界磁巻線 F_c に流す界磁電流 I_f [A] は，外部の電源 V_f [V] から供給される。このような直流発電機を **他励発電機**❶ という。

❶ separately excited generator

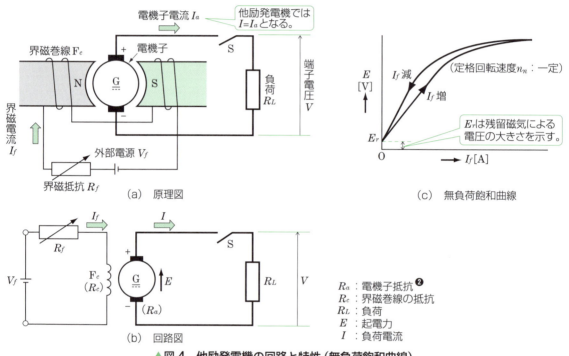

▲図4 他励発電機の回路と特性（無負荷飽和曲線）

R_a：電機子抵抗❷
R_c：界磁巻線の抵抗
R_L：負荷
E：起電力
I：負荷電流

a 無負荷飽和曲線 図4(a)において，スイッチSを開いた状態で，電機子を定格回転速度 n_n [min^{-1}] で回転させ，界磁電流 I_f [A] を増加させると，起電力 E [V] は，I_f [A] にほぼ比例して大きくなる。しかし，図4(c)のように I_f [A] がある大きさ以上になると，鉄心の磁気飽和のために，E [V] は増加しなくなる。次に，I_f [A] を最大値から減少すると，鉄心のヒステリシスのため，起電力 E [V] の値は I_f [A] を増加したときの値とは一致しない。なお，E_r [V] は鉄心の残留磁気による起電力である。このように無負荷の状態において界磁電流 I_f [A] と起電力 E [V] との関係を示す曲線を **無負荷飽和曲線**❹ という。

❷電機子回路の抵抗ともいい，おもに電機子巻線の抵抗（電機子巻線抵抗）である。本書の回路図では，電機子巻線の抵抗は（　）で囲むこととする。

❸磁性体（鉄心）に磁界を加えて磁化させ，磁界を取り除いたあとに残る磁気のこと。

❹ no-load saturation curve

32　第1章　直流機

b 外部特性曲線

図5(a)において，スイッチSを閉じて，直流発電機を定格回転速度 n_n [min^{-1}] で回転させ，定格電圧 V_n [V] のときに，定格電流 I_n [A] となるように界磁抵抗 R_f [Ω] と負荷抵抗 R_L [Ω] を調整する。回転速度 n [min^{-1}]，界磁電流 I_f [A] を一定にし，負荷抵抗 R_L [Ω] を変化させるときの負荷電流 I [A] と端子電圧 V [V] との関係を示す曲線を **外部特性曲線**❶ という。

図5(b)は，外部特性曲線の例で，負荷電流 I [A]❷ の増加にともなって端子電圧 V [V] が減少する。これは電機子巻線抵抗 R_a [Ω] による電圧降下 R_aI [V]，電機子反作用による電圧降下 v_a [V]，ブラシの接触による電圧降下 v_b [V]❸ があるためである。

端子電圧 V [V] と起電力 E [V] の関係は，次式で表される。

$$V = E - (R_aI + v_a + v_b) \qquad (5)$$

❶ external characteristic curve
❷ I は図4(a)の I_a と同じである。
❸ 略して，ブラシ接触電圧降下ともいう。

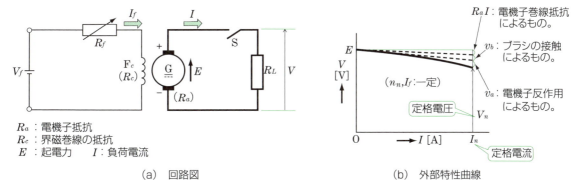

R_a：電機子抵抗
R_c：界磁巻線の抵抗
E：起電力　I：負荷電流

(a) 回路図　　　　　(b) 外部特性曲線

▲図5 他励発電機の回路と特性（外部特性曲線）

問 2 他励発電機に負荷をかけたところ，端子電圧 V は 200 V で負荷電流 I は 60 A であった。この発電機の誘導起電力 E [V] を求めよ。ただし，電機子巻線抵抗 R_a を 0.05 Ω，電機子反作用による電圧降下 v_a を 2 V，ブラシ接触電圧降下 v_b を 1 V とする。

2 自励発電機

直流発電機において，自己の誘導起電力を利用して磁極を励磁すれば，外部の直流電源は不要になる。このような発電機を **自励発電機**❹ という。この場合，電機子巻線と界磁巻線の接続のしかたによって，分巻発電機・直巻発電機などがある。

❹ self-excited generator

2　直流発電機　33

a 分巻発電機

図6(a), (b)のように，電機子巻線と界磁巻線 F_c が並列に接続されたものを **分巻発電機**[1] という。電機子が回転すると，まず磁極の残留磁気によって，電機子巻線に起電力 E_r [V] が誘導され，それによって界磁巻線に電流 I_{f1} [A] が流れる。電流 I_{f1} [A] による磁束と残留磁気の向きが同じであれば，それらの和の磁束によって電機子巻線に起電力 E_1 [V] が誘導され，界磁巻線に電流 I_{f2} [A] が流れる。さらに，電流 I_{f2} [A] によって，電機子巻線には起電力 E_2 [V] が誘導される。このようすを示したものが，図6(c)である。

このような経過をすばやくたどることで，電機子巻線には安定した起電力 E_n [V] が得られる。図6(c)の $\overline{OP}$ を界磁抵抗線とよんでいる。

分巻発電機の外部特性曲線は，図6(d)のように，定格値の範囲では負荷電流に比例して端子電圧は減少するが，その値は小さい。この場合の端子電圧 V [V] と誘導起電力 E [V] の関係は，次式で表される。

$$V = E - (R_a I_a + v_a + v_b + v_f) \qquad (6)$$

ただし，$I_a = I + I_f$, $I_f = \dfrac{V}{R_f'}$ である。

なお，定格電流 I_n より負荷電流 I をさらに大きくすると，電流の最大値の点 b を通って動作点は点 c に移る。

[1] shunt generator；この発電機は，定格の（ふつうに使用する）範囲内では電圧変動は少ないので，蓄電池の充電用や一般の定電圧電源などに用いられる。

[2] v_f は，I_f の減少による電圧降下。

[3] R_f' は，界磁抵抗 R_f と界磁巻線の抵抗 R_c の和である。すなわち，
$R_f' = R_f + R_c$

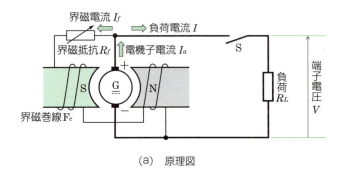
(a) 原理図

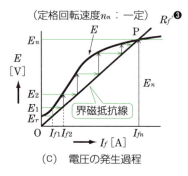
(c) 電圧の発生過程

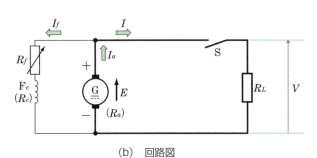
(b) 回路図

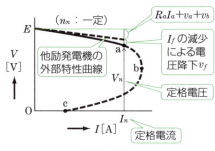
(d) 外部特性曲線

▲図6 分巻発電機の回路と特性

b 直巻発電機

図7(a), (b)のように, 電機子巻線と界磁巻線 F_d が直列に接続された直流発電機を **直巻発電機**❶ という。図7(c)は, 直巻発電機の外部特性曲線である。この特性曲線は, 界磁巻線を切り離し他励発電機として無負荷飽和曲線を求め❷, この曲線から電機子巻線抵抗と界磁巻線抵抗の電圧降下 $(R_a + R_d)I$ [V], 電機子反作用による電圧降下 v_a [V], およびブラシ接触電圧降下 v_b [V] を差し引いて描いたものである。したがって, 端子電圧 V [V] は, これらの関係より次式で表される。

$$V = E - \{(R_a + R_d)I + v_a + v_b\} \quad (7)$$

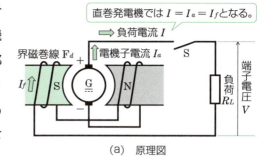

(a) 原理図

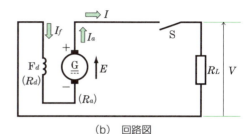

(b) 回路図

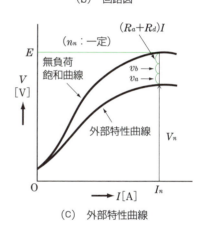

(c) 外部特性曲線

▲図7 直巻発電機の回路と特性

❶ series wound generator
❷ 自励発電機においても, 無負荷飽和曲線は, 他励方式にして, 定格回転速度で運転して求める。

例題 2

分巻発電機に 8 Ω の負荷抵抗 R_L [Ω] を接続し, 定格回転速度で回転させている。端子電圧 V を 100 V にするために, 界磁電流 I_f を 2.5 A にした。このときの負荷電流 I [A] と誘導起電力 E [V] を求めよ。ただし, 電機子巻線抵抗 R_a を 0.4 Ω, 電機子反作用による電圧降下 v_a を 2 V, ブラシ接触電圧降下 v_b を 1 V とし, また, I_f の減少による電圧降下 v_f は無視する。

解答 負荷電流 I [A] は,

$$I = \frac{V}{R_L} = \frac{100}{8} = \mathbf{12.5\ A}$$

電機子電流 I_a [A] は,

$$I_a = I + I_f = 12.5 + 2.5 = 15\ A$$

誘導起電力 E [V] は, 式(6)より次のようになる。

$$E = V + I_a R_a + v_a + v_b$$
$$= 100 + 15 \times 0.4 + 2 + 1 = \mathbf{109\ V}$$

問 3

図7(b)のように, 直巻発電機に負荷抵抗 R_L [Ω] を接続し, 定格回転速度 n_n [min^{-1}] で回転するとき, 誘導起電力 E が 202 V, 電機子電流 I_a が 20 A であった。このときの負荷抵抗 R_L [Ω] と発電機の出力 P [kW] を求めよ。ただし, 電機子巻線抵抗 R_a [Ω] および直巻界磁巻線抵抗 R_d [Ω] は, いずれも 0.05 Ω とし, 電機子反作用による電圧降下およびブラシ接触電圧降下は無視する。

問 4 分巻発電機と直巻発電機の外部特性曲線の違いを述べよ。

問 5 分巻発電機において，誘導起電力 E が 110 V，電機子巻線抵抗 R_a が 0.1 Ω，ブラシ接触電圧降下 v_b が 2 V，負荷電流 I が 50 A であるとき，発電機の端子電圧 V [V] と出力電力 P [kW] を求めよ。ただし，電機子反作用の影響と界磁電流 I_f [A] は無視する。

問 6 定格出力 P_n が 2 kW，定格電圧 V_n が 100 V，定格回転速度 n_n が 1500 $\min^{-1}$ の他励発電機を定格状態で運転しているとき，負荷抵抗および励磁電流を変化させないで回転速度 n を 1350 $\min^{-1}$ にした。このときの発電機の端子電圧 V [V] を求めよ。ただし，電機子巻線抵抗 R_a は 0.15 Ω で，電機子反作用の影響およびブラシ接触電圧降下は無視する。

■節末問題■

1 次の文章の①〜④に当てはまる語句を語群から選べ。

　　直流発電機の電機子反作用とは，発電機に負荷を接続したとき， ① 巻線に流れる電流によってつくられる磁束が， ② 巻線による磁束に影響を与える作用のことである。電機子反作用は，ギャップの主磁束を ③ させて発電機の端子電圧を低下させたり，ギャップの磁束分布にかたよりを生じさせて，ブラシの位置と電気的中性軸とのずれを生じさせる。このずれが，ブラシがある位置の導体に ④ を発生させ，ブラシによる短絡などの障害の要因となる。

　　ブラシの位置と電気的中性軸とのずれを抑制する方法の一つとして，補極を設け，ギャップの磁束分布のかたよりを補正する方法が採用されている。

　　語群 ア．電機子　イ．界磁　ウ．減少　エ．増加
　　　　　オ．接触抵抗　カ．起電力

2 分巻発電機を，正規の向きと逆に回転させたとき，端子電圧は発生するか。

3 直巻発電機の負荷抵抗が，ある値より大きくなると，安定した電圧が得られなくなる。なぜか。

4 極数 p が 4，電機子巻線の全導体数 Z が 960，並列回路数 a が 4 の直流発電機がある。この発電機の回転速度 n が 750 $\min^{-1}$ のとき，600 V の誘導起電力 E を発生させるのに必要な各極の磁束 Φ [Wb] を求めよ。

5 端子電圧 V が 200 V，負荷電流 I が 100 A，回転速度 n が 1200 $\min^{-1}$ で運転している他励発電機がある。回転速度 n だけを 1000 $\min^{-1}$ に下げたときの，端子電圧 V [V] および負荷電流 I [A] を求めよ。ただし，電機子回路の抵抗 R_a は 0.15 Ω とし，電機子反作用の影響およびブラシ接触電圧降下は無視する。

6 20 kW の負荷を接続した分巻発電機がある。端子電圧 V が 220 V，界磁電流 I_f が 5 A のときの誘導起電力 E [V] を求めよ。ただし，電機子回路の抵抗 R_a は 0.2 Ω とし，電機子反作用の影響およびブラシ接触電圧降下は無視する。

3節 直流電動機

この節で学ぶこと 電気エネルギーを機械エネルギーに変換する直流機が直流電動機である。ここでは，直流電動機の原理・特性・用途などについて学ぼう。

1 直流電動機の理論

1 直流電動機の原理

図1(a)のように，磁束密度が B [T] の平等磁界中に，XX′ を回転軸として方形コイルを置く。このコイルに電流 I [A] を流すと，コイルの回転軸に平行のコイル辺 $\overline{ab}$，$\overline{cd}$ には，それぞれフレミングの左手の法則❶によって定まる向きに力 F [N] が生じる。コイル辺 $\overline{ab}$，$\overline{cd}$ の長さを l [m] とすれば，各コイル辺に生じる力 F [N] は $F = BIl$ で表される。

コイル辺 $\overline{ab}$ と $\overline{cd}$ に生じる力は偶力❷として働き，磁界と電流の向きが図(a)に示すとおりとすれば，コイルには時計まわりに回転しようとするトルク❸ T [N·m] が生じる。このコイルの回転半径を r [m]，磁界に垂直な面に対してコイルの面がなす角度を θ [rad] とすれば，コイルに生じるトルク T [N·m] は，次式で表される。

$$T = 2Fr\sin\theta = 2BIlr\sin\theta \tag{1}$$

❶序章 p.11 参照。

❷大きさが等しく，力の方向がたがいに平行で逆向きな二つの力の組をいう。

❸トルク T [N·m] $= F$ [N] $\times r$ [m] より求める。序章 p.12 参照。

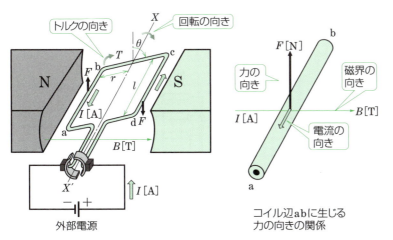

(a) 力・トルク発生の原理図

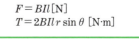

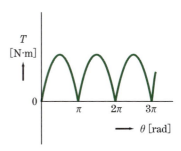

(b) 回転角とトルクの大きさ

▲図1 トルクの発生

コイルが半回転すると，整流子とブラシの働きによって，同じ磁極の側にある導体には，つねに同じ向きの電流が流れるから，コイルは引き続いて同じ向きのトルクで回転し，電動機として働く。

コイルが一組では，図1からわかるように，角度 θ が0や π rad のときには，トルクが0となり，始動しない瞬間もあるので，実際には図2に示すように，コイルの数を多くしている。

問 1 図1(a)において，磁束密度 B が0.1 T，コイル辺 $\overline{ab}$ 部分の長さ l が0.4 m，コイルの回転半径 r が0.2 m，コイルを流れる電流 I が10 A，コイルの位置を示す角度 θ が $\frac{\pi}{2}$ rad のとき，コイルに働くトルク T [N·m] を求めよ。

2 トルクと出力

図2に示すように，磁界中の電機子巻線に電流が流れると，各電機子巻線には電磁力が生じる。図において，電機子の半径を r [m]，磁極と電機子の間のエアギャップにおける平均磁束密度を B [T]，電機子導体1本の長さ❶を l [m]，並列回路数を a，電機子電流を I_a [A] とすると，導体1本に働く力 F' [N] およびトルク T' [N·m] は，それぞれ式(2)，(3)で表される。

❶コイル辺の長さに等しい。

$$F' = Bl \times \frac{I_a}{a} \tag{2}$$

$$T' = F'r = \frac{BlI_ar}{a} \tag{3}$$

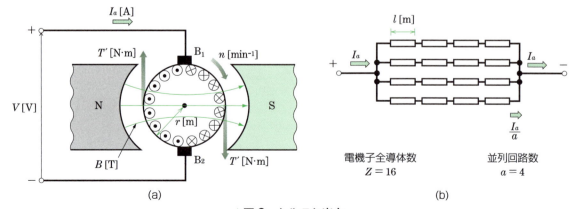

▲図2 トルクと出力

1極あたりの磁束を Φ [Wb]，その磁束が通る電機子の表面積を A [m²]，極数を p とすると，エアギャップの平均磁束密度 B [T] は，次式で表される。

$$B = \frac{\Phi}{A} = \frac{\Phi}{\frac{2\pi rl}{p}} = \frac{p\Phi}{2\pi rl} \qquad (4)$$

電機子の全導体数を Z [本] とすれば，電機子を回転させるトルク T [N·m] は，導体1本に働くトルク T' [N·m] の Z 倍であり，また式(3)と(4)から式(5)となる。

$$T = T' \times Z = \frac{p\Phi}{2\pi rl} \times \frac{lI_a r}{a} \times Z = \frac{pZ}{2\pi a} \times \Phi I_a$$

$$T = K_2 \Phi I_a \qquad (5)$$

ここで K_2 は，$K_2 = \frac{pZ}{2\pi a}$ であり，K_2 は電機子の構造によって決まる定数となるので，**直流電動機のトルクは，1極あたりの磁束 Φ [Wb] と電機子電流 I_a [A] との積に比例する** ことがわかる。

また，電機子全体には F [N] の電磁力が働いているので，電機子が1回転する間にする仕事 W [J]❶ は，次式で表される。

$$W = 2\pi r F = 2\pi T \qquad (6)$$

直流電動機の回転速度を n [min⁻¹] とすると，電機子が1秒間にする仕事，すなわち出力 P_o [W] は，次式で表される。

$$P_o = 2\pi \frac{n}{60} T \qquad (7)$$

このように出力 P_o [W] は，回転速度 n [min⁻¹] とトルク T [N·m] の積に比例する。

問 2 極数 p が4，磁束 Φ が 0.025 Wb，並列回路数 a が4，電機子電流 I_a が 50 A，電機子の半径 r が 15 cm，電機子の全導体数 Z が 160 本，回転速度 n が 1500 min⁻¹ の直流電動機のトルク T [N·m] および出力 P_o [kW] を求めよ。

❶[J] = [N·m] より求める。仕事 W [J] = 力 F [N] × 移動した距離 r [m]。

❷電機子の1秒間の回転速度は $\frac{n}{60}$ であるから，式(6)より電機子が1秒間にする仕事 P_o は，
$$P_o = \frac{W}{t}$$
$$P_o = W \times \frac{n}{60}$$
$$= 2\pi T \times \frac{n}{60}$$
となり，式(7)が導き出される。

3 逆起電力と電機子電流

図3(a)において，外部から電源電圧 $V[\mathrm{V}]$ を加えると，電機子電流 $I_a[\mathrm{A}]$ が流れ，電機子が回転する。このとき，電機子巻線は磁束を切って回転しているので，フレミングの右手の法則により，電機子巻線には，外部からの直流電圧 V と逆向きに，すなわち電機子電流を減少させる向きに誘導起電力 E が生じる。この逆向きの誘導起電力 E を **逆起電力**❶ という。

したがって，直流電動機の電機子の回路は，図3(b)の等価回路で表される。電機子電流 $I_a[\mathrm{A}]$ は，外部からの直流電圧，すなわち電源の端子電圧 $V[\mathrm{V}]$ と逆起電力 $E[\mathrm{V}]$ の差の電圧に比例し，電機子巻線抵抗 $R_a[\Omega]$ に反比例し，次式で表される。

$$I_a = \frac{V - E}{R_a} \quad (8)$$

電機子の回転速度を $n[\mathrm{min}^{-1}]$ とすれば，逆起電力 $E[\mathrm{V}]$ は，直流発電機と同様に，次式で示される。

$$E = \frac{Z}{a}p\Phi\frac{n}{60} = K_1\Phi n \quad (9)❷$$

式(8)より，$E = V - R_a I_a$ の両辺に I_a を掛けると，次式で示される。

$$EI_a = VI_a - R_a I_a^2$$

ここで，右辺の $VI_a[\mathrm{W}]$ は電機子の回路の入力，$R_a I_a^2[\mathrm{W}]$ は電機子巻線の回路の抵抗損であるから，$EI_a[\mathrm{W}]$ は，電動機において機械動力に変換される電力，すなわち電動機の出力である。したがって，電動機の出力 $P_o[\mathrm{W}]$ は，次式で表される。

$$P_o = EI_a = VI_a - R_a I_a^2 \quad (10)$$

もし，直流電動機の機械的な負荷❸が増加し，回転速度 $n[\mathrm{min}^{-1}]$ が低下すると，逆起電力 $E[\mathrm{V}]$ は，式(9)に従い，回転速度 $n[\mathrm{min}^{-1}]$ に比例して減少する。また，式(8)から，端子電圧 $V[\mathrm{V}]$ が一定で逆起電力 $E[\mathrm{V}]$ が減少すると，電機子電流 $I_a[\mathrm{A}]$ は増加する。そうすると，直流電動機に供給される電力 $P_i[\mathrm{W}]$❹ は，$P_i = VI_a$ ❺ より，電動機の入力 P_i が増えて電動機は回転し続ける。

❶ counter-electromotive force

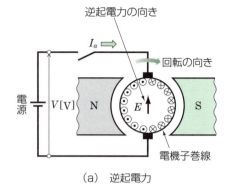

(a) 逆起電力

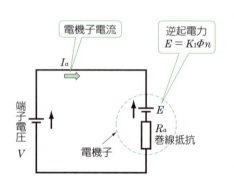

(b) 等価回路

▲図3 逆起電力と電機子電流

❷第1章 p.29 式(4)参照。

❸電動機の出力軸に接続されている発電機などの負荷を指す。電動機からの機械エネルギーを消費するもの。
❹電動機入力である。
❺分巻電動機では，
$I_a = I - I_f \fallingdotseq I$
直巻電動機では，
$I_a = I_f = I$

◆**電機子反作用と防止法**◆ 直流電動機の場合にも，電機子電流が流れることによって電機子反作用が生じる。

このとき，電機子電流の向きは，直流発電機の場合と逆向きであるため，電機子電流 I_a による磁界が，図4(a)に示す向きに生じる。この磁界の磁束と界磁磁束が合成された電気的中性軸は，回転の向きと逆向きに角 θ' [rad] だけ傾き，起磁力のベクトル図は，図4(b)のようになる。よって，整流子とブラシ間の火花抑制のため，発電機の場合と逆向きにブラシを移動させなければならない。しかし，図4(c)に示す**補償巻線**❷や**補極**❸を設けることにより，ブラシを移動せずに，電機子反作用を防止できる。

この場合，電機子反作用や整流作用の向きが直流発電機の場合とは反対になるが，電機子電流の向きが反対であるので，補償巻線や補極の接続方法は直流発電機の場合と同じでよいことになる。

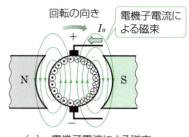
(a) 電機子電流による磁束

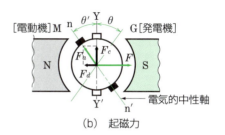
(b) 起磁力

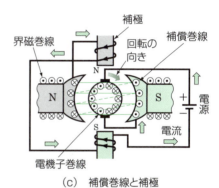
(c) 補償巻線と補極

▲図4 電機子反作用の防止法

❶第1章 p.31 図3(b)参照。
❷ compensating winding
❸ commutating pole, interpole

例題 1 図5のように，端子電圧 V が 210 V，電機子電流 I_a が 110 A，回転速度 n が 1200 min^{-1} で運転している直流電動機がある。この電動機の発生トルク T [N·m] を求めよ。ただし，電機子巻線抵抗 R_a は 0.2 Ω であり，ブラシ接触電圧降下，電機子反作用は無視する。

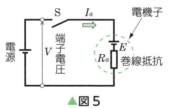
▲図5

解答 発生トルク T [N·m] は，式(7)と式(10)より次式で表される。

$$T = \frac{P_o}{2\pi n} \times 60 = \frac{VI_a - R_aI_a^2}{2\pi n} \times 60$$

$$= \frac{210 \times 110 - 0.2 \times 110^2}{2\pi \times 1200} \times 60 = \mathbf{165 \ N\cdot m}$$

問 3 例題1の直流電動機において，端子電圧 V が 210 V，電機子電流 I_a が 50 A，電機子巻線抵抗 R_a が 0.2 Ω，回転速度 n が 1500 min^{-1} のとき，発生トルク T [N·m] を求めよ。

問 4 直流電動機の電機子に 100 V の電圧が加えられ，20 A の電機子電流が流れているとき，電機子巻線の抵抗 R_a [Ω] を求めよ。ただし，電機子に発生している逆起電力 E は 94 V とする。

2 直流電動機の特性

1 分巻電動機の特性

一般に、直流電動機などの原動機では、負荷の増減によって、回転速度やトルクが変化する。

a 速度特性 図6において、端子電圧 V [V]、界磁調整器の抵抗値 R_f [Ω] を一定にすれば、界磁磁束 Φ [Wb] は一定であり、電機子の回転速度 n [min^{-1}] は、式(8)と式(9)から、次式で表される。

$$n = \frac{V - R_a I_a}{K_1 \Phi} \quad (11)$$

いま、機械的な負荷が増加すると、電機子電流 I_a [A] が増加し、式(11)に従って回転速度 n [min^{-1}] の値はわずかに減少するが、$R_a I_a$ [V] は端子電圧 V [V] に比べてかなり小さいので、図6(b)に示す n のように、ほぼ一定である。このように、負荷の変化に関係なく、回転速度が一定な電動機は、**定速度電動機❶** とよばれる。電動機の端子電圧を一定としたときの、負荷電流と回転速度との関係を表した特性を **速度特性** という。

b トルク特性 電動機のトルク T [N·m] は、式(5)から、$T = K_2 \Phi I_a$ で示される。分巻電動機の界磁磁束は、ほぼ一定と考えてよいので、トルク T [N·m] は、図6(b)に示すように、負荷電流 I [A] にほぼ比例する。端子電圧を一定としたときの、負荷電流とトルクとの関係を表した特性を **トルク特性** という。

電動機のトルク T [N·m] は $K_2 \Phi I_a$ [N·m] で表されるが、実際に使用できる有効なトルク T_e [N·m] は、$K_2 \Phi I_a$ [N·m] から無負荷電流 I_0 [A] によるトルク $K_2 \Phi I_0$ ❷ [N·m] を減じたものである。すなわち、T_e [N·m] は $T_e = K_2 (I_a - I_0) \Phi$ で表される。

問 5 分巻電動機で、端子電圧 V が 100 V、電機子電流 I_a が 40 A、電機子巻線抵抗 R_a が 0.2 Ω、回転速度 n が 1500 min^{-1} のとき、これを無負荷にした場合の回転速度 n [min^{-1}] を求めよ。

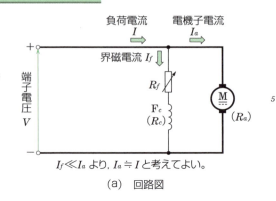

$I_f \ll I_a$ より、$I_a \fallingdotseq I$ と考えてよい。
(a) 回路図

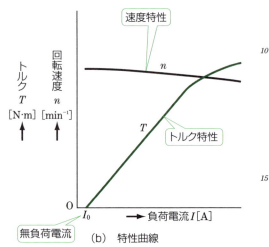

(b) 特性曲線

▲図6 分巻電動機の回路と特性

❶ constant-speed motor

❷ $K_2 \Phi I_0$ は、このあと p.50 で学ぶ電動機の鉄損と機械損のために消費されるトルクである。

2 直巻電動機の特性

a 速度特性

直巻電動機の回路は，図7(a)のように表され，界磁磁束は電機子電流，すなわち負荷電流によりつくられる。界磁磁束が磁気飽和しない場合の未飽和領域を考えると，界磁磁束 Φ [Wb] は負荷電流 I [A] に比例する。よって，回転速度 n [min^{-1}] は，式(11)より次式で表される。

$$n = \frac{V - R_a'I}{K_1\Phi} = \frac{V - R_a'I}{K_1'I}$$

$$\fallingdotseq K_1'' \frac{V}{I} \qquad \text{❶} \qquad (12)$$

回転速度 n [min^{-1}] は，図7(b)に示すように，負荷電流 I [A] の増加に反比例して減少する。このように，直巻電動機は，負荷電流の増減によって回転速度❹が大きく変わるので，**変速度電動機**❺とよばれる。

b トルク特性

直巻電動機のトルク T [N·m] は，界磁磁束の未飽和領域を考えると，次式で表される。

$$\boldsymbol{T = K_2\Phi I = K_2'I^2} \qquad \text{❻} \qquad (13)$$

トルク T [N·m] は，負荷電流 I [A] の2乗に比例し，図7(b)に示すようになる。なお，飽和領域では界磁磁束 Φ [Wb] がほぼ一定であるので，トルク T [N·m] は，負荷電流 I [A] に比例する。直巻電動機は，始動時のトルクが大きいという特徴がある。

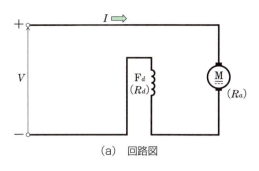

(a) 回路図

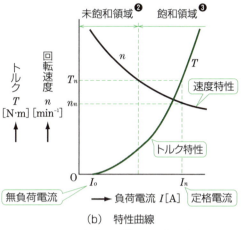

(b) 特性曲線

▲図7 直巻電動機の回路と特性

❶ R_a' は直巻界磁巻線抵抗 R_d を含む電機子回路の抵抗である。

$$V \gg R_a'I$$

❷ 電流が増加すると，ほぼ比例して磁束が増加する範囲をいう。
❸ 電流が増加しても，磁束がほぼ一定の範囲をいう。
❹ 無負荷で運転すると高速回転になり，危険である。
❺ varying-speed motor
❻ $I = I_a \qquad \Phi \propto I$

例題 2

直巻電動機の端子電圧 V が 400 V，負荷電流 I が 40 A のとき，回転速度 n_1 は 1200 min^{-1} であった。端子電圧 V を 300 V にしたときの同じ負荷電流に対する回転速度 n_2 [min^{-1}] を求めよ。ただし，直巻界磁巻線の抵抗を含む電機子回路の抵抗 R_a' を 0.4 Ω とし，ブラシ接触電圧降下と電機子反作用による電圧降下は無視する。

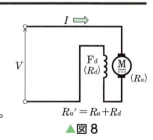

▲図8

解答 端子電圧 V が 400 V と 300 V のときの逆起電力 E_1 [V]，E_2 [V] を式(8)から求めればよい。ただし，設問は直巻電動機であるから，$I_a = I$ である。

$$E_1 = V_1 - I_a R_a' = 400 - 40 \times 0.4 = 384 \text{ V}$$
$$E_2 = V_2 - I_a R_a' = 300 - 40 \times 0.4 = 284 \text{ V}$$

負荷電流 I [A] が同じであるから，磁束 Φ [Wb] は一定である。このとき，回転速度 n [min^{-1}] は逆起電力 E [V] に比例するので，次式で表される。

$$\frac{n_2}{n_1} = \frac{E_2}{E_1}$$

よって，求める回転速度 n_2 [min^{-1}] は，次式で表される。

$$n_2 = \frac{E_2}{E_1} n_1 = \frac{284}{384} \times 1200 = \mathbf{888 \text{ min}^{-1}}$$

問 6 直巻電動機で，無負荷になると回転速度 n はどうなるか。

問 7 直巻電動機がある負荷を負って運転しているときの負荷電流 I が 50 A，回転速度 n が 1000 min^{-1} であった。負荷トルクが半減したときの負荷電流 I' [A] および回転速度 n' [min^{-1}] を求めよ。ただし，磁気飽和および電機子回路の抵抗は無視する。

3 直流電動機の始動と速度制御

1 電動機の始動

図 9 (a)において，抵抗 R が 0 Ω で端子電圧を V [V] とすると，式(11)より電機子電流 I_a [A] は，$I_a = \dfrac{V - K_1 \Phi n}{R_a}$ で表される。電圧を加えた瞬間は，回転速度 n が 0 min^{-1} であるので，逆起電力 E [V] は，$E = K_1 \Phi n = 0$ で，電機子電流 I_a [A] は $I_a = \dfrac{V}{R_a}$ となる。

実際の電動機の電機子巻線抵抗 R_a [Ω] はきわめて小さいので，過大な電流が流れ，電機子巻線を焼損するおそれがある。これを防止するためには，始動時には電機子回路に直列に抵抗 R [Ω] を接続しておき，端子電圧 V [V] を加える。そして，回転速度 n [min^{-1}] が上昇するに従って，始動時の電流を制限しつつ，抵抗 R [Ω] を減少させていく。この抵抗 R を **始動抵抗**❶ といい，その装置を **始動器** という。また，電動機の電源スイッチを閉じた直後の，いわゆる始動時の最大電流を **始動電流**❷ という。図 9 (b)は実際に用いられている始動器の接続図である。

❶ starting resistance

❷ starting current

また，実際の始動器の例を図9(c)に示す。

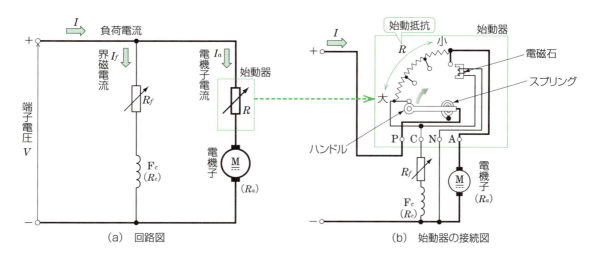

(c) 始動器の例

〈始動器の取り扱い方〉

①電動機の電源を入れてからハンドルを少し右に回すと，電動機が回転を始める。
②ハンドルを少しずつ右に回すと，始動抵抗Rが減少し，電動機の回転が速くなる。
③さらにハンドルを上まで回すと，始動抵抗Rが最終的に短絡され，ハンドルの位置が電磁石により保持される。
④電動機の電源を切ると，電磁石は磁力を失うので，ハンドルは自動的にもとの位置に戻る。

▲図9 分巻電動機の始動器

例題 3

図10のような，電機子巻線抵抗 R_a が 0.4 Ω，界磁回路の抵抗 $R_f{}'$ ❶ が 55 Ω の分巻電動機がある。始動抵抗 R が 0 Ω で，110 V の定格電圧 V_n を加えたときの始動電流 I_s [A] を求めよ。

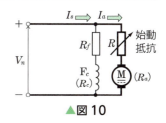

▲図10

解答 図10において，始動電流 I_s [A] は，次のようになる。

$$I_s = I_a + I_f = \frac{V_n}{R_a} + \frac{V_n}{R_f{}'} = \frac{110}{0.4} + \frac{110}{55}$$
$$= 277 \text{ A}$$

❶ $R_f{}'$ は界磁抵抗 R_f と界磁巻線の抵抗 R_c の和である。

問 8 電機子抵抗 R_a が 0.4 Ω，界磁回路の抵抗 $R_f{}'$ が 55 Ω の分巻電動機がある。これに 110 V の定格電圧 V を加えたとき，始動電流 I_s [A] を定格電流の 1.5 倍に制限するには，始動抵抗 R [Ω] をいくらにすればよいか。ただし，定格状態で運転しているときの逆起電力 E を 100 V とする。

3 直流電動機　45

2 電動機の速度制御

負荷に直結された電動機の回転速度を，必要に応じて変化させたいことがある。❶ 電動機の回転速度を変えることを **速度制御**❷ という。

式(11)から，電機子の回路に直列抵抗 $R\,[\Omega]$ を挿入したときの直流電動機の回転速度 $n\,[\min^{-1}]$ は，次式で表される。

$$n = \frac{V - I_a(R_a + R)}{K_1 \Phi} \tag{14}$$

回転速度 $n\,[\min^{-1}]$ を変えるには，界磁磁束 $\Phi\,[\mathrm{Wb}]$，直列抵抗 $R\,[\Omega]$，端子電圧 $V\,[\mathrm{V}]$ のいずれかを変えればよい。これらによる速度制御法をそれぞれ，**界磁制御法**❸・**抵抗制御法**❹・**電圧制御法**❺ という。

◆**界磁制御法**◆ 界磁調整器を加減し，界磁磁束の大きさを変えて速度を制御することを，界磁制御法という。分巻電動機では，図11の界磁調整器の抵抗値 $R_f\,[\Omega]$ を変えて，回転速度を制御する。ただし，この方式は，速度制御範囲が狭い。

◆**抵抗制御法**◆ 図11のように，電機子の回路に直列に抵抗 R を挿入して速度制御をすることを，抵抗制御法という。ただし，この方式は，抵抗 R の電力損失が大きく，速度制御範囲が狭い。

◆**電圧制御法**◆ 界磁磁束が一定で図12のように電機子巻線に加える電圧 $V\,[\mathrm{V}]$ を変化させて速度制御をすることを，電圧制御法という。

図12に，サイリスタを用いて，三相交流電圧を可変電圧の直流に変換し，電機子電圧を制御する方式を示す。この方式を **静止レオナード方式** といい，電力損失が少なく，広範囲の速度制御ができる。

❶製鉄工業における圧延機ロールの駆動では，精密に回転速度を制御することが必要であり，電車用電動機では，広範囲に回転速度を変える必要がある。
❷ speed control
❸ field control
❹ rheostatic control；おもに直巻電動機の制御に用いられる。
❺ voltage control；おもに他励電動機に用いられる静止レオナード方式と，直巻電動機に用いられる直並列制御法とがある。
❻第7章 p.256～257で学ぶ。

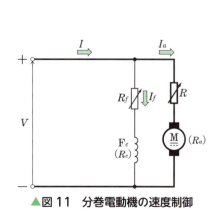

▲図11 分巻電動機の速度制御

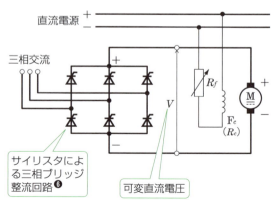

▲図12 静止レオナード方式

3 電動機の逆転と制動

a 逆転 電動機の回転の向きを変えることを **逆転** という。直流電動機を逆転させるには，原理的には，電機子電流と界磁電流のうち，どちらかの電流の向きを変えればよい。一般的には，図13(a)のように，電機子電流の向きを変える方法が用いられている。

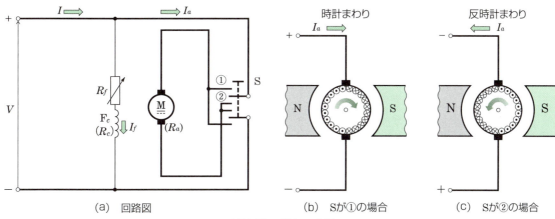

▲図13 逆転の方法

b 制動 運転中の電動機を減速・停止させることを **制動**[❶] という。制動には，機械的な摩擦による制動のほかに，電気による制動がある。電気による制動には **発電制動**[❷]，**回生制動**[❸]，**逆転制動**[❹] の3種類があり，いずれも回転エネルギーを電気エネルギーに変換している。

◆**発電制動**◆ 電機子回路から直流電源を切り離し，かわりに抵抗器を接続して他励発電機とし，回転エネルギーから生じた電気エネルギーを抵抗器で熱として消費させて制御することを発電制御という。

◆**回生制動**◆ 電車が勾配を下るときなど，電動機を発電機として運転し，電車のもつ運動エネルギーを電力（電気エネルギー）に変えて電源に送り返すことを，回生制動という。

◆**逆転制動**◆ 電動機を電源に接続したまま電機子の接続を逆に切り換え，回転方向とは逆方向のトルクを発生させて，制動することを逆転制動という。逆転制動では，急速な制動をかけることができる。

問 9 端子電圧 V が 600 V，直列抵抗が 1.5 Ω，負荷電流 I_1 が 50 A，回転速度 n_1 が 1500 $\min^{-1}$ で運転している直巻電動機がある。直列抵抗を 4 Ω にするときの，同じ電流に対する回転速度 n_2 [$\min^{-1}$] を求めよ。ただし，電機子巻線抵抗（界磁巻線抵抗を含む）R_a は 0.5 Ω とする。

❶ braking
❷ dynamic braking
❸ regenerative braking
　回生ブレーキともいう。第4章 p.154 参照。
❹ plugging；プラッギングともいう。

節末問題

1 次の文章の①〜⑤に当てはまる語句を語群から選べ。

分巻電動機は、界磁回路と電機子回路とが並列に接続されており、端子電圧および界磁抵抗を一定にすれば、界磁磁束は一定である。このとき、機械的な負荷が増加すると、電機子電流が ① し回転速度はわずかに ② するが、ほぼ一定である。このように、負荷の変化に関係なく回転速度がほぼ一定な電動機は、定速度電動機とよばれる。

上記のように、分巻電動機の界磁磁束を一定にして運転した場合、電機子反作用などを無視すると、トルクは電機子電流にほぼ ③ する。

一方、直巻電動機は、界磁回路と電機子回路が直列に接続されており、界磁磁束は負荷電流によってつくられる。界磁磁束が磁気飽和しない領域では、界磁磁束は負荷電流にほぼ ④ し、トルクは負荷電流の ⑤ にほぼ比例する。

語群 ア. 減少　イ. 増加　ウ. 比例　エ. 反比例
　　　　オ. 2乗　カ. $\frac{1}{2}$ 乗

2 分巻電動機において、電機子巻線抵抗 R_a は 0.15 Ω、界磁回路の抵抗 R_f は 100 Ω、端子電圧 V は 200 V、負荷電流 I は 50 A、回転速度 n は 1500 min^{-1} である。次の各問いに答えよ。

(1) 電機子に発生している電圧は何ボルトか。ただし、電機子反作用による電圧降下とブラシ接触電圧降下は無視する。

(2) この電動機に、200 V の電圧 V を加えたときに発生する出力は何キロワットか。

(3) この電動機に 200 V の電圧 V を加え、始動電流 I_s を 60 A にするには、始動抵抗 R を何オームにすればよいか。

3 直巻電動機について、次の各問いに答えよ。

(1) 電源の極性を変えれば、逆向きに回転するか。

(2) 電源に交流電源を用いると、電動機は回転し続けるか。

4 分巻電動機がある。端子電圧 V が 210 V、電機子電流 I_a が 30 A、電機子巻線抵抗 R_a が 0.1 Ω、回転速度 n は 1500 min^{-1} のとき、発生するトルク T [N·m] を求めよ。ただし、電機子反作用による電圧降下、ブラシ接触電圧降下は無視する。

4節 直流機の定格

この節で学ぶこと 直流機の負荷が変動すると，直流発電機では電圧が変わり，直流電動機では回転速度が変わる。直流機を効果的に使う場合には，その特性について知っておく必要がある。ここでは，直流発電機や直流電動機の定格について調べ，さらに，電圧変動率・速度変動率・効率などの特性について学ぼう。

1 直流発電機の定格

図1(a)に示すように，直流発電機 G を原動機で回転させると，起電力が発生し，スイッチ S を閉じると，発電機は負荷に電力 P_o [W] を供給する。

しかし，この発電機が，どのくらいの回転速度 n [min^{-1}] で電圧 V [V] のときにどの程度の電流 I [A] を取り出せるのかがわかっていなければ，過熱により発電機を焼損するおそれがある。

そこで，発電機の銘板には，電圧・電流・出力・回転速度などについて，標準的な使い方を示す値が示されている。これらの値を発電機の **定格**❷，または **定格値**❸ という。定格電圧で定格電流が流れる負荷を **定格負荷**❹ という。

1 電圧変動率

図1(a)において，原動機が定格回転速度 n_n [min^{-1}] で回転しているとき，負荷電流 I [A] を増加させると，電機子反作用による電圧降下などのため，図2のように端子電圧 V [V] は低下する。この曲線を直流発電機の外部特性曲線といい，端子電圧の低下の程度を表したものを **電圧変動率**❺ という。

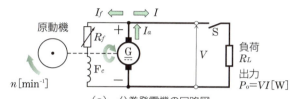

(a) 分巻発電機の回路図

形式	OY-4	定格回転速度	1500 min^{-1}
定格	連続	定格電圧	100 V
定格出力	2.0 kW	定格電流	20 A
極数	2		

(b) 直流発電機の定格値❶の例

▲図1 直流発電機の定格値

❶図1(b)は定格値を銘板に表した例であり，この場合，定格回転速度 n_n は 1500 min^{-1}，定格電圧 V_n は 100 V，定格電流 I_n は 20 A であることを示している。

❷ rating 機器の使用条件または限度のこと。
❸ rated value
❹ rated load

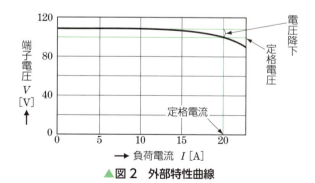

▲図2 外部特性曲線

❺ voltage regulation

4 直流機の定格 **49**

無負荷のときの電圧を V_0 [V],定格負荷のときの電圧を V_n [V] とすると,**電圧変動率** ε [%] は,次式で表される。

$$\varepsilon = \frac{V_0 - V_n}{V_n} \times 100 \tag{1}$$

例題 1 図2の特性曲線から電圧変動率 ε [%] を求めよ。

解答 図2より,V_0 は 110 V,V_n は 100 V である。電圧変動率 ε [%] は,式(1)から,

$$\varepsilon = \frac{V_0 - V_n}{V_n} \times 100 = \frac{110 - 100}{100} \times 100 = \mathbf{10\ \%}$$

2 発電機の効率

図3は,直流発電機の電力の流れの関係を表している。発電機を回転させるのに必要な動力 P_i と発電機の出力 P_o を比べると,P_o は P_i より小さい。その差 $P_i - P_o = P_l$ は発電機の損失❶となる。そこで,発電機の効率❷ η [%] は,次式で表される。

$$\eta = \frac{P_o}{P_i} \times 100 = \frac{P_o}{P_o + P_l} \times 100 \tag{2}$$

発電機の損失には,電機子巻線や界磁巻線による抵抗損とブラシ接触抵抗による抵抗損からなる**銅損**❸,鉄心中の損失からなる**鉄損**❹,回転子の運動による軸受の摩擦損などの**機械損**❺などがある。

❶ loss
❷ efficiency;一般に,効率は定格出力の 75〜80 % 付近で最大となるように設計されている。

❸ copper loss
❹ iron loss
❺ mechanical loss

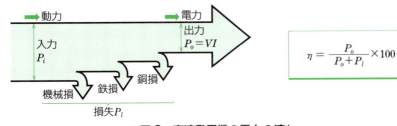

▲図3 直流発電機の電力の流れ

問 1 定格電圧 V_n が 100 V,定格出力 P_n が 15 kW,電機子回路の抵抗 R_a が 0.05 Ω の他励発電機がある。電圧変動率 ε [%] を求めよ。ただし,電機子反作用の影響およびブラシ接触電圧降下は無視する。

問 2 定格電圧 V_n が 100 V,定格出力 P_n が 5 kW,回転速度 n が 1500 min^{-1} の分巻発電機がある。電機子回路の抵抗 R_a が 0.02 Ω,界磁回路の抵抗 R_f が 100 Ω,鉄損は 200 W である。全負荷時の効率 η [%] を求めよ。

50 第1章 直流機

2 直流電動機の定格

図4(a)に示すように，直流電動機に機械的な負荷を結合して運転するとき，負荷が大きすぎると負荷電流が定格電流以上になり，電機子巻線を焼損するおそれがある。直流電動機にも，図4(b)に示すように，その銘板に定格が示されているので，その範囲内で使用しなければならない。

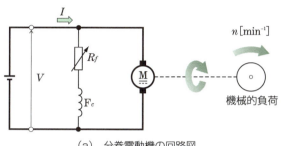

(a) 分巻電動機の回路図

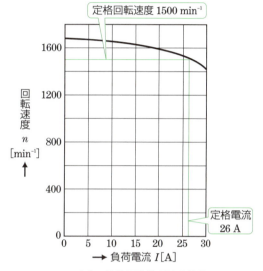

(c) 分巻電動機の速度特性

形式	OY-4	定格回転速度	1500 min⁻¹
定格	連続	定格電圧	100 V
定格出力	2.0 kW	定格電流	26 A
極数	2		

(b) 直流電動機の定格値の例

▲図4 直流電動機の定格値と速度変動

1 速度変動率

図4(a)において，負荷を増加すると，回転速度は一般に低下する。その程度を表すのに，**速度変動率**❶を用いる。無負荷のときの回転速度を n_0 [min^{-1}] とし，定格負荷のときの回転速度を n_n [min^{-1}] とすると，速度変動率 ν [%] は，次式で表される。

❶ speed fluctuation rate

$$\nu = \frac{n_0 - n_n}{n_n} \times 100 \qquad (3)$$

例題 2

図4(c)の特性曲線から速度変動率 ν [%] を求めよ。

解答 図4(c)より，n_0 は 1700 min^{-1}，n_n は 1500 min^{-1}，速度変動率 ν [%] は，式(3)から，

$$\nu = \frac{n_0 - n_n}{n_n} \times 100 = \frac{1700 - 1500}{1500} \times 100 = \mathbf{13.3\ \%}$$

2 電動機の効率

図5は，直流電動機の電力の流れの関係を表している。電動機を回転させるのに必要な電力 P_i と電動機の出力 P_o を比べたとき，その差 $P_i - P_o = P_l$ は電動機の損失となる。そこで，電動機の効率 η [%] は，次式で表される。

$$\eta = \frac{P_o}{P_i} \times 100 = \frac{P_i - P_l}{P_i} \times 100 \quad (4)$$

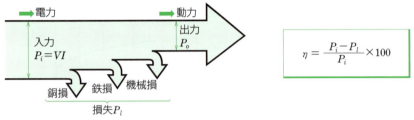

▲図5　直流電動機の電力の流れ

問 3 定格電圧 V が 100 V，定格出力 P_n が 5 kW の分巻電動機がある。定格負荷における入力 P_i [kW] および電機子電流 I_a [A] を求めよ。ただし，全負荷における電動機の効率 η は 83 %，界磁電流 I_f は 1 A とする。

直流機の定格のまとめ

	発電機	電動機
変動率	電圧変動率　$\varepsilon = \dfrac{V_0 - V_n}{V_n} \times 100$	速度変動率　$\nu = \dfrac{n_0 - n_n}{n_n} \times 100$
効率	$\eta = \dfrac{P_o}{P_i} \times 100 = \dfrac{P_o}{P_o + P_l} \times 100$	$\eta = \dfrac{P_o}{P_i} \times 100 = \dfrac{P_i - P_l}{P_i} \times 100$

■ 節末問題 ■

1 直流発電機において，定格電圧 V_n が 100 V，無負荷電圧 V_0 が 105 V であるという。電圧変動率 ε [%] を求めよ。

2 直流電動機において，無負荷のときの回転速度 n_0 が 1500 min^{-1}，定格負荷のときの回転速度 n_n が 1450 min^{-1} であるという。速度変動率 ν [%] を求めよ。

3 定格電圧 V_n が 110 V，定格出力 P_n が 5 kW の分巻発電機がある。定格出力における電機子反作用による電圧降下 v_a は 2.2 V，ブラシ接触電圧降下 v_b は 1.5 V である。電圧変動率 ε [%] を求めよ。ただし，電機子巻線抵抗 R_a は 0.05 Ω とし，界磁電流は無視する。

4 分巻電動機がある。端子電圧 V が 200 V，無負荷電流 I_0 が 8 A，電機子巻線抵抗 R_a が 0.1 Ω とすれば，負荷電流 I が 100 A のとき，この電動機の効率 η [%] を求めよ。ただし，電機子反作用，ブラシ接触電圧降下および界磁電流は無視する。

この章のまとめ

1節

① 直流機は，原動機で回転させると発電機となり，フレミングの右手の法則によって定まる向きに起電力が生じる。また，直流電源を加えると電動機となり，フレミングの左手の法則によって定まる向きに電磁力が生じる。 ▶p.19〜20

② 直流機は，電機子鉄心・電機子巻線・整流子・ブラシ・界磁鉄心・界磁巻線・継鉄などによって構成されている。 ▶p.22〜23

2節

③ 直流発電機の起電力は，$E = \dfrac{Z}{a} p\Phi \dfrac{n}{60} = K_1 \Phi n$ で表される。 ▶p.29

④ 電機子電流による磁束を生じさせる起磁力が界磁起磁力に与える影響を電機子反作用といい，この影響を防ぐために補償巻線や補極が用いられる。 ▶p.29〜31

⑤ 直流発電機には他励発電機と自励発電機がある。自励発電機には，分巻発電機・直巻発電機などがある。 ▶p.32〜35

⑥ 直流発電機の特性は，無負荷飽和曲線と外部特性曲線で調べる。 ▶p.32〜35

3節

⑦ 直流電動機のトルクは，$T = \dfrac{pZ}{2\pi a} \Phi I_a = K_2 \Phi I_a$ で表される。 ▶p.39

⑧ 直流電動機の出力は，$P_o = 2\pi \dfrac{n}{60} T$ で表される。 ▶p.39

⑨ 直流電動機に生じる電機子反作用の影響は，発電機の場合とは反対であるが，補償巻線や補極の接続方法は発電機の場合と同じでよい。 ▶p.41

⑩ 直流電動機の特性は，速度特性やトルク特性などで表される。 ▶p.42〜43

⑪ 直流電動機の回転速度は，$n = \dfrac{V - R_a I_a}{K_1 \Phi}$ で表される。 ▶p.42

⑫ 直流電動機を始動するには，始動抵抗を電機子回路と直列に接続し，始動電流が過大となることを防ぐ。 ▶p.44〜45

⑬ 直流電動機の速度制御法には，界磁制御法・抵抗制御法・電圧制御法などがある。 ▶p.46

4節

⑭ 直流発電機の電圧変動率は，$\varepsilon = \dfrac{V_0 - V_n}{V_n} \times 100$ で表される。 ▶p.50

⑮ 直流機の効率は，$\eta = \dfrac{P_o}{P_i} \times 100$ で表される。 ▶p.50, 52

⑯ 直流機の損失には，銅損・鉄損・機械損などがある。 ▶p.50

⑰ 直流電動機の速度変動率は，$\nu = \dfrac{n_0 - n_n}{n_n} \times 100$ で表される。 ▶p.51

章末問題

1 極数 p が 6,電機子導体数 Z が 408,各磁極の磁束 Φ が 0.01 Wb,並列回路数 a が 2 の分巻発電機がある。誘導起電力 E を 200 V 発生するには,回転速度 $n \, [\text{min}^{-1}]$ をいくらにしなければならないか求めよ。

2 直流機の整流子に発生する火花の原因をあげよ。

3 他励発電機がある。回転速度 n が 1500 min^{-1} のとき,誘導起電力 E が 200 V であった。いま,この発電機の界磁電流を一定に保ち,回転速度 n を 1200 min^{-1} にした。このときの誘導起電力 $E \, [\text{V}]$ を求めよ。

4 直流電動機の始動には,始動抵抗器を必要とする。なぜか。

5 分巻電動機の速度を制御する方法を三つあげ,説明せよ。

6 分巻電動機がある。端子電圧 V が 210 V,電機子電流 I_a が 30 A,電機子巻線抵抗 R_a が 0.2 Ω,回転速度 n が 1500 min^{-1} のとき,発生トルク $T \, [\text{N·m}]$ を求めよ。ただし,電機子反作用の影響,ブラシ接触電圧降下は無視する。

7 端子電圧 V が 210 V,電機子電流 I_a が 50 A,電機子巻線抵抗 R_a が 0.1 Ω,回転速度 n が 1500 min^{-1} で運転中の分巻電動機がある。同一電流において,端子電圧を 180 V に下げたときの回転速度 $n \, [\text{min}^{-1}]$ を求めよ。ただし,電機子反作用およびブラシ接触電圧降下は無視する。

B

1 定格出力 P_n が 10 kW,電機子巻線抵抗 R_a が 0.12 Ω の他励発電機がある。全負荷で運転中の端子電圧 V が 200 V であるとき,無負荷時の端子電圧 $V_0 \, [\text{V}]$ を求めよ。ただし,電機子反作用による影響,ブラシ接触電圧降下は無視する。

2 定格電圧 V_n が 110 V,定格出力 P_n が 5 kW の他励発電機がある。定格電圧,定格電流で運転中に無負荷にしたら,端子電圧が 123 V になった。電圧変動率 $\varepsilon \, [\%]$ を求めよ。また,電機子巻線抵抗 $R_a \, [\Omega]$ を求めよ。ただし,電機子反作用による電圧降下 v_a を 2.4 V,ブラシ接触電圧降下 v_b を 1.5 V とする。

3 定格出力 P_n が 10 kW,定格電流 I_n が 50 A,電機子巻線抵抗 R_a が 0.4 Ω の他励電動機がある。始動電流 I_s を 75 A に制限するための始動抵抗 $R \, [\Omega]$ を求めよ。

4 定格電圧 V_n が 110 V の分巻電動機がある。回転速度 n を 1200 min^{-1} で運転しているとき,負荷電流 I が 52 A,界磁電流 I_f が 2 A であるという。このときの効率 $\eta \, [\%]$ および発生トルク $T \, [\text{N·m}]$ を求めよ。ただし,電機子回路の抵抗 R_a を 0.2 Ω とし,鉄損と機械損は無視する。

第2章 電気材料

　すでに学んだ直流機の構造からわかるように，そこでは，電機子巻線などの導電材料，電機子鉄心などの磁性材料，コイルや整流子片を絶縁する絶縁材料などが用いられている。これらの材料は，電気材料とよばれ，直流機やあとで学ぶ変圧器・誘導機・同期機などの電気機器をつくる場合に不可欠なものである。

　これらの材料に対しては，電気的・磁気的・機械的な特性に加えて地球環境に影響の少ないことが求められている。

　この章では，電気材料の種類・特徴・用途などについて学ぼう。

導電材料　1
磁性材料　2
絶縁材料　3

Topic　電気機器には，こんな電気材料が使われている

　電気機器である回転機には直流機・誘導機・同期機が，静止器には変圧器やパワーエレクトロニクス機器などがある。これらの電気機器を構成するものが電気材料で，電気機器の特性の良しあしは，その機器に使われている材料によるところが大きい。

　例として，変圧器を取り上げ，そこに使われている鉄心材料や絶縁材料を見てみよう。

変圧器
変圧器油
アモルファス鉄心

アモルファス鉄心　鉄損の少ない鉄心材料

　電圧を変える変圧器の鉄心には，磁束を通りやすくするため，けい素を加えた電磁鋼板やアモルファス鉄心が用いられる。原子や分子が不規則に並ぶ非結晶の状態をアモルファスという。このような状態の物質を鉄心に用いると，鉄損が少なく，省エネルギー効果は高いが，まだ高価である。鉄心に生じる鉄損をより減らすために，重ね方や形状もくふうされている。

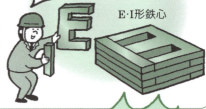

表面を絶縁した薄板鋼板をこのように積み重ねることで，鉄損を少なくできる。
E・I形鉄心

変圧器油
絶縁と冷却の働きをする。

コイル　絶縁材料が悪いと漏電や感電をする

　電流の通路は電線である。電線の表面は絶縁を施すため，エナメルを塗ったりクラフト紙で包んで，電線をコイル状にする。また，コイルに電流を流すと発熱するので，熱を逃すために変圧器油を入れて絶縁する。これらの絶縁が悪くなると漏電し，漏電している機器に触れると感電事故につながるので，絶縁材料の劣化には注意が必要である。

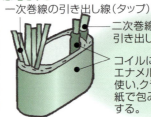

一次巻線の引き出し線（タップ）
二次巻線の引き出し線
コイルにはエナメル線を使い，クラフト紙で包み絶縁する
柱上変圧器コイルの例

感電危険！
漏電している機器

✤Column　世界最強の磁石

　直流のモータを小形化するためには，界磁となる永久磁石がより強力であることが望ましい。近年，直流モータには，ネオジム磁石がさかんに使用されている。

　世界最強の永久磁石であるネオジム磁石は，1982年に日本の佐川眞人によって発明され，翌年から生産が始まると，2000年には年間生産量が1万tを超えるほど，広く普及されるようになった。その利用は，パソコンのハードディスクドライブ，スマートフォン，医療器具などのモータ，また，電気自動車やエアコンなどの家電用モータなど，広範囲にわたっている。

　従来型のモータから，ネオジム磁石を用いた高効率モータへの置き換えが進めば，大きな電力節約が見込まれ，さらに，省エネルギー化，及び二酸化炭素排出量削減への貢献も期待されている。

ハードディスクドライブ

スマートフォンとタブレット

電気自動車

1節　導電材料

この節で学ぶこと　導電率は物質により異なるため，用途に合わせて，適した物質が用いられている。ここでは，電線用や超電導用，抵抗用に用いられている導電材料について学ぼう。

1　電線材料

導体として用いられる材料は導電材料とよばれ，なかでも電線は，電気配線においてなくてはならないものである。その電線の材料には導電率の大きい銅とアルミニウムがおもに用いられる。

1　銅線

電線に用いられる銅は，電気分解によって精錬した電気銅で，純度は 99.96 ％以上である。❶銅を常温で引き伸ばすと，抵抗率が大きくなり硬くなる。これを **硬銅** という。硬銅は，回転機の整流子片，開閉器，送電線路などに使われている。また，硬銅を 450～600 ℃で焼なましすると，軟らかくなり，抵抗率も減少する。これを **軟銅** という。軟銅は，電気機器の巻線やふつうの電線・コード❷などに多く使われている。表1に，軟銅線と硬銅線の性質を示す。

2　アルミニウム電線

電気用アルミニウムは，軟銅に比べて 61 ％の導電率しかないが，密度は銅の $\frac{1}{3}$ と小さいため，アルミニウムと銅の電気抵抗が等価である場合，アルミニウムの重量は，銅の約半分❸である。そこで，電力輸送にアルミニウム電線を用いると，銅線に比べて軽量化でき，また，細いアルミニウム電線を多数束ねて断面を太くすることで，表皮効果❹の面からも有利となる。よって，超高圧や特別高圧❺の架空送電線路にはアルミニウム電線が使われている。表1に，硬アルミ線の性質を示す。

❶銅に不純物が含まれていると，導電率が急激に減少する。そこで，純度を高めることによって導電率を大きくする。
❷コードは細い軟銅線を多数より合わせた可とう性をもたせた導体で，絶縁物で被覆したものである。
❸銅線とアルミニウム線の単位長さあたりの抵抗を同じにするには，アルミニウム線の断面積は銅の 1.6 倍になるが，密度が $\frac{1}{3}$ であるから，重量比は半分になる。
❹直流電流の場合は，導体断面に均等に流れるが，交流電流の場合は，導体内部は流れにくくなる。これを表皮効果という。
❺ 7000 V を超える電圧。
❻万国標準軟銅（20 ℃における抵抗率 1.7241×10^{-8} Ω・m）の導電率を 100 ％としたときの値。

▼表1　銅線と硬アルミ線の性質　　　　　　　　　　　　（20 ℃における値）

項目		軟銅線	硬銅線	硬アルミ線
導電率	[％]❻	97～101	96～98	61
抵抗率	[Ω・m]	$1.7070 \sim 1.7774 \times 10^{-8}$	$1.7593 \sim 1.7959 \times 10^{-8}$	2.8265×10^{-8}
引張強さ	[MPa]	245～289	334～471	147～167
密度	[g/cm³]	8.89	8.89	2.70
融点	[℃]	1083	1083	658.7
弾性係数	[GPa]	49.0～117.7	88.2～122.6	61.8

（電気学会編「電気工学ハンドブック(2013)」による）

3　電気機器の巻線

心線に絶縁性の被覆を施した電線を **絶縁電線** といい，電気機器に用いられる絶縁電線は，**巻線** または **マグネットワイヤ** とよばれる。巻線には材質として軟銅線が多く用いられ，断面の形状が細いものには丸線，太いものには平角線が用いられる。

エナメル線 は，軟銅線の表面に絶縁性の塗料を焼きつけた電線で，合成樹脂の被覆を施した **ホルマール線**❶ や，耐熱性の合成樹脂の被覆を施した **ポリエステル線**，および **ポリエステルイミド線** などがある。

ガラス巻線 は，軟銅線の表面にガラスを細い繊維状にした糸を一重または二重に横巻きし，耐熱性の絶縁塗料を塗って焼きつけたものである。

紙巻線❷ は，軟銅線の表面にクラフト紙またはマニラ紙を数層以上重ねて巻いたもので，導体としては平角線が多い。

問 1　整流子片には軟銅を用いない。なぜか。
問 2　電気機器の巻線に軟銅線が用いられるのはなぜか。

❶ホルマール線

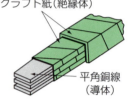

❷紙巻平角銅線の例
クラフト紙（絶縁体）
平角銅線（導体）

2　超電導材料

金属は一般に温度が低下すると，電気抵抗は減少するが，$0\,\Omega$ にはならない。ところが，ある種の金属または化合物は，絶対温度 $100\,\mathrm{K}$❸ 以下の低温まで下げていくと，ある温度で，電気抵抗が急激に減少し，$0\,\Omega$ になる。この温度を **臨界温度**❹ といい，この現象を **超電導**❺ という。

この現象は現在，金属元素・合金・金属間化合物・セラミックス・有機物など 1000 種類以上の物質で確認されている。現在実用化されている材料には，ニオブ-チタン（Nb-Ti）合金，ニオブ3すず（Nb_3Sn）化合物，銅酸化物などがある。

このような超電導材料を電線として用いると，低損失で大電流が流せるので，超電導ケーブル，超電導磁石，超電導発電機，超電導リニアモータカー❻ などに利用されている。

❸ケルビンと読む。熱力学温度の単位で，SI基本単位の一つである。熱力学温度は絶対温度ともいう。
❹ critical temperature
❺ superconductivity

❻ Nb-Ti 合金超電導磁石が用いられている。

Nb-Ti 合金(臨界温度 10 K)などの金属系超電導材料は，臨界温度が低いので，冷却用の液体ヘリウム(沸点 −268.9 ℃)が用いられる。
　酸化物超電導材料は，臨界温度が高いことが特徴で，最近では，絶対温度 110 K のビスマス系(Bi-Sr-Ca-Cu-O)や 135 K の水銀系(Hg-Ba-Ca-Cu-O)のセラミックスが発見されている。この超電導材料は，冷却に安価な液体窒素(沸点 −195.8 ℃)を利用できるため，一部実用化されている。
　液体ヘリウム温度で超電導状態になるものを **低温超電導** とよび，液体窒素温度で超電導状態になるものを **高温超電導** とよぶ。このように超電導は，低温超電導と高温超電導に区分される。
　低温超電導で最も多く利用されているのは，液体ヘリウムで冷却したニオブ-チタン(Nb-Ti)合金製の超電導磁石を使う磁気共鳴断層撮影(MRI)装置とよばれる医療機器である(図1)。
　超電導技術は，わたしたちの身近なところで利用されているが，低温超電導は冷却システムが高価なため，利用が限定される課題がある。そこで近年，注目されているのが，冷却システムが比較的安価な液体窒素で冷却を行う高温超電導である。超電導ケーブルをはじめ，超電導限流器，超電導変圧器，超電導電力貯蔵装置など電力送電機器を中心に，実用化が進んでいる。

❶セルシウス温度を t [℃]，熱力学温度を T [K] とすると，
$T = t + 273.15$ [K]
の関係がある。よって，−268.9 ℃ は 4.25 K である。
❷酸素を含んだ超伝導材料のこと。p.55 章扉の写真参照。

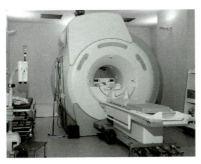

▲図1　MRI

❸ magnetic resonance imaging

❹ fault current limiter；限流器は，電力系統の事故電流の抑制のために用いられる。

Column　リニア中央新幹線建設

　超電導リニアモータカーは，モータを開き直線状(リニア)にしたものである。強力な超電導磁石で 10 cm 程度車体を浮上させ，時速 500 km で走行する。リニア新幹線の開業区間は，はじめに品川—名古屋間が，その後，終点の大阪までが予定されている。

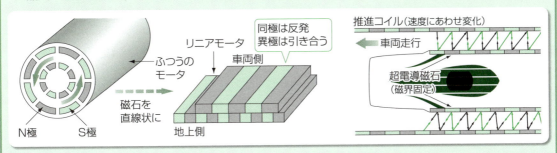

1　導電材料

3 抵抗材料

抵抗に用いられる材料を抵抗材料といい，標準抵抗器の材料である精密抵抗材料，電流調節用の調節用抵抗材料，および発熱体に用いる電熱材料に分けられる。

1 精密抵抗材料　精密抵抗材料は，マンガニンとよばれるCu-Mn合金が代表的で，抵抗温度係数や銅に対する熱起電力がひじょうに小さな値である。

2 調節用抵抗材料　調節用抵抗材料には，電流が流れて発熱しても抵抗値の変化が少ないコンスタンタン(Cu-Ni合金)などがあり，また大電流用には，鉄に少量の炭素やけい素，またはアルミニウムを加えた鋳鉄グリッドが用いられる。

3 電熱材料　電熱材料には，1100℃までのニッケルクロム合金，1250℃までの鉄クロム合金などが使われる。

表2に，抵抗材料の分類を示す。

❶マンガニンは標準抵抗器の材料に用いられる。

❷コンスタンタンは滑り抵抗器の材料に用いられる。
❸格子状の鋳鉄電極板をいう。

▼表2　抵抗材料の分類

用途・目的	具備すべき性質	種類・応用
精密抵抗材料	抵抗温度係数小，熱起電力小，耐食性	マンガニン線(標準抵抗器)
調節用抵抗材料	機械的強度大，耐食性，加工性	コンスタンタン線，ニクロム線，鋳鉄グリッド(化学工業用電流調節器)
電熱材料	耐熱性	ニクロム線，鉄クロム線(電気炉発熱体)

■節末問題■

1. 電気機器に用いられる絶縁電線の巻線(マグネットワイヤ)に必要な特性を調べよ。
2. 電気機器に用いられる巻線の種類を答えよ。
3. エナメル線の分類を答えよ。
4. 超電導材料を用いてすでに利用されているものを答えよ。また，今後実用化に向け開発が進んでいる超電導技術について答えよ。

2節 磁性材料

この節で学ぶこと　磁気を帯びている磁石や磁束をよく通す鉄心は，電動機や発電機に欠かせない重要な部品である。その材料となる磁性材料の種類や性質について学ぼう。

1 高透磁率材料

　外部から加えたわずかな磁界で大きな磁束密度が得られる材料を高透磁率材料といい，おもに鉄およびその合金が使われる。鉄に数％のけい素を加えた電磁鋼板も高透磁率材料である。

1 鉄

　純鉄は，透磁率が大きく，飽和磁束密度も大きいので，磁性材料としてすぐれているが，機械的にはあまり強くない。そこで，微量の炭素を含有させて機械的強さを増した軟鋼❶が，直流機の磁極の鉄心などに用いられる。また，直流機の継鉄などには鋳鋼❷が用いられる。

2 電磁鋼板

　磁束が交番する鉄心などには，渦電流損とヒステリシス損からなる鉄損を生じる。そのような部分には，高透磁率で，鉄損の少ない**電磁鋼板**❸を，**積層**（積み重ね）して用いる。

　電磁鋼板は，渦電流損を少なくするため，薄板状にして，その両面に絶縁が施してある。また，鉄にけい素（4.5％以下）を入れて抵抗率を大きくしている。

　さらに，ヒステリシス損を少なくするために，鉄の純度を高くし，圧延方法をくふうして内部のひずみを少なくする。なお，電磁鋼板は，けい素の含有量を多くすると材料がもろくなるので，回転機には1～3.5％，変圧器用には4～4.5％程度のものが用いられる。

▲図1　加工された電磁鋼板の例

❶純鉄に微量の炭素（0.25％以下）を加えた鋼。板状のものを軟鋼板という。
❷鋼材を溶かし，鋳型に流し込んでつくる。
❸電磁鋼板は従来の「けい素鋼板」のことである。現在は，けい素を含まない鋼板もあるので電磁鋼板とよぶ。鋼板は鋼帯を任意の長さに切ったものである（図1）。

電磁鋼板は，無方向性と方向性の2種類に分けられる。前者は**無方向性電磁鋼帯**とよばれ，冷間圧延によってつくられ，図2(a)のように鉄結晶粒子が任意に配向しており，主として回転機に用いられている。後者は**方向性電磁鋼帯**とよばれ，同じく冷間圧延によってつくられ，図2(b)のように磁化しやすい結晶粒子が圧延方向に配向したものである。これにより，圧延方向に磁化したとき高い透磁率が得られ，ヒステリシス損が少なくなる。

方向性電磁鋼帯は，磁化方向が一定している変圧器の鉄心に主として用いられる。表1に，電磁鋼帯の種類と磁気特性の例を示す。

❶配向性とは，結晶粒子の磁化しやすい方向がそろう性質のことである。

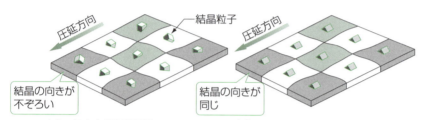

(a) 無方向性電磁鋼帯（結晶粒子）　　(b) 方向性電磁鋼帯（結晶粒子）

▲図2　電磁鋼帯（結晶粒子）

▼表1　電磁鋼帯の種類と磁気特性

鋼帯	種類❷	呼称厚さ [mm]	密度❸ [kg/dm³]	鉄損 $W_{15/50}$ [W/kg] の最大値❹	磁束密度 B_{50} [T] の最小値❺	おもな用途
無方向性電磁鋼帯	35A230	0.35	7.60	2.30	1.60	大形変圧器
	35A270		7.65	2.70		
	35A440		7.70	4.40	1.64	大形回転機
	50A270	0.50	7.60	2.70	1.60	大形変圧器
	50A470		7.70	4.70	1.64	
	65A800	0.65	7.80	8.00	1.70	小形回転機
	65A1300		7.85	13.00	1.71	

鋼帯	種類	呼称厚さ [mm]	密度 [kg/dm³]	鉄損 $W_{17/50}$ [W/kg] の最大値❻	磁気分極 J_8 [T] の最小値❼	おもな用途
方向性電磁鋼帯	27P100	0.27	7.65	1.00	1.88	変圧器
	27G120			1.20	1.78	
	30P110	0.30		1.10	1.88	
	30G130			1.30	1.78	
	35P125	0.35		1.25	1.88	
	35G145			1.45	1.78	

❷　種類の表記

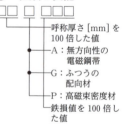

呼称厚さ [mm] を100倍した値
A：無方向性の電磁鋼帯
G：ふつうの配向材
P：高磁束密度材
鉄損値を100倍した値

❸　$1 \text{ kg/dm}^3 = 10^3 \text{ kg/m}^3$ ($1 \text{ dm} = 10^{-1} \text{ m}$)

❹　$W_{15/50}$ は，周波数 50 Hz，最大磁束密度 1.5 T における鉄損を示す。

❺　B_{50} は，磁界の強さ H が 5000 A/m における材料固有の磁束密度のピーク値を示す。

❻　$W_{17/50}$ は，周波数 50 Hz，最大磁束密度 1.7 T における鉄損を示す。

❼　J_8 は，磁界の強さ H が 800 A/m における材料固有の磁気分極を示す。

(JIS C 2552：2014，C 2553：2019 による)

問 1 電磁鋼帯の種類が同じでも，鋼帯が厚いと鉄損が大きくなるのはなぜか。また，種類によって用途が異なるのはなぜか。

問 2 無方向性電磁鋼帯と方向性電磁鋼帯の違いを簡潔に述べよ。

2 永久磁石材料

永久磁石材料は，継鉄などと組み合わせて磁気回路をつくり，そのエアギャップに直流磁界を発生させる装置に用いられる。永久磁石材料はいったん着磁❶すると，電磁石のような直流電源が不要であるため装置が小形化でき，経済的である。ただし，大形発電機などの界磁用には電磁石が用いられる。永久磁石材料は，電動機，拡声器，その他電子機器分野に広く用いられている。

図3は，永久磁石のヒステリシス特性例である。磁気エネルギーの大きい永久磁石は，残留磁気 B_r [T] × 保磁力 H_c [A/m] の値が大きく，良質な磁石である。

永久磁石の種類には，フェライト磁石，アルニコ磁石，希土類系磁石などがある。図4は，これらの永久磁石の B-H 曲線例である。

❶永久磁石材料に強い磁界を加えると，磁界が消えても残留磁気が残る。これを着磁という。

❷左方向を正にとる。

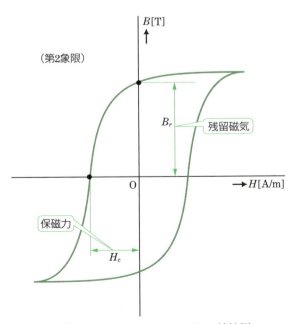

▲図3 永久磁石のヒステリシス特性例

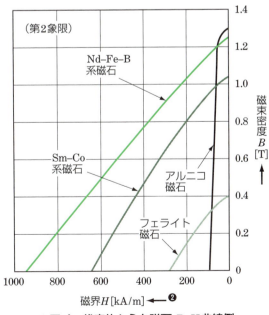

▲図4 代表的な永久磁石 B-H 曲線例

1 フェライト磁石

鉄の酸化物にバリウム(Ba)またはBaの一部をストロンチウム(Sr)に置き換えて混合して焼成し，これらを粉砕してから粘結剤とともに圧縮・成形したのち，焼結の工程をへて製品化される。フェライト磁石は，残留磁気B_rが小さいかわりに保磁力H_cが大きいという性質をもっている。保磁力が大きいため，厚さ方向の着磁も可能である。また，価格が安いため広く使われている。

❶永久磁石材料が下図のようにも着磁できる。

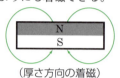

(厚さ方向の着磁)

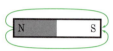

(長さ方向の着磁)

2 アルニコ磁石

アルニコ磁石は，鉄を主成分にアルミニウム(Al)，ニッケル(Ni)，コバルト(Co)などを加えた金属磁石である(図5)。フェライト磁石に比べると保磁力H_cが小さいが，残留磁気B_rが大きいという特徴があり，長さ方向に着磁して用いられる。

3 希土類系磁石

希土類元素を合金とした磁石には，ネオジム(Nd)-鉄(Fe)-ホウ素(B)系磁石(図6)と，サマリウム(Sm)コバルト(Co)系磁石がある。希土類系磁石は，$B_r \times H_c$の値がひじょうに大きいので，電気機器の小形化がはかれる。最近は，電気自動車などの電動機に用いられている。

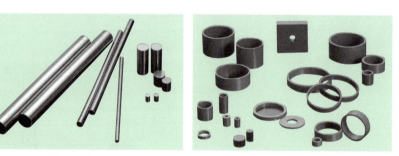

▲図5 アルニコ磁石　　▲図6 ネオジム系磁石

■ 節末問題 ■

1 磁性材料には純鉄が使われるが，その特徴を述べよ。

2 電磁鋼板は，回転機や変圧器用に用いられるが，渦電流損やヒステリシス損を少なくするためにどのようなくふうをしているか述べよ。

3 回転機には，無方向性と方向性のどちらの電磁鋼帯が用いられるか。また，その用いられる理由を簡潔に述べよ。変圧器用には，無方向性と方向性のどちらの電磁鋼帯が用いられるか。また，その用いられる理由を簡潔に述べよ。

3節 絶縁材料

この節で学ぶこと キャブタイヤケーブルという電線は，周囲がゴムでおおわれている。ゴムには電気を絶縁し，しかも衝撃に強くて破損しにくいという利点があるので，この電線が危険な工場現場などでよく用いられる。ここでは，ゴムなどの絶縁材料の性質や種類，用途について学ぼう。

1 絶縁材料の特性

絶縁材料とは，電気を絶縁して，必要とするか所以外に電流が流れるのを防ぐために用いる材料の総称である。絶縁材料は，電気機械・器具を安全に運転したり使用したりするために欠かせない。

1 最高使用温度

電気機器を長い間使用していると，絶縁材料がしだいに劣化して，絶縁耐力❶や絶縁抵抗が減少し，ついには使用できなくなる場合がある。この絶縁劣化の原因はいろいろ考えられるが，なかでも使用中の機器の温度上昇による影響が最も大きい。

運転中の機器は，導体に流れる電流によるジュール熱，絶縁材料中の誘電損❷や漏れ電流による発熱，鉄心中の鉄損による発熱などによって温度が上昇する。そこで絶縁材料には，その種類に応じて許される最高の使用温度が定められている。この温度を **最高使用温度** [℃] という。なお，日本では，周囲温度の基準値は，ふつう 40℃ と定められ，その絶縁部分の温度上昇限度 [K]❸ は，次式で表される。

$$温度上昇限度 \leqq 最高使用温度 - 40℃ \tag{1}$$

2 耐熱クラスと用途

表 1 に示すように，絶縁材料は，最高使用温度によって **耐熱クラス**❹ が 90(Y) から 220(R) および 250 などに分類される。電気機器に用いられる絶縁材料は，その形態からみると，気体・液体・固体に分けられ，その種類はきわめて多い。

表 2 に，電気機器の絶縁の種類に応じて用いられるおもな絶縁材料を示す。回転機についてみると，直流機では耐熱クラス 130(B)・155(F) などの絶縁材料が，誘導機❺では，耐熱クラス 120(E)・130(B)・155(F) などの絶縁材料が用いられる。また，同期機❻では，耐熱クラス 130(B)・155(F) などの絶縁材料が用いられる。

❶絶縁体が絶縁状態を保てなくなる電圧や電界強度をいう。

❷誘電体に交流電界を加えたときに生じる損失をいう。

❸温度上昇限度は熱力学温度 [K] を用いる。第 3 章 p.98 表 1 参照。

❹推奨される最高使用温度 (℃) の数値に等しいよび方。JIS C 4003 : 2010 に示されている。

❺第 4 章参照。

❻第 5 章参照。

変圧器では，巻線の絶縁と冷却を兼ねて，おもに絶縁油入りであるので，耐熱クラス105(A)・180(H)などの絶縁材料が用いられている。とくに油(鉱油)による火災の拡大を極度にきらう場所では，耐熱クラス200(N)などの乾式絶縁材料が用いられるが，電圧のあまり高くない中容量の変圧器までである。乾式の耐熱クラス105(A)の絶縁は，電圧の低いごく小容量の電子機器用変圧器などに用いられる。

❶第3章参照。

❷樹脂を油でといた液状絶縁材で，加熱乾燥させると，表面に絶縁皮膜ができる。

▼表1　耐熱クラス(最高使用温度)による絶縁材料の分類

耐熱クラス[℃]	指定文字	絶縁材料の種類	用途例
90	Y	たとえば，木綿・絹・紙などの材料で構成され，ワニス類❷を含浸せず，また，油中に浸さないもの。	小形電気機器の巻線の絶縁。
105	A	たとえば，紙・プレスボードなどの材料で構成され，ワニス類で含浸したもの，または油中に浸したもの。エナメル線用ポリビニルホルマール・油性ワニス・鉱油・植物油など。	一般の電気・電子機器の絶縁。
120	E	耐熱クラス105(A)より耐熱性のすぐれた合成有機材料。たとえば，ポリエチレンテレフタレートフィルム(マイラ)・エナメル線用エポキシ樹脂など。	比較的大容量の回転機巻線などの絶縁。
130	B	たとえば，マイカ・ガラス繊維などの無機材料を接着材料とともに用いたもの。ワニスガラスクロス・エナメル線用けい素樹脂など。	高電圧の発電機，電動機の巻線の絶縁。
155	F	たとえば，マイカ・ガラス繊維などの無機材料をシリコーンアルキド樹脂などの接着材料とともに用いたもの。エポキシ樹脂系ワニスなど。	上記の機器の絶縁(機器の形が小さくなる)。
180	H	たとえば，マイカ・ガラス繊維などの無機材料をシリコーン樹脂または同等以上の耐熱性接着材料とともに用いたもの。ゴム状・固体状のシリコーン樹脂，または同等の性質をもった材料を単独に用いた場合を含む。ワニスガラスクロスなど。	上記のほか，乾式の高圧用変圧器の絶縁。
200	N	たとえば，マイカ・磁器などを耐熱性接着材料とともに用いたもの。また，シリコーン樹脂系の含浸用ワニスなど。	とくに耐熱性を必要とする部分の絶縁。
220	R		
250	—		

(JIS C 4003:2010による)

▼表2　絶縁材料の使用例

電気機器		耐熱クラス[℃]	指定文字	おもな絶縁材料
回転機		120	E	ポリエチレンテレフタレートフィルム・不飽和ポリエステル系ワニス
		130	B	フレキシブルマイカ・マイカテープ・ガラステープ・アルキド樹脂系ワニス
		155	F	ポリイミドフィルム・ポリアミドペーパ・ガラステープ・エポキシ樹脂系ワニス
変圧器	油入	105	A	プレスボード・鉱油・パームヤシ油
		180	H	シリコーン油
	乾式	105	A	ワニスクロス・フェノール樹脂系ワニス
		180	H	シリコーンガラスマイカ・シリコーンガラステープ・シリコーンワニス・アラミド紙

2 絶縁材料

1 気体絶縁材料

一般に気体絶縁材料は，放電を開始する電圧以下では絶縁抵抗が高く，また，いったん絶縁破壊が起きても容易に自己回復するという利点をもっている。しかし，液体や固体絶縁材料に比べ，絶縁耐力が低い欠点がある。気体絶縁材料には，空気，窒素（N_2），水素（H_2），六ふっ化硫黄（SF_6）❶ などがある。

気体絶縁材料のうち，**六ふっ化硫黄**（SF_6）は，不燃性の気体で約 0.2 MPaの圧力にすると鉱油と同じ絶縁耐力をもち，アーク消弧能力に❷❸すぐれているため，遮断器や乾式変圧器などに用いられている。なお，SF_6 ガスは，CO_2 ガスと同じ地球温暖化を促進するガスであると認定されたため，その代替材料を研究開発中である。現在使用中の設置機器が耐用年数を迎えた場合や不要となった場合に，充塡されている SF_6 ガスを大気中に放出することがないよう，抜き取ることが義務付けられている。

❶SF_6 は，無色，無臭，無毒，沸点 -62 ℃の気体で，化学的に安定している。

❷大気圧の2倍の圧力。
❸アーク放電のとき，気体中に生じる弧状の発光部分のことをいう。

2 液体絶縁材料

液体絶縁材料は，変圧器，コンデンサ，遮断器などの電気機器の絶縁と冷却を兼ねて用いられている。絶縁油としては，石油からつくられる**鉱油**や合成絶縁油である**アルキルベンゼン**などがある。また，難燃性の**シリコーン油**などが用いられている。図1に，柱上変圧器の外観と内部のようすを示す。

(a) 外観　　　　　　　　(b) 絶縁油
▲図1　油入式柱上変圧器の外観と内部の絶縁油

3　固体絶縁材料

一般に固体絶縁材料は，気体絶縁材料や液体絶縁材料に比べて，絶縁破壊電圧が高いことが特徴である。

固体絶縁材料は，**有機質高分子材料**と**無機質絶縁材料**とに分けられる。有機質高分子材料は，**熱可塑性材料**，**熱硬化性材料**および**繊維質絶縁材料**に分類できる。無機質絶縁材料には，マイカ・セラミックス・ガラス繊維などがある。

表3に，固体絶縁材料の分類を示す。

❶マイカ（雲母ともいう）には，天然マイカと合成マイカがある。マイカは耐熱性にすぐれた無機質絶縁材料である。

❷合成樹脂（プラスチック）の一種で，冷えて固まった熱可塑性樹脂を再び高温にすると軟化することから，固化と軟化が可逆的な樹脂のこと。

❸合成樹脂の一種で，加熱すると硬化してもとに戻らなくなる樹脂のこと。

▼表3　固体絶縁材料の分類

種類		名称	特徴・用途など
無機質絶縁材料		マイカ	耐熱用絶縁材料，コンデンサ誘電体など
		フレキシブルマイカ	マイカを張り合わせ耐熱性強化
		セラミックス	がいしなど
		ガラス繊維	耐熱性，電線被覆，ガラスクロス，ガラステープ
有機質高分子材料	熱可塑性材料❷	ポリビニルホルマール	耐油，耐アルカリ性，ホルマール線の焼き付け塗装（耐熱クラス105(A)）
		ポリエチレンテレフタレート	機械的強度大，耐吸水性，耐熱性，耐摩耗性，耐熱クラス120(E)の材料，回転機のスロット絶縁
		ポリアミド樹脂（ナイロン）	耐摩耗性，耐熱性，電線の絶縁
		ポリイミド	耐湿，耐熱性フィルム（耐熱クラス155(F)）
		ポリアミドイミド	耐熱性，耐熱電線（耐熱クラス180(H)）
	熱硬化性材料❸	フェノール樹脂	機械的強度大，加工容易，安価
		アルキド樹脂	機械的強度大，耐熱性，ポリエステル線被膜
		不飽和ポリエステル	速硬化性ワニスなど
		エポキシ樹脂	機械的強度大，耐熱性，耐熱クラス155(F)ワニス
		シリコーン樹脂	耐湿，耐熱性，耐熱クラス180(H)ワニス，接着剤
	繊維質絶縁材料	マニラ紙	機械的強度大，高価
		クラフト紙	代表的な絶縁紙
		プレスボード	マニラ紙などに比べて厚い，油入り変圧器

■節末問題■

1. 六ふっ化硫黄（SF_6）の性質を述べよ。
2. 変圧器の絶縁油の役割を述べよ。
3. 絶縁材料における絶縁劣化の要因をいくつかあげよ。

この章のまとめ

❶ 電気機器を構成するおもな素材として，導電材料・磁性材料・絶縁材料などがある。
▶ p.57, 61, 65

❷ 導電材料には，導電率の大きい銅やアルミニウムが用いられる。▶ p.57

❸ 電気機器の鉄心材料には，透磁率・飽和磁束密度が大きく，鉄損が少ない電磁鋼板が用いられる。電磁鋼板には，無方向性電磁鋼帯と方向性電磁鋼帯がある。▶ p.61〜62

❹ 永久磁石の種類には，フェライト磁石・アルニコ磁石・希土類系磁石などがある。
▶ p.63〜64

❺ 絶縁材料は最高使用温度によって，耐熱クラス 90(Y)・105(A)・120(E)・130(B)・155(F)・180(H)・200(N)・220(R)・250(−) などに分類される。▶ p.66

❻ 誘導機には耐熱クラス 120(E)・130(B)・155(F) の絶縁材料が用いられ，変圧器には耐熱クラス 105(A)・180(H) などの絶縁材料が用いられている。▶ p.65〜66

❼ 絶縁材料は，気体絶縁材料・液体絶縁材料・固体絶縁材料に大別される。▶ p.67〜68

章末問題

A

1 次の文章の①〜⑱に当てはまる語句または数値を記入せよ。

(1) 電線材料には，⎡①⎦の大きな銅線が使用される。電気銅は⎡②⎦%程度の純度をもち，常温で引き伸ばすと⎡③⎦が大きくなり硬くなる。これを⎡④⎦という。

(2) 磁束が交番する鉄心などには，⎡⑤⎦と⎡⑥⎦からなる鉄損が生じる。電磁鋼板は，⎡⑦⎦を少なくするために薄板状にし，純鉄に⎡⑧⎦を入れて⎡⑨⎦を大きくしている。また，⎡⑩⎦を少なくするために，鉄の⎡⑪⎦を高くし，内部のひずみを少なくしている。

(3) 永久磁石材料は，⎡⑫⎦などと組み合わせて⎡⑬⎦回路をつくり，そのすきまに⎡⑭⎦磁界を発生させる装置に用いられる。永久磁石材料はいったん⎡⑮⎦すると，⎡⑯⎦のような直流電源が不要であるため経済的である。

(4) 電気機器を長い間使用すると，絶縁材料がしだいに劣化して，絶縁⎡⑰⎦や絶縁抵抗が減少し，ついには使えなくなる場合がある。これらの絶縁劣化の原因としては，機器の温度⎡⑱⎦による影響が最も大きい。

2 電気機器の絶縁材料について，次の各問いに答えよ。

(1) 誘導機に用いられる耐熱クラス 130(B) の絶縁材料にはどのようなものがあるか。

(2) 油入変圧器に用いられる耐熱クラス 105(A) の絶縁材料にはどのようなものがあるか。

3 ポリビニルホルマールの耐熱クラスは何か。

4 SF₆ガス絶縁変圧器は，耐熱クラス180(H)の絶縁乾式変圧器より大容量・高電圧のものが製作されている。その理由を考えよ。

5 電気機器に使われている絶縁材料のうち，次の(1)～(4)の耐熱クラスを答えよ。
 (1) ポリエチレンテレフタレート
 (2) 油中に浸したワニスを含浸したプレスボード
 (3) マイカなどをシリコーンアルキド樹脂とともに用いたもの
 (4) ガラス繊維などをシリコーン樹脂とともに用いたもの

6 希土類系磁石には，どのような種類のものがあるか。

B

1 アルミニウム電線は，硬銅線と比べてどのような利点があるか調べよ。
2 永久磁石材料に求められる性質について調べよ。
3 直流機に用いられるおもな電気材料を調べよ。

第3章 変圧器

　電力を効率よく送電・配電するために，交流電圧を高くしたり低くしたりする変圧器は，欠かすことができない主要な機器である。また，小容量の変圧器は，いろいろな電気負荷設備，通信，計測・制御用電気設備などの内部にも広く用いられている。

　この章では，変圧器の構造・等価回路・特性・並行運転・三相結線，ならびにいろいろな変圧器について学ぼう。

◆ある鉄道会社では，34か所の変電所で，1日105万kW·hの電力消費量をまかなっている。
▲鉄道用の変電所（東京都練馬区）

1. 変圧器の構造と理論
2. 変圧器の特性
3. 変圧器の結線
4. 各種変圧器

Topic 変圧器は縁の下の力持ち

　わたしたちの豊かな生活を支えている電気は発電所でつくられ，いったん超高圧の電圧にして送電される。その後は，下図のように，さまざまな電圧に変換されながら需要家に送られるが，その電圧の大きさを変える働きをしているのが「変圧器」である。変圧器は，わたしたちがふだん気にとめない機器であるが，社会基盤や生活を支える電気エネルギーを供給するための電気機器として，たいせつな役目を担っている。

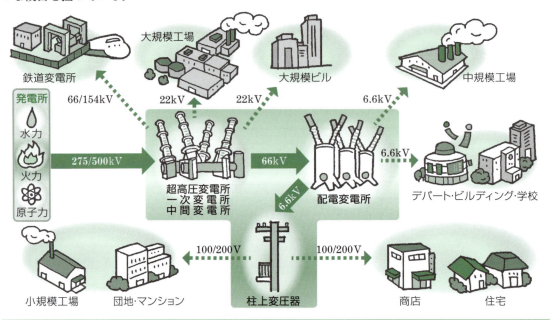

✤Column　トップランナー変圧器

　将来のエネルギー消費の抑制と産業の省エネルギー化，地球環境保護をめざして，1979年に「エネルギーの使用の合理化に関する法律」（省エネ法）が制定・施行された。1998年の改正「省エネ法」の施行では，国内で大量に使用され，かつ，使用にさいしてエネルギーを大量に消費する機械器具を特定エネルギー消費機器（2019年現在，32品目[*]）として指定し，性能の向上をはかることが求められた。変圧器もその特定機器に指定されている。

　省エネ基準を定める方式（トップランナー方式）には，新たに製造する製品のエネルギー消費効率を，既存の製品のうち，最もすぐれている製品の性能（トップランナー）以上にする，ということが義務付けられている。

　配電用変圧器は，もともとエネルギー消費効率のよい製品であるが，設置数が膨大であり，24時間稼働するため，わずかなエネルギー消費効率の改善でも省エネ効果が期待できる機器といわれている。新しい省エネ基準を満たした変圧器を業界では**トップランナー変圧器**とよび，製品化されている。

▲基準に適合した変圧器につけるマーク

[*]資源エネルギー庁「省エネ性能カタログ2019」より

1節 変圧器の構造と理論

この節で学ぶこと　鉄心の上にコイルを巻いた構造をもつ変圧器は，原理的にも構造的にも最も簡単な電気機器である。交流の電圧を変え，送電や配電に用いられる変圧器の原理と構造，および材料について調べるとともに，等価回路の表し方について学ぼう。

1 変圧器の構造

1 原理と構造

a 基本原理　変圧器❶は，電磁誘導作用を利用して交流電圧を変える電磁機器で，図1(a)に示すように，磁気回路になる鉄心❷と，電気回路になる巻線❸から構成されている。電源に接続される巻線を一次巻線❹，負荷に接続される巻線を二次巻線❺という。一次巻線に電圧 $\dot{V}_1$ [V] を加えると，電磁誘導作用の働きによって，二次巻線に電圧 $\dot{V}_2$ [V] が発生する。また，一次巻線と二次巻線の巻数の比を変えると，負荷の電圧を電源電圧より高くすることも，低くすることもできる。

一般に電力用の変圧器は，図1(b)に示すように，鉄心と巻線から構成される本体部分を容器に収め，絶縁油❽に浸している。これは，変圧器本体の絶縁と冷却をするためで，この方式を油入式とよぶ。これに対して，空気の自然対流で放熱する方式は，乾式とよばれる。

図1(c)に，柱上変圧器の例を示す。

❶ transformer
❷ core
❸ コイルともいう。
❹ primary winding
❺ secondary winding
❻ 正弦波交流の電圧や電流は，「電気回路」の記号法で学んだように，複素数で表せる。$\dot{V}_1$ は電圧を記号法で表したものである。このように複素数を一つの記号で表すとき，記号の上に・(ドット)をつける。同様な考え方で，電流やインピーダンスなども $\dot{I}$, $\dot{Z}$ と表示する。序章 p.16 参照。
❼ 第3章 p.77 参照。
❽ 変圧器油ともいう。第2章 p.67，第3章 p.99 参照。

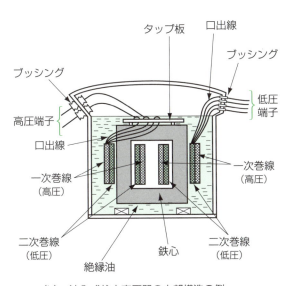

▲図1　変圧器の原理と構造
(a) 変圧器の原理図
(b) 油入式柱上変圧器の内部構造の例
(c) 柱上変圧器の例

b 変圧器の構造 変圧器は，鉄心と巻線から構成されるが，これらの相対的な位置関係によって，図2に示すような**内鉄形**[1]と**外鉄形**[2]に大別される。

内鉄形は，構造上絶縁が容易であるから，高電圧・大容量に適し，もう一方の外鉄形は，低電圧・大電流の変圧器に用いられている。

[1] core type
[2] shell type

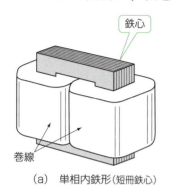
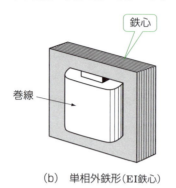
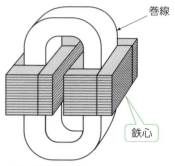

(a) 単相内鉄形(短冊鉄心)　　(b) 単相外鉄形(EI鉄心)　　(c) 単相外鉄形(短冊鉄心)

▲図2 変圧器の鉄心と巻線の関係

2 鉄心

変圧器の鉄心には，飽和磁束密度と透磁率が大きく，**鉄損**[3]の少ない**電磁鋼板**[4]が用いられる。電磁鋼板は，**渦電流損**を減少させるため，鉄にけい素を4.5%程度含有させている。

変圧器の鉄心は，1枚1枚の表面に絶縁皮膜を施した電磁鋼板を積み重ねて**積層鉄心**にしている。このようにすると，鉄心の**渦電流**[5]の発生が抑えられ，変圧器の温度上昇を防ぐことができる。

a 占積率 電磁鋼板の表面は，絶縁皮膜でおおわれているので，図2に示すように，鋼板を積み重ねて積層鉄心とする場合には，磁束を通す鉄心の有効断面積と，実際に占める断面積とは異なる。その比を**占積率**[6]といい，一般に96%程度である。

b 鉄心の形状 ふつう変圧器の鉄心には，**短冊（たんざく）鉄心**とよばれる，短冊形電磁鋼板を積み重ねた積層鉄心が用いられる。その組み立ては図3(a)に示すように，継目が1か所にならないように重ねていく。これを**重ね接続**[7]という。**打ち抜き鉄心**は，通信機器用小形変圧器の鉄心に用いられ，図3(b)に示すようなEI形が多い。また，図3(c)のような鉄心を**巻（まき）鉄心**[8]といい，継目のない方向性電磁鋼帯が巻かれている。短冊鉄心に比べて，損失が少なく，鉄心も軽くでき，おもに柱上変圧器などの電力用小形変圧器に用いられる。

[3] 鉄損は，鉄心に大きさと向きが周期的に変化する磁束（交番磁束）が通るときに発生する損失で，渦電流損とヒステリシス損がある。第3章 p.92 参照。
[4] 第2章 p.62 表1 参照。
[5] eddy current；鉄心内の磁束の変化によって鉄心自身に生じる電流をいう。

[6] space factor

[7] lap joint

[8] wound core

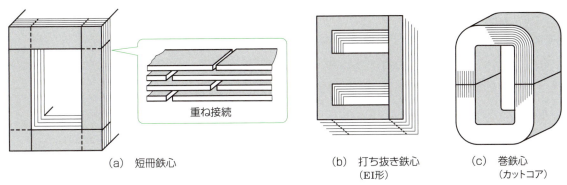

(a) 短冊鉄心　　(b) 打ち抜き鉄心（EI形）　　(c) 巻鉄心（カットコア）

▲図3　鉄心（積層鉄心）の形状

　巻鉄心は，鉄心全体を合成樹脂で接着したあと，2か所で切断し，巻線をはめ込んだのち，圧力を加えて突合せ接続にして用いるもので，**カットコア**❶ともよばれる。

❶ cut core

　C　鉄心の発熱対策　変圧器は鉄損や銅損などにより発熱するので，本体を油中に浸して冷却しているものが多い。大容量の変圧器では，鉄心中にも油が通るようにするため，図4に示すように，鉄心中に油ダクトを設けているものがある。

　積層鉄心を一体にする際には，押さえ板やボルトを通して渦電流が流れると発熱するので，図5に示すように絶縁した締付ボルトで固定する。また，ボルトの数を減らすため，電磁鋼板を接着剤で張り合わせる方法も採られている。

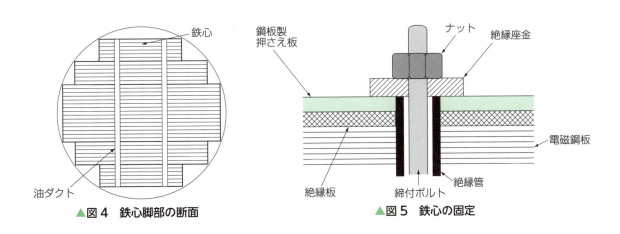

▲図4　鉄心脚部の断面　　▲図5　鉄心の固定

問 1　変圧器の鉄心に電磁鋼板が用いられるのはなぜか。また，薄板状の材料を積層鉄心として用いるのはなぜか。

1　変圧器の構造と理論

3 巻線

巻線には，軟銅線が用いられ，形状によって**丸線**と**平角線**がある。小容量の変圧器では，細い丸線が用いられ，多くの場合は**ホルマール線**❶を使用している。中容量，および大容量の変圧器では，平角裸銅線に絶縁を施したものが用いられている。

❶第2章 p.58 参照。

巻線の方法には，小容量の変圧器では，図6(a)に示すように，鉄心に絶縁を施し，その上に巻線を直接巻きつける方法があるが，容量が大きくなると作業が困難になる。そのため，中容量，および大容量の変圧器では，図6(b),(c)に示す円筒巻線や板状巻線として，これを鉄心にはめ込む方法がとられている。

❷巻線の端子をいう。

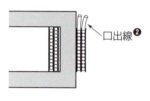
(a) 直巻(小容量)

(b) 円筒巻線(中容量)

(c) 板状巻線(大容量)

▲図6 巻線の方法

丸線や平角線を図7に示すように，同一鉄心に一次・二次巻線として収める場合，その巻線間や，巻線と鉄心の間に絶縁材を施す。図7の同心形では，クラフト紙を巻いてフェノール樹脂で固めた絶縁筒などが用いられている。

▶図7 巻線の配置(同心形)

柱上変圧器の一次巻線には，二次電圧の調整のために，図8(a)のようなタップが設けられている。これは，二次側の負荷の変動に対して二次側の出力電圧を一定に保つためのもので，必要に応じてタップの位置を切り換えるようにしている。

図8(b)はタップ板の例，図8(c)は変圧器内部のようすである。

二次電圧は端子aとb，およびcとdを接続(並列接続)すると，105Vになる。また，bとcを接続(直列接続)すると，210Vになる。

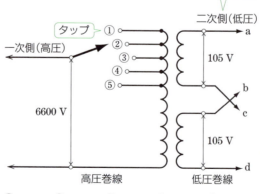

①6750V ②6600V ③6450V ④6300V ⑤6150V
(a) 内部の結線

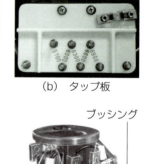
(b) タップ板

(c) 内部のようす

▲図8 柱上変圧器のタップ

問 2 電気回路と磁気回路からなる変圧器をつくるには，導電材料・磁性材料のほかに，どのような電気材料が必要か。

2 変圧器の理論

1 理想変圧器

一次・二次巻線の抵抗や鉄損，励磁電流を無視し，漏れ磁束もない変圧器を **理想変圧器** という。理想変圧器は，実際につくることはできないが，変圧器の動作を知るうえで重要である。

❶ p.79 参照。
❷ p.80 参照。
❸ ideal transformer

a 無負荷時 図9のように，鉄心に巻数 N_1 の一次巻線，巻数 N_2 の二次巻線を施す。次に，スイッチSを開いた状態で，一次巻線に周波数 f [Hz] の交流電源を接続すると，鉄心中には大きさと向きが周期的に変化する磁束 Φ [Wb] が生じる。そのため，一次巻線には自己誘導による起電力 e_1 [V] が，二次巻線には相互誘導による起電力 e_2 [V] が発生する。その瞬時値は，次式で示される。

$$e_1 = N_1 \frac{\Delta \Phi}{\Delta t}, \quad e_2 = N_2 \frac{\Delta \Phi}{\Delta t} \tag{1}$$

なお，図9の E_1, E_2 は，e_1, e_2 の実効値である。

b 負荷時 次に，図9において，スイッチSを閉じると，起電力 $\dot{E}_2$ [V] によって，二次回路には電流 $\dot{I}_2$ [A] が流れる。また，電流 $\dot{I}_2$ [A] によって起磁力 $N_2\dot{I}_2$ [A] が生じ，磁束 $\dot{\Phi}$ [Wb] を減少しようとするが，$\dot{\Phi}$ の最大値 Φ_m [Wb] が一定値を保つように，一次側には電源から一次電流 $\dot{I}_1$ [A] が流入して，$N_2\dot{I}_2$ [A] の起磁力を打ち消す。すなわち，$\dot{I}_1$ [A] と $\dot{I}_2$ [A] との間には，$N_1\dot{I}_1 = N_2\dot{I}_2$ の関係がある。ここで，$\dot{E}_1$ [V] を **一次誘導起電力**，$\dot{E}_2$ [V] を **二次誘導起電力**，$\dot{I}_1$ [A] を **一次電流**，$\dot{I}_2$ [A] を **二次電流** という。

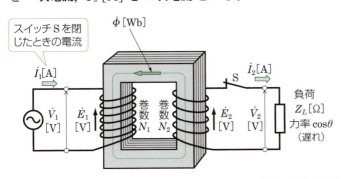

▲図9 理想変圧器の電圧・電流

1 変圧器の構造と理論

図10(a)は負荷時の回路図，図10(b)はその電圧・電流のベクトル図である。一次側に電圧 $\dot{V}_1$ [V] を加えると，$\frac{\pi}{2}$ rad 位相の遅れた磁束 $\dot{\Phi}$ [Wb] が生じる。その磁束によって，それより $\frac{\pi}{2}$ rad 位相の進んだ起電力 $\dot{E}_1$ [V]，$\dot{E}_2$ [V] が，一次巻線および二次巻線に誘導される。この場合，鉄心中の磁束の最大値を Φ_m [Wb] とすると，次式がなりたつ。

$$E_1 = \frac{1}{\sqrt{2}} \Phi_m \omega N_1 = 4.44 f N_1 \Phi_m \quad ❶$$
$$E_2 = \frac{1}{\sqrt{2}} \Phi_m \omega N_2 = 4.44 f N_2 \Phi_m \qquad (2)$$

一次回路と二次回路の **電圧比**（変圧比）$\frac{E_1}{E_2}$ は，次式で表される。

$$\frac{E_1}{E_2} = \frac{N_1}{N_2} = \frac{I_2}{I_1} = a \qquad (3)$$

巻数の比 $\frac{N_1}{N_2} = a$ を変圧器の **巻数比**❷，$\frac{I_1}{I_2} = \frac{1}{a}$ を **変流比** という。

❶ $\Phi = \Phi_m \sin 2\pi f t$
$\omega = 2\pi f$ より
$\Phi = \Phi_m \sin \omega t$
$e_1 = N_1 \frac{d\Phi}{dt}$
$= N_1 \frac{d(\Phi_m \sin \omega t)}{dt}$
$= \omega N_1 \Phi_m \cos \omega t$
$= -\omega N_1 \Phi_m \sin\left(\omega t - \frac{\pi}{2}\right)$
よって電圧の実効値 E_1 は
$E_1 = \frac{1}{\sqrt{2}} \omega N_1 \Phi_m$
$= \frac{2\pi}{\sqrt{2}} f N_1 \Phi_m$
$= 4.44 f N_1 \Phi_m$

❷ turn ratio

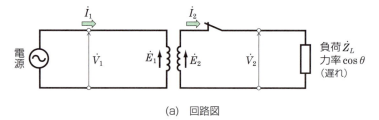
(a) 回路図

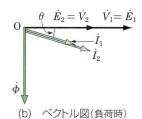
(b) ベクトル図（負荷時）

〈負荷時のベクトル図の描き方〉
① 基準ベクトル $\dot{V}_1$ を描く。
② $\dot{V}_1$ より $\frac{\pi}{2}$ rad 遅れて $\dot{\Phi}$ を描く。
③ $\dot{\Phi}$ よりも $\frac{\pi}{2}$ rad 進めて，$\dot{E}_1, \dot{E}_2$ を描く。
④ $\dot{E}_2$ よりも θ（力率角）遅れた $\dot{I}_2$ を描く。
⑤ $\dot{I}_2$ と同相の $\dot{I}_1$ を描く。

▲図10 理想変圧器の回路図とベクトル図

例題 1

図11のように，巻数比 a が60の理想変圧器の一次側に $V_1 = 6300$ V を加えたとき，二次誘導起電力 E_2 [V] を求めよ。また，二次端子に $Z_L = 2.1$ Ω の抵抗負荷を接続したときの二次電流 I_2 [A] と一次電流 I_1 [A] を求めよ。

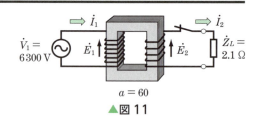
▲図11

解答 式(3)から，二次誘導起電力 E_2 [V] は，$E_2 = \frac{E_1}{a} = \frac{6300}{60} = 105$ V

二次電流 I_2 [A] は，$I_2 = \frac{E_2}{Z_L} = \frac{105}{2.1} = 50$ A

一次電流 I_1 [A] は，$I_1 = I_2 \times \frac{1}{a} = 50 \times \frac{1}{60} = 0.83$ A

問 3 巻数が $N_1 = 2520$, $N_2 = 84$ の理想変圧器に, $V_1 = 6300$ V の電圧が加わっている。二次誘導起電力 E_2 [V] を求めよ。また, 二次端子に $Z_L = 5\,\Omega$ の負荷をつないだときの二次電流 I_2 [A] および一次電流 I_1 [A] を求めよ。

2 実際の変圧器

実際の変圧器では, 一次・二次巻線には抵抗があるため, 負荷電流が流れると銅損が生じる。また, 鉄心の透磁率は無限大ではないので, 磁束をつくるために電流が必要となる。この電流を **励磁電流**❶ といい, この励磁電流により, 鉄心中には鉄損が生じる。また, 一次巻線の電流による磁束は, すべて二次巻線と鎖交するとはかぎらない。以上のことを考慮し, 電圧, 電流について考える。

a 励磁電流

実際の変圧器では, 一次巻線に交流電圧 v_1 [V] を加えると, 鉄心の磁気飽和現象やヒステリシス現象が生じるので, 励磁電流は図 12 (a) の i_0' のようなひずみ波となる。この i_0' は非正弦波であるので, 便宜上これを同一の周波数, および実効値の正弦波（等価正弦波）❷ i_0 に置き換えることとする。なお, i_0 の位相は, 鉄損のために, 図 12 (b) のように磁束 $\dot{\Phi}$ より α_0 だけ進むことになる。この α_0 を **鉄損角** という。

図 12 (a) の v_1 [V], e_1 [V], i_0 [A] をベクトル図で示すと, 図 12 (b) となる。励磁電流 $\dot{I}_0$ [A] は, 一次電圧 $\dot{V}_1$ [V] と同相である成分 $\dot{I}_{0w}$ [A], および $\dot{V}_1$ [V] よりも位相が $\frac{\pi}{2}$ rad 遅れている成分 $\dot{I}_{0l}$ [A] に分けて考えることができる。$\dot{I}_{0w}$ [A] を **鉄損電流**❸, $\dot{I}_{0l}$ [A] を **磁化電流**❹ という。

b 無負荷時の回路

図 13 (a) は無負荷時の回路であり, 励磁電流 $\dot{I}_0 = \dot{I}_{0w} + \dot{I}_{0l}$ [A] の等価回路は, 図 13 (b) で示される。なお, $\dot{Y}_0$ [S] を **励磁アドミタンス**❺, g_0 [S] を **励磁コンダクタンス**❻, b_0 [S] を **励磁サセプタンス**❼ といい, $\dot{Y}_0 = g_0 - jb_0$ で表すことができる。

❶ exciting current
❷ i_0' には基本波のほかにいくつかの高調波が含まれていて, 取り扱いが複雑となるので, これを等価正弦波 i_0 に置き換えて使われる。
❸ iron loss current；鉄損を生じさせる電流をいう。
❹ magnetizing current；磁束を生じさせる電流をいう。
❺ exciting admittance
❻ exciting conductance
❼ exciting susceptance

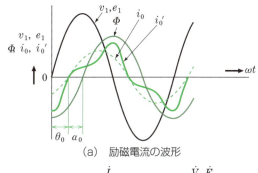

(a) 励磁電流の波形

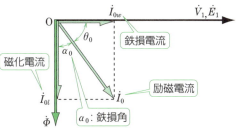

(b) 励磁電流のベクトル図

▲図 12 実際の変圧器の電圧・励磁電流

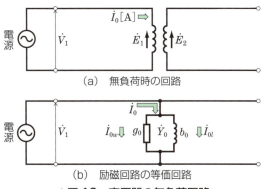

(a) 無負荷時の回路

(b) 励磁回路の等価回路

▲図 13 変圧器の無負荷回路

以上のことを式で示すと，次のようになる。

$$\cos\theta_0 = \frac{I_{0w}}{I_0} = \frac{I_{0w}V_1}{I_0V_1} = \frac{鉄損}{I_0V_1} = \cos\left(\frac{\pi}{2}-\alpha_0\right) = \sin\alpha_0 \quad (4)$$

$$\dot{Y}_0 = g_0 - jb_0 = \frac{\dot{I}_0}{\dot{V}_1} \quad (5)$$

$$g_0 = \frac{I_{0w}}{V_1} = \frac{I_{0w}V_1}{V_1^2} = \frac{鉄損}{V_1^2} \quad (6)$$

$$b_0 = \frac{I_{0l}}{V_1} = \frac{I_{0l}V_1}{V_1^2} = \frac{無効電力}{V_1^2} \quad (7)$$

例題 2 変圧器の一次電圧 V_1 が 2000 V で，励磁コンダクタンス g_0 が 0.00018 S，励磁サセプタンス b_0 が 0.00091 S であるという。鉄損電流 I_{0w} [A]，磁化電流 I_{0l} [A]，励磁電流 I_0 [A]，および $\cos\theta_0$ を求めよ。

解答
$I_{0w} = g_0 V_1 = 0.00018 \times 2000 = \mathbf{0.36\ A}$
$I_{0l} = b_0 V_1 = 0.00091 \times 2000 = \mathbf{1.82\ A}$
$I_0 = \sqrt{I_{0w}^2 + I_{0l}^2} = \sqrt{0.36^2 + 1.82^2} = \sqrt{3.442} = \mathbf{1.86\ A}$
$\cos\theta_0 = \dfrac{I_{0w}}{I_0} = \dfrac{0.36}{1.86} = \mathbf{0.194}$

c 巻線の抵抗と漏れリアクタンス 実際の変圧器では，一次巻線と二次巻線にはそれぞれ抵抗 r_1 [Ω]，r_2 [Ω] があり，しかも図14(a)のように，一次・二次巻線を貫く主磁束のほかに漏れ磁束がある。漏れ磁束の影響は，図14(b)のように，x_1 [Ω]，x_2 [Ω] で示すリアクタンスとして作用するので，これを**漏れリアクタンス❶**という。

❶ leakage reactance

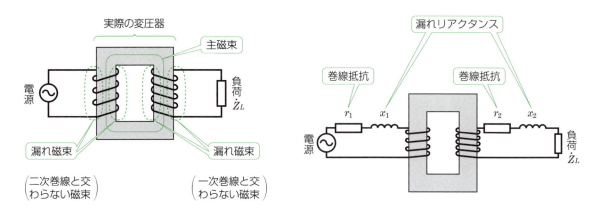

(a) 変圧器の漏れ磁束　　　(b) 抵抗と漏れリアクタンス
▲図14　実際の変圧器

3 変圧器の等価回路

変圧器の電気的な特性を考える場合,等価回路を利用するとつごうがよい。とくに簡易な等価回路は,計算が簡単にできるので,広く利用されている。

1 等価回路とベクトル図

一次・二次巻線の抵抗 r_1 [Ω], r_2 [Ω], 漏れリアクタンス x_1 [Ω], x_2 [Ω], および励磁コンダクタンス g_0 [S], 励磁サセプタンス b_0 [S], または, 励磁アドミタンス $\dot{Y}_0\,(=g_0-jb_0)$ [S] で表した図15(a)の回路を, 変圧器の **等価回路** ❶ という。この等価回路において, $\dot{Z}_1 = r_1 + jx_1$ [Ω] を **一次インピーダンス**, $\dot{Z}_2 = r_2 + jx_2$ [Ω] を **二次インピーダンス** という。二次巻線に二次電流 $\dot{I}_2$ [A] が流れると, $\dot{I}_2 N_2$ の起磁力により, 鉄心中の磁束の最大値 $\varPhi_m$ の値が変化するので, これを一定に保つため, 一次巻線には新たな電流 $\dot{I}_1'$ が流入する。この $\dot{I}_1'$ を **一次負荷電流** という。一次電流 $\dot{I}_1$ は $\dot{I}_1 = \dot{I}_0 + \dot{I}_1'$ のように表される。一般に, 二次電流 $\dot{I}_2$ [A] が大きいときは, 励磁電流 $\dot{I}_0$ [A] は一次電流 $\dot{I}_1$ [A] に比べてきわめて小さいので, 無視することができる。したがって, $\dot{I}_1 = \dot{I}_1'$ と考えてよい。

❶ equivalent circuit

図15(a)の等価回路のベクトル図は, 図15(b)となる。

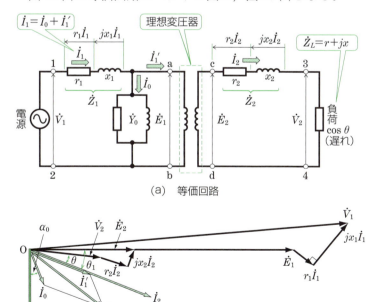

▲図15 等価回路とベクトル図

〈ベクトル図の描き方〉
① $\dot{E}_1, \dot{E}_2\left(=\dfrac{\dot{E}_1}{a}\right)$ を基準ベクトルとする。
② $\dot{E}_1$ より $\dfrac{\pi}{2}$ rad遅れて $\dot{\varPhi}$ を描く。
③ $\dot{E}_1$ と $\dot{I}_0$ の位相差は $\left(\dfrac{\pi}{2}-\alpha_0\right)$ [rad] なので, $\dot{\varPhi}$ より α_0(鉄損角)だけ進めて, $\dot{I}_0$ を描く。
④ $\dot{E}_2$ より θ_1 だけ遅れた $\dot{I}_2$ を描く。
$$\theta_1 = \tan^{-1}\dfrac{x_2+x}{r_2+r}$$
⑤ $\dot{I}_2$ と同相に $\dot{I}_1'$ を描く。
⑥ $\dot{I}_0$ と $\dot{I}_1'$ を合成して, $\dot{I}_1$ をつくる。
⑦ $\dot{E}_1$ の先端から $\dot{I}_1$ と平行に $r_1\dot{I}_1$ を描き, $\dot{I}_1$ と直角に $\dot{I}_1$ より $\dfrac{\pi}{2}$ rad進めて, $jx_1\dot{I}_1$ を描く。
⑧ $\dot{E}_1$ と $r_1\dot{I}_1$ と $jx_1\dot{I}_1$ を合成して, $\dot{V}_1$ をつくる。
⑨ $\dot{I}_2$ と直角に $\dfrac{\pi}{2}$ rad進んだ状態の $jx_2\dot{I}_2$ と, $\dot{I}_2$ と平行の状態の $r_2\dot{I}_2$ と, $\dot{V}_2$ のベクトルの和が $\dot{E}_2$ となるように描く。$\dot{V}_2$ と $\dot{I}_2$ との位相角 θ が負荷力率となる。

1 変圧器の構造と理論

例題 3

ある変圧器において，一次巻線および二次巻線の抵抗と漏れリアクタンスがそれぞれ $r_1 = 15\,\Omega$, $r_2 = 0.015\,\Omega$, $x_1 = 21\,\Omega$, $x_2 = 0.021\,\Omega$ であるという。一次インピーダンス $\dot{Z}_1\,[\Omega]$，および二次インピーダンス $\dot{Z}_2\,[\Omega]$ を求めよ。

解答
$$\dot{Z}_1 = r_1 + jx_1 = 15 + j21\,\Omega$$
$$\dot{Z}_2 = r_2 + jx_2 = 0.015 + j0.021\,\Omega$$

問 4 図15において，一次電圧 $\dot{V}_1\,[\mathrm{V}]$ と一次誘導起電力 $\dot{E}_1\,[\mathrm{V}]$，二次誘導起電力 $\dot{E}_2\,[\mathrm{V}]$ と二次電圧 $\dot{V}_2\,[\mathrm{V}]$ がそれぞれ一致しないのはなぜか。

問 5 一次誘導起電力 E_1 が 2000 V，二次誘導起電力 E_2 が 100 V の変圧器で，一次巻線および二次巻線の抵抗と漏れリアクタンスが $r_1 = 0.2\,\Omega$, $r_2 = 0.0005\,\Omega$, $x_1 = 2\,\Omega$, $x_2 = 0.005\,\Omega$ であるという。巻数比 a および一次・二次インピーダンス $\dot{Z}_1\,[\Omega]$, $\dot{Z}_2\,[\Omega]$ を求めよ。

2 理想変圧器を取り去った等価回路

図 15(a) の回路の電圧・電流およびインピーダンスなどを計算する場合，点線で囲まれた理想変圧器の部分を取り外し，図 16 に示す単一電気回路で表すことができれば便利である。図 16 が図 15 と電気的に等価になる条件を考えると，図 15(a) の端子 a，b から右のほうのインピーダンスを $\dot{Z}_\mathrm{ab}\,[\Omega]$，端子 c，d から右のほうのインピーダンスを $\dot{Z}_\mathrm{cd}\,[\Omega]$，図 16 の a′，b′ から右のほうのインピーダンスを $\dot{Z}_\mathrm{a′b′}\,[\Omega]$ とした場合，次式がなりたつ。

$$\dot{Z}_\mathrm{ab} = \frac{\dot{E}_1}{\dot{I}_1'} = \frac{a\dot{E}_2}{\frac{1}{a}\dot{I}_2} = a^2\frac{\dot{E}_2}{\dot{I}_2} = a^2\dot{Z}_\mathrm{cd},\quad \dot{Z}_\mathrm{a′b′} = \frac{\dot{E}_1}{\dot{I}_1'}$$

ここで，$\dot{Z}_\mathrm{ab} = \dot{Z}_\mathrm{a′b′}$ であれば，図 15(a) の回路と図 16 の回路は，等価である。すなわち，図 16 の二次側のインピーダンス $\dot{Z}_\mathrm{a′b′}$ は一次側に換算すると，次式で表される。

$$\dot{Z}_\mathrm{a′b′} = a^2\dot{Z}_\mathrm{cd} \tag{8}$$

電圧・電流についても，二次電圧 $\dot{V}_2\,[\mathrm{V}]$，二次電流 $\dot{I}_2\,[\mathrm{A}]$ を一次側に換算した値 $\dot{V}_2'\,[\mathrm{V}]$，$\dot{I}_1'\,[\mathrm{A}]$ は，次式で表される。

$$\left.\begin{array}{l}\dot{V}_2' = a\dot{V}_2 \\ \dot{I}_1' = \left(\dfrac{1}{a}\right)\dot{I}_2\end{array}\right\} \tag{9}$$

a 一次側に換算した等価回路
図 16 の回路は，二次側の諸量を一次側に換算し，一次回路はそのままと考えた回路で，**一次側に換算した等価回路**，または**一次側からみた等価回路**という。

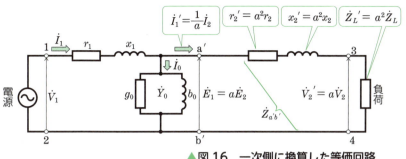

▲図 16 一次側に換算した等価回路

r_2'：二次側の抵抗を一次側に換算したもの。
x_2'：二次側のリアクタンスを一次側に換算したもの。
V_2'：二次電圧を一次側に換算したもの。
I_1'：二次電流を一次側に換算したもの。

二次側の諸量を一次側に換算するには，次のように行う。

1) 一次側の電圧・電流・インピーダンス，およびアドミタンスは，そのままにする。
2) 二次側の電圧は a 倍，電流は $\dfrac{1}{a}$ 倍する。
3) 二次インピーダンス，および負荷インピーダンスは a^2 倍する。

b 簡易等価回路
図 16 の回路では，アドミタンス $\dot{Y}_0$ の回路が一次インピーダンスと二次インピーダンスの中間に接続されているので，回路計算が複雑になる。そこで，図 17 に示すように，アドミタンス $\dot{Y}_0$ の回路を電源側に移すと，回路計算が容易になる。

実際の変圧器では，一次インピーダンス降下は一次電圧 V_1 [V] に比べて小さく，励磁電流 I_0 [A] も一次電流 $\dot{I}_1$ [A] に比べて小さいので，図 16 と図 17 はほとんど等価とみることができる。図 17 の回路を**簡易等価回路**といい，図 16 のかわりによく用いられている。

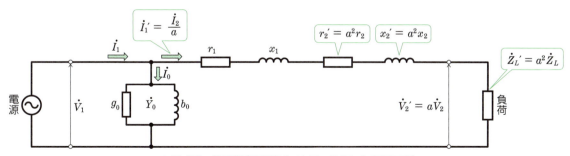

▲図 17 簡易等価回路（一次側に換算した等価回路）

例題 4 図15(a)の等価回路において，$V_1 = 3150$ V，$V_2 = 210$ V，$r_1 = 18$ Ω，$x_1 = 90$ Ω，$r_2 = 0.04$ Ω，$x_2 = 0.24$ Ω とする。また，負荷 Z_L の抵抗分，リアクタンス分をそれぞれ $R_L = 3$ Ω，$X_L = 4$ Ω とするとき，二次側を一次側に換算した簡易等価回路の r_2'，x_2'，Z_L'，I_1' を求めよ。

解答 巻数比 $a = \dfrac{V_1}{V_2} = \dfrac{3150}{210} = 15$ ❶

$Z_L = \sqrt{3^2 + 4^2} = 5$ Ω

二次電流 $I_2 = \dfrac{V_2}{Z_L} = \dfrac{210}{5} = 42$ A

$r_2' = a^2 r_2 = 15^2 \times 0.04 = \mathbf{9\ Ω}$

$x_2' = a^2 x_2 = 15^2 \times 0.24 = \mathbf{54\ Ω}$

$Z_L' = a^2 Z_L = 15^2 \times 5 = \mathbf{1125\ Ω}$

$I_1' = \dfrac{1}{a} I_2 = \dfrac{1}{15} \times 42 = \mathbf{2.8\ A}$

❶ 変圧器に負荷電流が流れると，一次側，二次側ともに巻線抵抗による内部電圧降下を生じる。しかし，その値は各端子電圧に比べて小さいので，
$$a = \dfrac{E_1}{E_2} \fallingdotseq \dfrac{V_1}{V_2}$$
と考えてよい。

問 6 巻数比 a が 2 の理想変圧器で，二次電圧 V_2 が 100 V，二次電流 I_2 が 5 A，二次側のインピーダンス Z_L が 20 Ω であるという。一次側に換算した値 V_2' [V]，I_1' [A]，Z_L' [Ω] をそれぞれ求めよ。

c 二次側に換算した等価回路

一次側の諸量をすべて二次側に換算した簡易等価回路にするには，次のように行う。

1) 二次側の電圧・電流・インピーダンスは，そのままとする。
2) 一次側の電圧は $\dfrac{1}{a}$ 倍，電流は a 倍する。
3) 一次側のインピーダンスは $\dfrac{1}{a^2}$ 倍，アドミタンスは a^2 倍する。

図18 は，この方式により，図15(a)の等価回路の一次側を二次側に換算した簡易等価回路である。

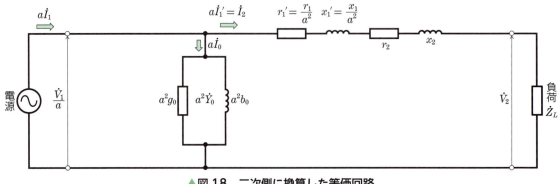

▲図18 二次側に換算した等価回路

問 7 巻数比 a が 100 の変圧器において，一次側に 10 A の電流 I_1 が流れている。これを二次側に換算した値 I_2 [A] を求めよ。

■節末問題■

1 図 8 (a) の柱上変圧器のタップ巻線において，二次電圧が下がったとき，一次側のタップの位置は①あるいは③のどちらに切り換えたらよいか。

2 一次巻数が 3 750 回，二次巻数が 125 回の理想変圧器について，次の各問いに答えよ。
(1) 巻数比を求めよ。
(2) 一次側に 6 600 V を加えたときの，二次電圧を求めよ。
(3) 二次側を 200 V にするための，一次電圧を求めよ。

3 単相変圧器の二次側端子間に 0.5 Ω の抵抗を接続して，一次側端子間に電圧 450 V を加えたところ，一次電流は 1 A となった。この変圧器の電圧比を求めよ。

4 変流比が 0.025 の変圧器の二次側に 2.5 Ω の抵抗負荷を接続したところ，一次側に 1 A の電流が流れた。次の各問いに答えよ。
(1) 二次電流を求めよ。
(2) このときの一次電圧を求めよ。

5 一次電圧が 6 300 V，二次電圧が 105 V の変圧器がある。次の各問いに答えよ。ただし，変圧器の損失はないものとする。
(1) 一次側に 6 600 V を加えたときの二次電圧を求めよ。
(2) 二次電圧を 100 V にするための一次電圧を求めよ。
(3) 二次のコイルの巻数が 60 回のときの一次コイルの巻数を求めよ。

6 ある変圧器の一次電圧 V_1 が 6 600 V で，無負荷電流 I_0 が 0.2 A，鉄損 P_i が 100 W であるという。励磁アドミタンス Y_0 [S]，励磁コンダクタンス g_0 [S]，励磁サセプタンス b_0 [S] を求めよ。

2節 変圧器の特性

この節で学ぶこと 変圧器の巻線には，電気抵抗や漏れリアクタンスがあるため，負荷電流が流れると電圧降下が生じ，電圧変動が起こる。また，変圧器内部での電力損失も問題になる。ここでは，変圧器の電圧変動率・損失・効率・温度上昇などについて学ぼう。

1 変圧器の電圧変動率

1 変圧器の定格

変圧器の銘板❶には，定格として容量・電圧・電流・周波数・短絡インピーダンスなどの値が示されている。定格容量は，皮相電力の値で記載されており，その値は，定格二次電圧・定格周波数，および定格力率において，指定された温度上昇の限度を超えない状態で，二次側で得られる容量を [kV・A] の単位で表している。

❶第3章 p.91 参照。

2 電圧変動率

図1(a)のように，変圧器の二次側に負荷をつないで一次側に電圧を加える。負荷抵抗 R_L [Ω] をしだいに小さくして負荷電流 I_2 [A] を増加させると，二次端子電圧 V_2 [V] は，図1(b)のように減少する。これは，一次巻線・二次巻線の抵抗と，漏れリアクタンスによる電圧降下のためである。

a 電圧変動率の定義 図1(a)に示すように，二次端子電圧は負荷によって変化するので，その変化の程度を表すために，**電圧変動率**❷が用いられる。

❷ voltage regulation

定格の電流・周波数・力率において，二次巻線の端子電圧 V_2 を定格値 V_{2n} になるように，一次端子電圧を調節する。次に，このままの状態で変圧器を無負荷にしたときの二次端子電圧を V_{20} [V] とすると，

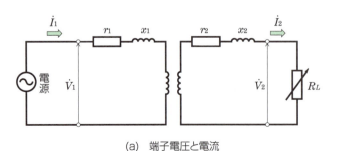
(a) 端子電圧と電流

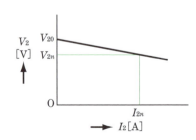
(b) 負荷電流と端子電圧

▲図1 変圧器の端子電圧と電流

電圧変動率 ε [%] は，次式で表される。

$$\varepsilon = \frac{V_{20} - V_{2n}}{V_{2n}} \times 100 \tag{1}$$

問 1 変圧器の定格二次電圧 V_{2n} が 100 V，二次側の無負荷電圧 V_{20} が 110 V であるという。電圧変動率 ε [%] を求めよ。

問 2 変圧器の定格二次電圧 V_{2n} が 210 V，電圧変動率 ε が 5 %であるという。二次側の無負荷電圧 V_{20} を求めよ。

b 等価回路による電圧変動率の算出

図 2(a)は，一次側の諸量を二次側に換算した変圧器の簡易等価回路である。二次側に換算した抵抗 r_{21} [Ω]，漏れリアクタンス x_{21} [Ω] は，次式で表される。

$$r_{21} = \frac{r_1}{a^2} + r_2 \;,\;\; x_{21} = \frac{x_1}{a^2} + x_2 \tag{2}$$

❶ $\frac{r_1}{a^2}$；一次側の抵抗を二次側に換算した値。

❷ $\frac{x_1}{a^2}$；一次側の漏れリアクタンスを二次側に換算した値。

また，図中の $\frac{\dot{V}_1}{a}$ [V] は，無負荷のときの二次端子電圧 $\dot{V}_{20}$ [V] で，$\dot{V}_{2n}$ [V] は，定格二次電流 $\dot{I}_{2n}$ [A] が流れているときの二次端子電圧である。

この簡易等価回路の電圧・電流のベクトル図を図 2(b)に示す。V_{20} [V] は，このベクトル図から，次式で表される。

$$V_{20} = \sqrt{(V_{2n} + r_{21}I_{2n}\cos\theta + x_{21}I_{2n}\sin\theta)^2 + (x_{21}I_{2n}\cos\theta - r_{21}I_{2n}\sin\theta)^2}$$

根号の中の第 2 項は，第 1 項に比べてきわめて小さいので，これを無視すると，次式が得られる。

$$V_{20} = V_{2n} + r_{21}I_{2n}\cos\theta + x_{21}I_{2n}\sin\theta \tag{3}$$

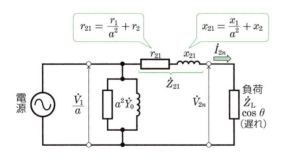
(a) 簡易等価回路

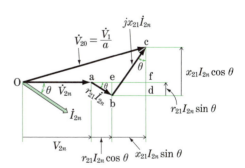
(b) ベクトル図

〈ベクトル図の解説〉

$(\overline{Oc})^2 = (\overline{Oa}+\overline{ae}+\overline{ef})^2+(\overline{cf})^2$
$\overline{cf} = \overline{cd} - \overline{df}$
この $\overline{cf}$ は，実際には小さな値なので，
$\overline{Oc} \fallingdotseq \overline{Oa} + \overline{ae} + \overline{ef}$
として，取り扱ってよい。

また，図中の各辺は次のようになる。
$\overline{ae} = \overline{ab}\cos\theta = r_{21}I_{2n}\cos\theta$
$\overline{ef} = \overline{bc}\sin\theta = x_{21}I_{2n}\sin\theta$
$\overline{cd} = \overline{bc}\cos\theta = x_{21}I_{2n}\cos\theta$
$\overline{df} = \overline{ab}\sin\theta = r_{21}I_{2n}\sin\theta$

▲図 2　一次側を二次側に換算した簡易等価回路とベクトル図

したがって，電圧変動率 ε [%] は，式(1)より次式で表される。

$$\varepsilon = \frac{V_{20} - V_{2n}}{V_{2n}} \times 100$$

$$= \frac{r_{21}I_{2n}\cos\theta}{V_{2n}} \times 100 + \frac{x_{21}I_{2n}\sin\theta}{V_{2n}} \times 100 \qquad (4)$$

式(4)において，

$$\left.\begin{array}{l} p = \dfrac{r_{21}I_{2n}}{V_{2n}} \times 100 \\[6pt] q = \dfrac{x_{21}I_{2n}}{V_{2n}} \times 100 \end{array}\right\} \qquad (5)$$

とすれば，電圧変動率 ε [%] は，次式で表される。

$$\varepsilon = p\cos\theta + q\sin\theta \qquad (6)$$

式(5)からわかるように，p [%]，q [%] は，定格電流が流れるときの巻線抵抗，および漏れリアクタンスによる電圧降下の，定格電圧に対する割合を百分率で示したものである。それぞれを変圧器の**百分率抵抗降下**❶，**百分率リアクタンス降下** という。

式(6)において，力率 $\cos\theta$ が1であれば，ε は p で与えられる。❷

$$\varepsilon = p \qquad (7)$$

❶ JIS C 4304 : 2013 では，p のことを「抵抗による電圧降下(%)」，q のことを「リアクタンスによる電圧降下(%)」と表記している。

❷ $\cos^2\theta + \sin^2\theta = 1$ の関係より，$\cos\theta = 1$ のとき，$\sin\theta$ は 0 となる。

例題 1 図2において，$r_1 = 0.2\,\Omega$，$x_1 = 0.6\,\Omega$，$r_2 = 0.0005\,\Omega$，$x_2 = 0.0015\,\Omega$，$a = 20$，$V_{2n} = 100\,\text{V}$，$I_{2n} = 1000\,\text{A}$ であるという。力率60%における百分率抵抗降下 p [%]，百分率リアクタンス降下 q [%]，電圧変動率 ε [%] を求めよ。

解答

$$r_{21} = \frac{r_1}{a^2} + r_2 = \frac{0.2}{20^2} + 0.0005 = 0.001\,\Omega$$

$$x_{21} = \frac{x_1}{a^2} + x_2 = \frac{0.6}{20^2} + 0.0015 = 0.003\,\Omega$$

$$p = \frac{r_{21}I_{2n}}{V_{2n}} \times 100 = \frac{0.001 \times 1000}{100} \times 100 = 1\,\%$$

$$q = \frac{x_{21}I_{2n}}{V_{2n}} \times 100 = \frac{0.003 \times 1000}{100} \times 100 = 3\,\%$$

$$\varepsilon = p\cos\theta + q\sin\theta = 1 \times 0.6 + 3 \times 0.8 = 3.0\,\%\ ❸$$

❸ $\cos^2\theta + \sin^2\theta = 1$ より，
$$\sin\theta = \sqrt{1^2 - 0.6^2}$$
$$= 0.8$$

c 配電用変圧器の電圧変動率の値

図3は，配電用変圧器の容量 [kV·A] と電圧変動率 ε [%] の関係を示したものである。一般に，容量の大きな変圧器ほど電圧変動率は小さい。また，単相変圧器は同じ容量の場合，三相変圧器よりも電圧変動率は小さい。

問 3 百分率抵抗降下 p が 1.64%，百分率リアクタンス降下 q が 4.62% であるという。力率 100% および 80% の場合の電圧変動率 ε [%] を求めよ。

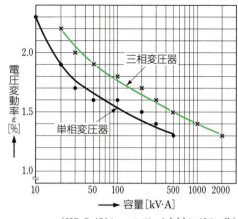

(JIS C 4304：2013のデータをもとにグラフ化)

▲図3 電圧変動率の例

3 短絡インピーダンス

a 短絡インピーダンス

図4(a)のように，変圧器の二次側(低圧側)を短絡して，一次側に定格周波数の電圧を加える。このときの一次電流 $\dot{I}_{1s}$ の大きさが，定格一次電流 $\dot{I}_{1n}$ の大きさに等しくなったときの供給電圧を $\dot{V}_{1z}$ [V] とすると，変圧器のインピーダンスの大きさ Z_{12} [Ω] は，次式で表される。

$$Z_{12} = \frac{V_{1z}}{I_{1n}} \tag{8}$$

また，変圧器を定格電圧 V_{1n}，定格電流 I_{1n} で運転しているとき，一次側から負荷を見た（負荷のインピーダンスを含めた）全インピーダンスのことを **基準インピーダンス** といい，次式で表される。

$$Z_n = \frac{(定格電圧[V])^2}{定格容量[V·A]} = \frac{V_{1n}^2}{V_{1n}·I_{1n}} = \frac{V_{1n}^2}{P_n} \tag{9}$$

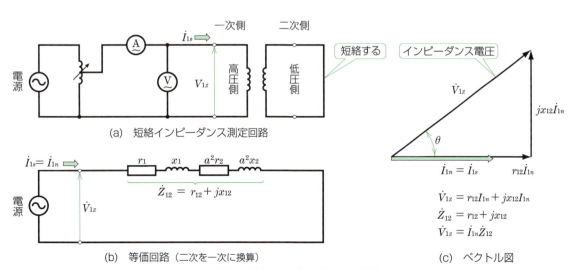

▲図4 短絡インピーダンスの測定

式(8)の Z_{12} については，JIS に「基準インピーダンスに対する百分率(%)で表す」と規定されているので，次式で表される。

❶ JIS C 4304 : 2013 に規定されている。

$$\%Z = \frac{変圧器のインピーダンス Z_{12} [\Omega]}{基準インピーダンス Z_n [\Omega]} \times 100 \quad (10)$$

この式(10)を **短絡インピーダンス** といい，%Z [%] の記号で表す。

b 短絡インピーダンス %Z と p, q の関係

式(8), (9)より，式(10)を整理すると，%Z [%] は，次式で表される。

$$\%Z = \frac{Z_{12}}{Z_n} \times 100 = \frac{Z_{12}}{\frac{V_{1n}^2}{P_n}} \times 100 = \frac{Z_{12} \cdot P_n}{V_{1n}^2} \times 100 \quad (11)$$

また，式(11)は，次式でも表される。

$$\%Z = \frac{V_{1Z}}{I_{1n}} \cdot \frac{V_{1n} \cdot I_{1n}}{V_{1n}^2} \times 100 = \frac{V_{1Z}}{V_{1n}} \times 100 \quad (12)$$

式(12)の V_{1Z} は，図4(b)の等価回路，および図4(c)のベクトル図からわかるように，定格電流が流れたときの巻線のインピーダンスによる電圧降下を示しており，**インピーダンス電圧** とよばれる。

式(12)からは，百分率で表した短絡インピーダンス %Z は，インピーダンス電圧 V_{1Z} [V] と，定格一次電圧 V_{1n} の比の百分率に一致することがわかる。さらに，%Z は次のようにも表される。

$$\begin{aligned}\%Z &= \frac{V_{1Z}}{V_{1n}} \times 100 = \frac{I_{1n} Z_{12}}{V_{1n}} \times 100 \\ &= \sqrt{\left(\frac{r_{12} I_{1n}}{V_{1n}} \times 100\right)^2 + \left(\frac{x_{12} I_{1n}}{V_{1n}} \times 100\right)^2} \\ &= \sqrt{p^2 + q^2}\end{aligned} \quad (13)$$

❷ 式(14)の r_{12}, x_{12} は，図4(b)の等価回路より次のように表される。
$r_{12} = r_1 + a^2 r_2 [\Omega]$
$x_{12} = x_1 + a^2 x_2 [\Omega]$
また，式(13)の p, q は変圧器の二次側の諸量を一次側に換算した場合の値であり，p.88の式(5)の p, q とは等しい関係にある。
$$p = \frac{r_{21} I_{2n}}{V_{2n}} \times 100$$
$$= \frac{r_{12} I_{1n}}{V_{1n}} \times 100$$
$$q = \frac{x_{21} I_{2n}}{V_{2n}} \times 100$$
$$= \frac{x_{12} I_{1n}}{V_{1n}} \times 100$$

一般に，電圧変動率 ε [%] を小さくするには，%Z [%] を小さくする必要がある。しかし，大容量の変圧器では，二次側の短絡事故による過大な短絡電流を防ぐため，%Z [%] をある程度大きくしている。

✎ 短絡インピーダンス %Z [%] の式のまとめ

$\%Z = \dfrac{Z_{12}}{Z_n} \times 100 \qquad \%Z = \dfrac{Z_{12} \cdot P_n}{V_{1n}^2} \times 100$

$\%Z = \dfrac{Z_{12} \cdot I_{1n}}{V_{1n}} \times 100 \qquad \%Z = \dfrac{V_{1Z}}{V_{1n}} \times 100$

$\%Z = \sqrt{p^2 + q^2}$

Z_{12} [Ω]：変圧器のインピーダンス
Z_n [Ω]：基準インピーダンス
P_n [kV·A]：定格容量
V_{1n} [V]：定格一次電圧
I_{1n} [A]：定格一次電流
V_{1Z} [V]：インピーダンス電圧
p [%]：百分率抵抗降下
q [%]：百分率リアクタンス降下

4 短絡電流と短絡容量

a 短絡電流

電力用の変圧器の銘板には，図5のように，短絡インピーダンスの値が示されている。

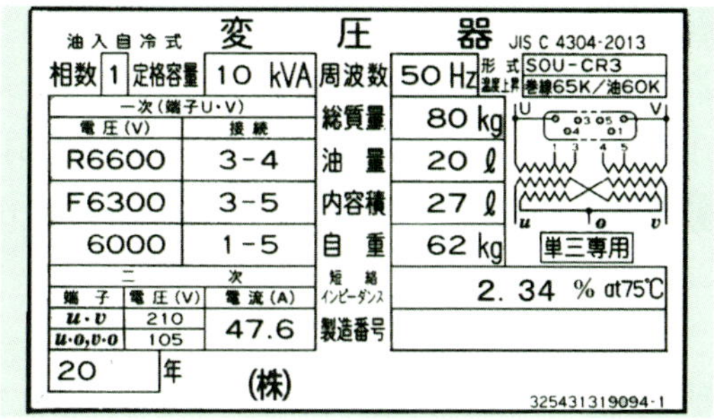

すべての電力機器・設備をこの方法で表すことによって，系統に短絡などの事故が発生したとき，各系統の電流を容易に計算することができる。

▲図5 変圧器の銘板の例

定格一次電圧 V_{1n} [V] の変圧器の短絡インピーダンスが %Z [%] であるとき，定格一次電流を I_{1n} [A]，定格容量を P_n [kV・A] とすると，短絡電流（一次側）I_s [A] は，$I_s = \dfrac{V_{1n}}{Z_{12}}$ と，式(13)から導かれる $Z_{12} = \dfrac{\%Z V_{1n}}{100 I_{1n}}$ により，次式で表される。❶

$$I_s = \frac{100 I_{1n}}{\%Z} = \frac{P_n [\text{kV·A}]}{\%Z V_{1n} [\text{V}]} \times 10^5 \tag{14}$$

b 短絡容量

電力の送電のさいには，系統の短絡電流とともに**短絡容量**の算出が重要となる。定格容量を P_n [kV・A]，短絡電流を I_s [A] とすると，式(14)より短絡容量 P_s [kV・A] は，次式で表される。

$$P_s = V_{1n} I_s = V_{1n} \cdot \frac{100 I_{1n}}{\%Z} = \frac{100}{\%Z} P_n = \frac{I_s}{I_{1n}} P_n \tag{15}$$

この短絡容量の値は，電力系統に施設する遮断器などの容量を決めるときに利用される。

❶ $\%Z = \dfrac{I_{1n} Z_{12}}{V_{1n}} \times 100$
より
$$Z_{12} = \frac{\%Z V_{1n}}{100 I_{1n}}$$
ゆえに
$$I_s = \frac{V_{1n}}{Z_{12}}$$
$$= V_{1n} \times \frac{100 I_{1n}}{\%Z V_{1n}}$$
$$= \frac{V_{1n} I_{1n}}{\%Z V_{1n}} \times 100$$
$$= \frac{100 I_{1n}}{\%Z}$$

例題 2

一次電圧 V_1 が 6 000 V，二次電圧 V_2 が 200 V，定格容量 P_n が 200 kV・A の単相変圧器がある。%Z は 5 % である。二次側を短絡したとき，一次短絡電流 I_s [A] と短絡容量 P_s [kV・A] を求めよ。

解答 定格一次電流 $I_{1n} = \dfrac{200\,000}{6\,000} = 33.3$ A

式(14)から，一次短絡電流 $I_s = \dfrac{100 I_{1n}}{\%Z} = \dfrac{100 \times 33.3}{5} = \mathbf{666\ A}$

（別解）$I_s = \dfrac{P_n [\text{kV·A}]}{\%Z V_{1n}} \times 10^5 = \dfrac{200}{5 \times 6\,000} \times 10^5 = \mathbf{667\ A}$ ❷

また，短絡容量 $P_s = \dfrac{I_s}{I_{1n}} P_n = \dfrac{666}{33.3} \times 200 = \mathbf{4\,000\ kV·A}$

❷ I_{1n} を求めるさいに小数第2位を四捨五入したため，上の解答と一の位に誤差が出たが，小数第2位までを考慮すれば同じ値が得られる。

例題 3

ある系統の短絡容量 P_s が 500 kV・A のとき，短絡インピーダンス %Z を求めよ。ただし，基準容量 P_n は 20 kV・A とする。

解答 式(16) $P_s = \dfrac{100}{\%Z} P_n$ より，

$\%Z = \dfrac{P_n}{P_s} \times 100 = \dfrac{20}{500} \times 100 = \mathbf{4\ \%}$

問 4 図 2 において，定格二次電流 I_{2n} が 20 A，二次側に換算した抵抗 r_{21} が 0.1 Ω，二次側に換算したリアクタンス x_{21} が 0.2 Ω，定格二次電圧 V_{2n} が 200 V であるという。p，q，$\%Z\,[\%]$ を求めよ。

問 5 百分率抵抗降下 p が 0.58 %，百分率リアクタンス降下 q が 9.30 % の変圧器がある。短絡インピーダンス $\%Z\,[\%]$ と，力率 80 % の場合の電圧変動率 $\varepsilon\,[\%]$ を求めよ。

問 6 定格一次電圧 V_{1n} が 6 600 V，定格容量が 50 kV·A の変圧器がある。短絡インピーダンス $\%Z$ は 4 % である。一次短絡電流 $I_s\,[\mathrm{A}]$ を求めよ。

2 変圧器の損失と効率

1 変圧器の損失

変圧器の効率は，一般に 97〜99 % 程度と，きわめて良好であるが，それでも変圧器の内部には損失がある。

変圧器の内部の損失は，図 6 に示すように分類できる。これらのうちで大きな損失は，銅損と鉄損である。**銅損**❶ は，一次巻線・二次巻線に流れる電流によるジュール熱であり，抵抗損ともよばれる。**鉄損**❷ は，鉄心中の損失であり，ヒステリシス損 $P_h\,[\mathrm{W/kg}]$ と，渦電流損 $P_e\,[\mathrm{W/kg}]$ とからなる。これらは次式で表される。

❶ copper loss
❷ iron loss

$$P_h = K_h f B_m^{\,2} \tag{16}$$

$$P_e = K_e (K_f t f B_m)^2 \tag{17}$$

ここで，K_h，K_e は材料によって決まる定数，$B_m\,[\mathrm{T}]$ は磁束密度の最大値，$f\,[\mathrm{Hz}]$ は周波数，$t\,[\mathrm{m}]$ は鋼板の厚さ，K_f は電圧の波形率である。

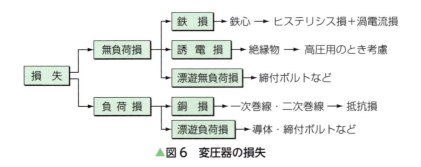

▲図 6 変圧器の損失

問 7 変圧器の効率は直流機の効率と比べて，一般にどちらがよいか。その理由を説明せよ。

2 無負荷損とその測定

変圧器の巻線に定格電圧が加わっている場合,負荷が接続されていないときでも,**励磁電流**❶による損失分がつねに電力として供給されており,この損失は**無負荷損**❷とよばれる。大部分は鉄損 P_i であり,そのほかにわずかではあるが,一次巻線抵抗による銅損,絶縁物中の誘電損,締付ボルトなどの金属材料の中に誘導される渦電流による**漂遊無負荷損**❹ などが含まれる。

無負荷損を測定するには,図7(a)に示すように,高圧側の回路を無負荷にして低圧側の回路に定格電圧 V_{2n} [V] を加え,電力計 W の指示 P_i [W] を調べる。このように,変圧器に負荷をかけないで行う試験を**無負荷試験**❺という。無負荷試験を行うと次のことがわかる。図7(a)において,電圧計 V の指示 V_{2n} [V],電流計 A の指示 I_0 [A],電力計 W の指示 P_i [W] がわかれば,次式から,図7(b)に示される等価回路の g_0 [S], b_0 [S],および無負荷時の力率 $\cos\theta_0$ を求めることができる。

$$\left. \begin{array}{l} g_0 = \dfrac{P_i}{V_{2n}^2}, \quad b_0 = \sqrt{\left(\dfrac{I_0}{V_{2n}}\right)^2 - \left(\dfrac{P_i}{V_{2n}^2}\right)^2} \\ \cos\theta_0 = \dfrac{P_i}{V_{2n} I_0} \end{array} \right\} \quad (18)$$

❶無負荷電流ともいう。

❷ no-load loss
❸負荷の大きさに関係なく一定の値を示す。
❹ stray no-load loss

❺ no-load test

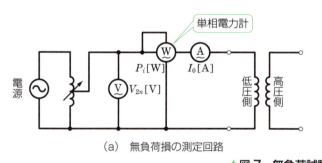
(a) 無負荷損の測定回路

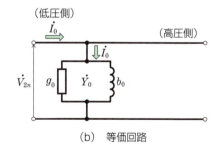
(b) 等価回路

▲図7 無負荷試験

例題 4

図7の変圧器において,定格二次電圧 V_{2n} が 100 V,無負荷損 P_i が 180 W,励磁電流 I_0 が 10 A であるという。この変圧器の g_0 [S], b_0 [S],および無負荷時の力率 $\cos\theta_0$ を求めよ。

解答

$$g_0 = \dfrac{P_i}{V_{2n}^2} = \dfrac{180}{100^2} = 0.018 \text{ S}$$

$$b_0 = \sqrt{\left(\dfrac{10}{100}\right)^2 - \left(\dfrac{180}{100^2}\right)^2} = 0.098 \text{ S}$$

$$\cos\theta_0 = \dfrac{180}{100 \times 10} = 0.18$$

問 8 ある変圧器の無負荷試験において，定格二次電圧 V_{2n} が 100 V，励磁電流 I_0 が 1.5 A，無負荷時の力率 $\cos\theta_0$ が 0.267 であった。この変圧器の P_i [W]，g_0 [S]，b_0 [S] を求めよ。

3 負荷損とその測定

定格電圧が加わり，負荷電流が流れているときには，無負荷損とともに，銅損が生じる。また，大きな負荷電流のために，漏れ磁束も多くなり，外箱や締付ボルトなどに生じる渦電流が増加する。この種の損失は**漂遊負荷損**とよばれ，銅損の 10～25 % である。

一般に，負荷電流が流れることによって生じる損失を**負荷損**❶といい，銅損と漂遊負荷損からなる。負荷損を測定するには，図 8(a)に示すように，低圧側の回路を短絡して，定格周波数の低電圧 V_{1z} [V]❷を加え，定格一次電流 I_{1n} [A] の電流を流し，電力計 W の読み P_s [W] によって求める。このときの P_s [W] は**インピーダンスワット**とよばれ，巻線の銅損に漂遊負荷損を含めた値を示している。このように，低圧側を短絡して行う試験を**短絡インピーダンス試験**という。

❶ load loss

❷ p.90 のインピーダンス電圧に等しい。

短絡インピーダンス試験において負荷損測定を行うと，インピーダンスワット P_s [W] とインピーダンス電圧 V_{1z} [V] がわかる。したがって，図 8(b)の等価回路で示される抵抗 r_{12} [Ω]，リアクタンス x_{12} [Ω] を求めることができる。抵抗 r_{12} [Ω] およびリアクタンス x_{12} [Ω] は次式で表される。

$$r_{12} = \frac{P_s}{I_{1n}^2}, \quad x_{12} = \sqrt{\left(\frac{V_{1z}}{I_{1n}}\right)^2 - \left(\frac{P_s}{I_{1n}^2}\right)^2} \tag{19}$$

この式で示す r_{12} [Ω] には，一次・二次巻線の一次側換算抵抗だけではなく，漂遊負荷損を表す等価抵抗が含まれている。

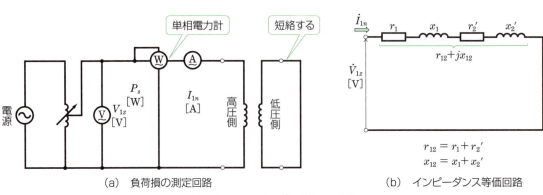

(a) 負荷損の測定回路　　(b) インピーダンス等価回路

▲図 8　短絡インピーダンス試験

なお，一般に無負荷損は，ほとんどが鉄損であり，温度による変化は少ないが，負荷損は，温度によってある程度変化する。電気機器の試験ではふつう75℃を基準温度としているので，負荷損測定で得た P_s [W] や r_{12} [Ω] は温度補正を行う必要がある。すなわち，測定したときの温度における値を75℃の値に換算する。❶

❶ 75℃に換算する方法については，p.98で学ぶ。

4 変圧器の効率と全日効率

変圧器の出力と入力との比を **変圧器の効率** という。変圧器では，鉄損・銅損などの損失があるため，入力のすべてが出力とはならない。また，損失が大きくなると変圧器の効率は低下する。入力から出力に至るエネルギーの出入りを図9に示す。

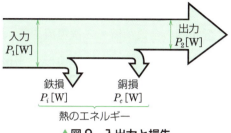

▲図9 入出力と損失

a 実測効率と規約効率

変圧器の効率には，出力と入力の測定値を用いて計算した **実測効率**❷ と，規格で定められた方法によって損失❸を決定して算出する **規約効率**❹ とがある。

実測効率は，変圧器の容量が大きくなると，それに応じた電源設備を必要とするため，実現しにくいことが多い。これに対して，規約効率は，無負荷試験や負荷損測定を行い，内部の温度が75℃になった場合の抵抗値や負荷損に換算して効率を算出する。このことから，変圧器の場合，効率 η [%] の標準は，規約効率によって表すことになっている。

❷ efficiency by input-output test
❸ JIS C 4304：2013 などによる。
❹ conventional efficiency

$$実測効率 = \frac{出力}{入力} \times 100 \quad (20)$$

$$\left.\begin{array}{l}規約効率 = \dfrac{出力}{出力 + 無負荷損 + 負荷損} \times 100 \\ = \dfrac{P_2}{P_2 + P_i + P_c} \times 100\end{array}\right\} \quad (21)$$

ここで，P_2 [W] は二次出力，P_i [W] は鉄損，P_c [W] は銅損である。

b 最大効率

$P_2 = V_{2n}I_2$，$P_c = r_{21}I_2^2$ ❺ であるから，負荷力率を $\cos\theta$ とすると，式(21)は次式で表される。

❺ V_{2n} は定格二次電圧，I_2 は二次電流，r_{21} は p.87 式(2)で求めた二次側に換算した抵抗である。

$$\eta = \frac{V_{2n}I_2\cos\theta}{V_{2n}I_2\cos\theta + P_i + r_{21}I_2^2} \times 100 \quad (22)$$

分母と分子を I_2 で割ると，式(23)が得られる。

$$\eta = \frac{V_{2n}\cos\theta}{V_{2n}\cos\theta + \dfrac{P_i}{I_2} + r_{21}I_2} \times 100 = \frac{V_{2n}\cos\theta}{V_{2n}\cos\theta + A + B} \times 100 \quad (23)$$

I_2 で変化するのは，分母第 2 項 $\frac{P_i}{I_2} = A$，分母第 3 項 $r_{21}I_2 = B$ だけである。したがって，二次電圧，力率，鉄損が一定のもとで，効率 η が最大になるためには，$A + B$ が最小になればよい。ここで，$A \times B = \frac{P_i}{I_2} \times r_{21}I_2 = P_i r_{21}$（一定）であるから，最小定理を使うと，$\frac{P_i}{I_2} \times r_{21}I_2$ のときに $A + B$ が最小になり，η は最大になる。すなわち，$P_i = r_{21}I_2^2$（鉄損＝銅損）のとき，変圧器の効率 η [%] は最大値を示す。

変圧器の全負荷時の二次電流を I_{2n} とすると，負荷を全負荷の x 倍にしたとき，電流は xI_{2n} となり，銅損は $(xI_{2n})^2 r_{21} = x^2 P_{cn}$ となる。ここで，$P_{cn} = I_{2n}^2 r_{21}$ は全負荷時の銅損である。一方，鉄損 P_i は負荷の大きさに関係なく一定である。したがって，負荷が全負荷の x 倍になったときの効率 η_x [%] は，次式で表される。

❶ 二つの正の数 A，B があり，その積が一定ならば，その二数が相等しいとき，二数の和は最小になる。つまり，
$A \times B =$ 一定ならば，$A = B$ のとき，$A + B$ は最小となる。

❷ $(xI_{2n})^2 r_{21} = x^2 I_{2n}^2 r_{21}$
$= x^2 P_{cn}$

$$\eta_x = \frac{xV_{2n}I_{2n}\cos\theta}{xV_{2n}I_{2n}\cos\theta + P_i + x^2 P_{cn}} \times 100 \quad (24)$$

ここで，全負荷時の銅損を鉄損に等しく $P_{cn} = I_{2n}^2 r_{21} = P_i$ となるように設計すれば，全負荷時（$x = 1$）のときに最大効率が得られる。しかし，変圧器はつねに全負荷で運転されないので，実際には，全負荷時の x 倍（$0 < x < 1$）のときに銅損が鉄損に等しくなるように設計されるのがふつうである。このとき，$(xI_{2n})^2 r_{21} = x^2 P_{cn} = P_i$ がなりたつ。図 10 は，負荷に対する効率と損失の例で，全負荷時の 75 % $\left(\frac{3}{4}\text{負荷}\right)$ で $P_i = P_c$ となるので，そのときに最大効率が得られていることがわかる。

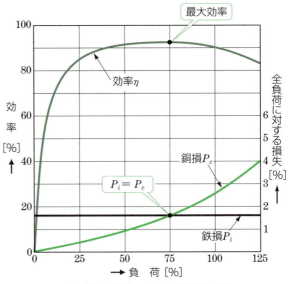

▲図 10 負荷に対する効率と損失

例題 5

変圧器の容量が 30 000 kV・A，無負荷損 P_i が 50 kW，負荷損が 200 kW である。負荷力率が 80 % のとき，全負荷効率 η [%]，および $\frac{1}{2}$ 負荷効率 $\eta_{\frac{1}{2}}$ [%] を求めよ。

解答
$$\eta = \frac{30\,000 \times 0.8}{30\,000 \times 0.8 + 50 + 200} \times 100 = 99.0\,\%$$

$$\eta_{\frac{1}{2}} = \frac{0.5 \times 30\,000 \times 0.8}{0.5 \times 30\,000 \times 0.8 + 50 + 0.5^2 \times 200} \times 100 = 99.2\,\%$$

このときの鉄損と銅損は等しくなり，効率は最大となる。❸

❸ $P_i = 50$ kW
$P_c = 0.5^2 \times 200 = 50$ kW

問 9 例題5の変圧器で負荷力率を100％としたときの全負荷効率 η [％]，および $\frac{3}{4}$ 負荷効率 $\eta_{\frac{3}{4}}$ [％] を求めよ。

問 10 変圧器の全負荷時の出力 P が 15 000 kW，無負荷損 P_i が 57 000 W，銅損 P_c が 57 000 W，漂遊負荷損 $P_c{}'$ が 12 200 W である。この変圧器の全負荷効率 η [％] を求めよ。

C 全日効率

変圧器の二次側の負荷は時間とともに変動するが，一次側ではつねに電圧が加わっているので，負荷の大小に関係なく，鉄損が生じている。このことから，変圧器の効率のよい利用のされ方を表すために**全日効率**❶が使われる。全日効率 η_d [％] は，1日を通しての出力電力量と入力電力量との比であり，次式で表される。

❶ all day efficiency

$$\eta_d = \frac{1日の出力電力量 [kW \cdot h]}{1日の入力電力量 [kW \cdot h]} \times 100 \quad (25)$$

1日のうち，全負荷出力 P [kW] で t 時間変圧器が運転されたときの全日効率の η_d [％] は，次式で表される。

$$\eta_d = \frac{Pt}{Pt + 24P_i + P_c t} \times 100 \quad (26)$$

式(26)で，$24P_i$ と $P_c t$ の関係から，両者が等しい場合，全日効率は最大となる。したがって，1日中無負荷運転に近い変圧器は，鉄損の小さい巻鉄心形が適している。また，1日中全負荷運転に近い変圧器は，銅損を少なくした設計のものが用いられる。

❷鉄損 P_i は，1日（24時間）を通して発生しているので，このようになる。

例題 6 変圧器の全負荷時の出力 P が 15 000 kW，無負荷損 P_i が 57 kW，負荷損 P_c が 101.3 kW である。この変圧器が1日のうち8時間は全負荷，8時間は $\frac{1}{2}$ 負荷，8時間は無負荷で運転される。全日効率 η_d [％] を求めよ。ただし，力率はいずれの場合も 100 ％ とする。

解答 1日の出力電力量 $= 15\,000 \times 8 + \frac{1}{2} \times 15\,000 \times 8 = 180\,000$ kW·h

1日の無負荷損電力量 $= 57 \times 24 = 1368$ kW·h

1日の負荷損電力量 $= 101.3 \times 8 + \left(\frac{1}{2}\right)^2 \times 101.3 \times 8$
$= 1013$ kW·h

$\eta_d = \dfrac{180\,000}{180\,000 + 1368 + 1013} \times 100 =$ **98.7 ％**

問 11 例題6で，8時間全負荷運転し，あとは無負荷運転をする場合の全日効率 η_d [％] を求めよ。

3 変圧器の温度上昇と冷却

1 温度上昇と温度測定

変圧器に定格負荷を接続して運転すると、内部に鉄損と銅損を生じ、図11に示すように、巻線の温度が上昇し、ついには一定温度に達する。この温度を最終温度という。最終温度が、使用している絶縁物の最高使用温度を超えないようにしなければならない。たとえば、配電用6kV油入変圧器の温度上昇限度は、表1のように定められている。

❶第2章 p.65参照。

変圧器の温度上昇試験における温度測定法は、次の方法による。

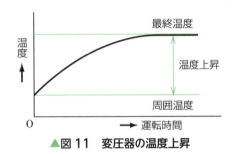

▲図11 変圧器の温度上昇

▼表1 配電用6kV油入変圧器の温度上昇限度

変圧器の部分	温度測定方法	温度上昇限度 [K] 普通紙	温度上昇限度 [K] 耐熱紙
巻紙	抵抗法	55	65
油	温度計法	55	60

（JIS C 4304 : 2013 による）

a 抵抗法 この方法は、図12のように、温度試験の直前と直後における巻線の抵抗を、**測温抵抗体**❷を用いて、ブリッジなどで測定し、温度を知る方法である。

❷白金の温度による抵抗変化を利用する測温素子。JIS C 1604 : 2013 による。

規約効率を計算する場合、巻線の抵抗値を基準温度75℃の値に補正する。常温 t [℃] のときの巻線抵抗値を R_t [Ω]、上昇後の温度 T を75℃とすると、温度上昇後の巻線抵抗値 R_{75} は、次式で表される。

$$R_{75} = \frac{235 + T}{235 + t} R_t$$
$$= \frac{310}{235 + t} R_t \quad (28)$$

b 温度計法 この方法は、棒状温度計やダイヤル温度計などを用いて、油の温度を測定する方法である。図13は、棒状温度計の例である。

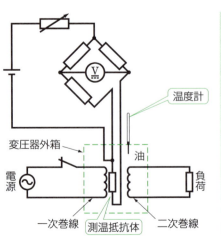

▲図12 変圧器の温度測定の例

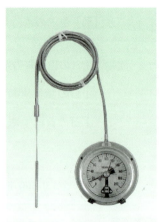

▲図13 棒状温度計の例

2 温度上昇と絶縁材料

変圧器の温度上昇によって，直接破壊するおそれがあるものは，絶縁材料である。

表2は小形，中形油入変圧器の規格，およびこれに使用される材料の例を示したものである。

▼表2 配電用 6 kV 油入変圧器の例

項目		内容
定格容量 [kV・A]	単相	10, 20, 30, 50, 75, 100, 150, 200, 300, 500
	三相	20, 30, 50, 75, 100, 150, 200, 300, 500, 750, 1000, 1500, 2000
温度上昇限度		その値は，用いる絶縁紙の種類に応じ，表1による。
一次側口出線		高圧引下用絶縁電線❶か，これと同等以上のもの。
二次側口出線		600 V ポリエチレン絶縁電線，またはこれと同等以上のもの。
ブッシング		丈夫な硬質磁器製，またはこれと同等以上の効力のもの。一次ブッシングの外部沿面距離は 75 mm 以上。

（JIS C 4304 : 2013 による）

❶ JIS C 3609 : 2000 に規定されている電線で，高圧引下用架橋ポリエチレン絶縁電線，高圧引下用エチレンプロピレンゴム絶縁電線がある。

❷ bushing

a ブッシング 変圧器巻線の端子を鉄製外箱の外に引き出すための口出線と外箱との絶縁には，図14のブッシング❷が用いられる。

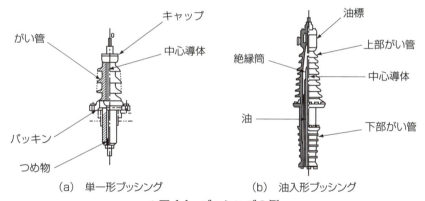

(a) 単一形ブッシング　　(b) 油入形ブッシング
▲図14 ブッシングの例

b 変圧器油 変圧器油❸は，変圧器本体を浸し，巻線の絶縁耐力を高めるとともに，冷却によって変圧器本体の温度上昇を防ぐために用いられ，次の条件が求められている。

❸絶縁油ともいう。第2章 p.67 参照。

1) 絶縁耐力が大きく，引火点が高く，凝固点が低い。
2) 化学的に安定で，高温においても反応しない。
3) 冷却作用が大きい。
4) 環境への影響が少ない。

C 油の劣化防止

油入変圧器では，負荷の変動により油の温度が上下し，油は膨張・収縮を繰り返す。これにともない，外気は変圧器内部に出入りを繰り返す。これを変圧器の **呼吸作用** という。このとき，大気中の湿気が油の中に侵入するので，絶縁耐力が低下するだけでなく，油面に接する空気中の酸素によって，油が酸化され，有害な赤褐色の不溶解性の沈殿物（**スラッジ**❶）ができる。

油の劣化防止のために，図 15 (a)，(b) のような **コンサベータ**❷ や図 15 (c) の **ブリーザ**❸ が用いられる。

コンサベータは，図 15 (b) に示すような，変圧器本体の外に設けたタンクである。油の体積が変化しても，空気袋内の空気が出入りするだけで油が直接大気に触れないため，油の汚損を防ぐことができる。また，スラッジが生じても，底部の排出弁から除去できるようなしくみになっている。ブリーザは，図 15 (c) のように，大気中の湿気をシリカゲルという乾燥剤を用いて除去する装置である。また，図 15 (d) のように，変圧器内部に乾燥した窒素ガスを封入し，空気が油に接触しないようにした，窒素封入方式という方法もある。大容量変圧器は，この方法を用いて油の劣化を防いでいる。

❶ sludge
❷ conservator
❸ breather

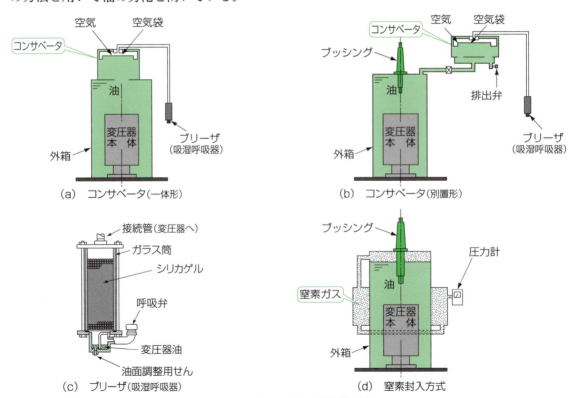

▲図 15　変圧器油の劣化防止法

3 冷却方式

変圧器本体を油で冷却しても，油を収めてある外箱から熱が放散しなければ，油の温度が上昇し，冷却効果はない。そこで，変圧器の冷却効果を高めるために，図16に示すような冷却方式が用いられている。

また，冷却方式を分類すると，表3のようになる。

(a) 自冷式

(b) 風冷式

(c) ガス冷却式

▲図16 冷却方式の例

▼表3 変圧器の冷却方式とおもな用途

分類		冷却方式	おもな用途
乾式	自冷式	空気の自然対流と放射により放熱	小容量の変圧器，計器用変圧器
	風冷式	送風機で強制循環による通風	地下鉄・ビル用変電所，電気炉用
油入式	自然循環式 自冷式	油の対流作用で熱を外箱に伝達して放散	小・中形変圧器
	自然循環式 風冷式	油入自冷式の放熱器を，送風機で強制通風	中形以上の電力用変圧器
	自然循環式 水冷式	外箱内に油冷却用水管を入れ，冷却水を循環	同　　上
	強制循環式 送油風冷	絶縁油を冷却管にポンプで強制循環させ，冷却管を送風機で冷却	送変電用・受電用の大容量変圧器
	強制循環式 送油水冷	絶縁油を冷却管にポンプで強制循環させ，冷却管を冷却水で冷却	同　　上
ガス冷却式		六ふっ化硫黄（SF_6），ふっ化炭素などを用い，液体の気化熱を利用	同　　上

問12 変圧器を冷却しなければならないのはなぜか。ガス冷却式では，気化したガスの絶縁耐力は大きくなくてはならない。なぜか。

問13 変圧器の巻線抵抗は25℃で0.0023Ωであった。温度上昇試験のあと，抵抗を測定したら0.0027Ωとなった。この場合の巻線の温度を求めよ。

■節末問題■

1 巻数比 a が 60 の単相変圧器の電圧変動率 ε が 2.6 % である。二次側に 105 V, 力率 100 % の全負荷をつないだ場合の, 一次側端子電圧 V_1 [V] を求めよ。

2 変圧器の効率が最大となるのは, どのようなときか。また, その理由を述べよ。

3 定格 100 kV·A の変圧器がある。この変圧器の鉄損が 1.2 kW, 全負荷銅損が 1.8 kW であるとき, 次の問いに答えよ。
 (1) 力率 1 の全負荷における効率を求めよ。
 (2) 力率 0.8 の全負荷における効率を求めよ。
 (3) 力率 0.8 の $\frac{1}{2}$ 負荷における効率を求めよ。

4 容量 50 kV·A の変圧器がある。この変圧器の全負荷における鉄損は 0.5 %, 銅損は 1.0 % である。いま, この変圧器を力率 80 %, 全負荷で 6 時間, 無負荷で 18 時間運転したときの全日効率を求めよ。

5 容量 50 kV·A, 一次電圧 6000 V の変圧器がある。百分率抵抗降下 p が 1.64 %, 百分率リアクタンス降下 q が 4.62 % である。一次短絡電流 I_s [A] を求めよ。

6 容量 50 kV·A の変圧器に力率 100 % の負荷を加えたとき, 全負荷効率 η は 95.5 %, 電圧変動率 ε は 3 % であった。鉄損 P_i [kW] を求めよ。

7 単相変圧器があり, 負荷 86 kW, 力率 1.0 で使用したとき, 最大効率 98.7 % が得られた。この変圧器の無負荷損 P_i [W] を求めよ。

8 単相変圧器において, 一次抵抗, および一次漏れリアクタンスが, 励磁回路のインピーダンスに比べてじゅうぶん小さいとして二次側に移した二次側換算の簡易等価回路は, 図 17 のようになる。

▲図 17

$r_{21} = 1.0 \times 10^{-3}$ Ω, $x_{21} = 3.0 \times 10^{-3}$ Ω, 定格二次電圧 $V_{2n} = 100$ V, 定格二次電流 $I_{2n} = 1$ kA とする。負荷の力率が遅れ 80 % のとき, 次の問いに答えよ。
 (1) 百分率抵抗降下 p [%] を求めよ。
 (2) 百分率リアクタンス降下 q [%] を求めよ。
 (3) 電圧変動率 ε [%] を求めよ。

3節 変圧器の結線

この節で学ぶこと 負荷の電気設備を増設して，既設の変電設備では容量が不足するときには，並列結線や三相結線などを施して，変圧器を増設する。ここでは，単相変圧器のいろいろな結線方法について学ぼう。

1 並列結線

1 極性と端子記号

変圧器の巻線に誘導される起電力の相対的な方向を **極性** ❶ とよび，変圧器を並行運転するときや，三相結線をするときに必要となる。

いま，単相変圧器の一次巻線と二次巻線の一端 U，u を図1(a)のように接続し，一次巻線に任意の電圧を加える場合を考える。

たとえば，一次巻線・二次巻線の巻き方向が図1(a)のようであれば，V，v端子間の電圧 V_3 [V] は，一次電圧 V_1 [V] と二次電圧 V_2 [V] との差に等しい電圧 $V_1 - V_2$ [V] になる。これを **減極性** ❷ という。

一方，図1(a)と同様にU，uを接続したとき，V，v端子間の電圧 V_3 [V] が $V_3 = V_1 + V_2$ [V] となる場合を **加極性** ❸ という（図1(b)）。両方の巻線を通る磁束に対して，図1(a)の減極性では，起電力 $\dot{E}_1$ が磁束と同じ向きであり，起電力 $\dot{E}_2$ は逆向きである。図1(b)の加極性では，$\dot{E}_1$ が磁束と同じ向きであり，$\dot{E}_2$ も同じ向きである。

一般に，変圧器の外箱には図1(c)のように，**端子記号** がつけてあるが，この記号はJISに規定されており❺，単相変圧器の場合，一次端子にU，Vを，二次端子にu，vをそれぞれ用いる。一次端子は，一次端子側からみて右から左へU，Vの順に，二次端子は，二次端子側からみて左から右へu，vの順にそれぞれ配列する。なお，JISでは減極性を標準と規定している。

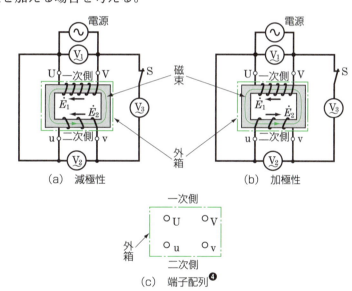

▲図1 極性と端子記号

❶ polarity
❷ subtractive polarity；$\dot{E}_1$ と $\dot{E}_2$ が打ち消し合うので $V_1 - V_2$ となり，減極性を示す。
❸ additive polarity
❹ U，V，u，vのかわりに，＋，－を用いてもよい。
❺ JIS C 4304：2013による。

問 1 変圧器の極性とは何か。

問 2 巻数比が 5 である容量 10 kV・A の減極性の変圧器を図 1 (a) のように接続し，この変圧器の 1 次側に 200 V の電圧を加えた場合，V_2，および V_3 を求めよ。

2 変圧器のつなぎ方（並行運転）

1 台の変圧器から電力を供給している負荷設備において，負荷が増加したとき，変圧器の容量が不足することがある。このような場合，増設負荷に応じられる容量の変圧器を新しく設置し，図 2 (a) に示すように，既設の変圧器と並列につないで使用する。これを **並行運転**❶ という。

❶ parallel running

変圧器を並列につなぐ場合，図 2 (a) のように，各変圧器の起電力の向きが同一になるように，すなわち極性が一致するようにつなぐ。もし，図 2 (b) のように，二次側の各変圧器の起電力の向きが，反対になるようにつなぐと，二次側を短絡した状態になり，ひじょうに大きな循環電流 i が流れて，巻線を焼損することになる。

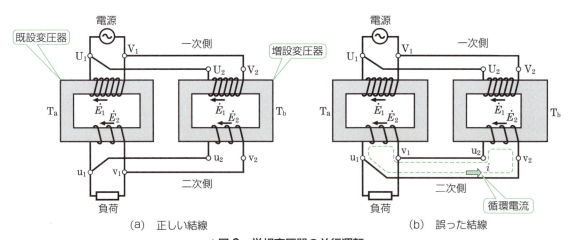

▲図 2 単相変圧器の並行運転

問 3 変圧器を並列につなぐとき，どんな注意が必要か。

問 4 図 2 (b) において，循環電流が流れる理由を説明せよ。

3 並行運転の条件

2 台の変圧器を用いて並行運転をする場合，それぞれの変圧器に定格容量を超えない電流を分担させることが必要である。そのために必要な条件と理由は表 1 のとおりである。

▼表1　単相変圧器の並行運転の条件と理由

条　件	理　由
①各変圧器の極性が一致していること。	極性が一致していないと，ひじょうに大きな循環電流が流れて巻線を焼損する。
②各変圧器の巻数比が等しいこと。	巻数比が異なると，やはり循環電流が流れて巻線を過熱させる。
③各変圧器の巻線抵抗と漏れリアクタンスの比 $\frac{r}{x}$ が等しいこと。	$\frac{r}{x}$ が等しくないと，各変圧器に流れる電流に位相差を生じ，取り出せる電力は各変圧器の出力の和より小さくなり❶，出力に対する銅損の割合が大きくなって利用率が悪くなる。
④各変圧器の短絡インピーダンスが等しいこと。	各変圧器が定格出力に比例する電流を分担するために必要である。

なお，三相変圧器の並行運転の場合は，上の①～④のほかに，さらに次のような条件が必要である。
① 相回転が一致していること。
② 一次側，二次側の線間誘導起電力の位相変位が等しいこと。❷

各変圧器の励磁電流を無視し，一次側を二次側に換算した図3(a)の簡易等価回路で，各変圧器のインピーダンスに流れる分担電流を I_{2a} [A]，I_{2b} [A] とすると，インピーダンス降下は等しく $I_{2a}Z_{21a} = I_{2b}Z_{21b}$ となるので，分担電流の比は次式で表される。

$$\frac{I_{2a}}{I_{2b}} = \frac{Z_{21b}}{Z_{21a}} \tag{1}$$

各変圧器の定格二次電圧を V_{2n} [V]，定格二次電流を I_{2A} [A]，I_{2B} [A] とすると，各変圧器の短絡インピーダンス $\%Z_a$ [%]，$\%Z_b$ [%] は，次式で与えられる。

$$\left. \begin{array}{l} \%Z_a = \dfrac{I_{2A}Z_{21a}}{V_{2n}} \times 100 \\ \%Z_b = \dfrac{I_{2B}Z_{21b}}{V_{2n}} \times 100 \end{array} \right\} \tag{2}$$

式(1)，式(2)より，

$$\frac{I_{2a}}{I_{2b}} = \frac{Z_{21b}}{Z_{21a}} = \frac{\%Z_b I_{2A}}{\%Z_a I_{2B}} = \frac{\%Z_b(I_{2A}V_{2n})}{\%Z_a(I_{2B}V_{2n})} \tag{3}$$

❶図3(b)のベクトル図より，$\dot{I}_2$, $\dot{I}_{2a}$, $\dot{I}_{2b}$ の大きさの関係は，
　　$I_2 < I_{2a} + I_{2b}$
となるためである。
❷第3章 p.108 参照。

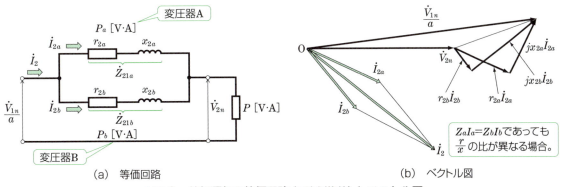

(a)　等価回路　　　(b)　ベクトル図

▲図3　並行運転の等価回路（二次側換算）とベクトル図

$I_{2a}V_{2n} = P_a$ [V・A], $I_{2b}V_{2n} = P_b$ [V・A] は各変圧器が供給している電力であり，各変圧器の定格容量を $P_A = I_{2A}V_{2n}$ [V・A], $P_B = I_{2B}V_{2n}$ [V・A] とすると，

$$\frac{P_a}{P_b} = \frac{\frac{P_A}{\%Z_a}}{\frac{P_B}{\%Z_b}} \tag{4}$$

となる。全体の負荷は $P = P_a + P_b$ [V・A] であるので，各変圧器の電力，すなわち分担する負荷 P_a [V・A], P_b [V・A] は，次式より求められる。

$$P_a = P\frac{\frac{P_A}{\%Z_a}}{\frac{P_A}{\%Z_a}+\frac{P_B}{\%Z_b}}, \quad P_b = P\frac{\frac{P_B}{\%Z_b}}{\frac{P_A}{\%Z_a}+\frac{P_B}{\%Z_b}} \tag{5}$$

$\%Z_a = \%Z_b$ のとき，各変圧器は定格負荷の状態で容量比に比例した負荷の分担をすることができる。また，変圧器が3台以上の場合でもこの関係はなりたつ。

例題 1 定格電圧の等しいA, B 2台の単相変圧器がある。Aは容量20 kV・A, $\%Z = 5\%$, Bは容量60 kV・A, $\%Z = 3\%$である。この2台の変圧器を並列に接続し，二次側に72 kV・Aの負荷を接続した。各変圧器の分担する負荷 P_a [kV・A] と P_b [kV・A] を求めよ。また，これ以上負荷を加えることができない理由を述べよ。ただし，各変圧器の抵抗とリアクタンスの比は等しいものとする。

解答 式(5)を用いて，

$$P_a = 72 \times \frac{\frac{20}{5}}{\frac{20}{5}+\frac{60}{3}} = 12\,\text{kV・A}, \quad P_b = 72 \times \frac{\frac{60}{3}}{\frac{20}{5}+\frac{60}{3}} = 60\,\text{kV・A}$$

変圧器Aはまだ余裕があるが，変圧器Bは定格いっぱいの負荷分担をしているため，72 kV・A以上の負荷を加えることはできない。

問 5 例題1の変圧器AとBの$\%Z$が等しい場合，さらに，どのくらい負荷を加えることができるか。

2 三相結線

定格および巻数比の等しい単相変圧器3台を用いて，各種の三相結線を行うことができる。このように，単相変圧器3台で三相結線された一組みを **バンク**❶ という。

❶ bank

1 Δ-Δ 結線

図4(a)において，対称三相電源の各端子をU，V，Wとする。各変圧器 T_1，T_2，T_3 の一次側端子に，$\dot{V}_{UV}$，$\dot{V}_{VW}$，$\dot{V}_{WU}$ [V] の電圧が加わるように結線する。また，二次側端子においても同じように結線する。図4(b)から，変圧器の各端子は，Δに結線されていることがわかる。このような結線法を **Δ結線**❷ といい，一次側・二次側ともΔ結線したものを，変圧器の **Δ-Δ結線**❸ という。この結線の場合の一次側の電圧・電流のベクトル図は，図5のようになる。

❷ delta connection
❸ delta-delta connection；三角-三角結線ともいう。

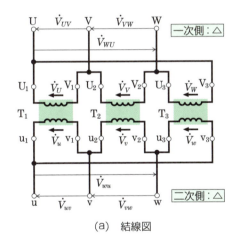

(a) 結線図

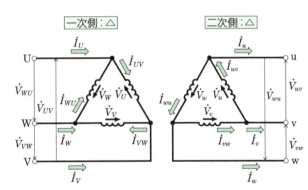

(b) 接続図

▲図4　Δ-Δ 結線

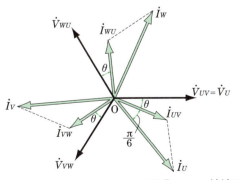

▲図5　Δ-Δ 結線の一次側ベクトル図

一次電流のベクトルは，図4の回路に $Z\angle\theta$ の負荷を接続した場合で，流れる電流には次の関係がある。

$\dot{I}_U = \dot{I}_{UV} - \dot{I}_{WU}$　ゆえに $I_U = \sqrt{3}\,I_{UV}$
$\dot{I}_V = \dot{I}_{VW} - \dot{I}_{UV}$　ゆえに $I_V = \sqrt{3}\,I_{VW}$
$\dot{I}_W = \dot{I}_{WU} - \dot{I}_{VW}$　ゆえに $I_W = \sqrt{3}\,I_{WU}$

θ：位相角（相巻線の電圧と相巻線の電流の角度であり，図の場合，電流は θ だけ遅れている。）

3　変圧器の結線　107

Δ–Δ 結線は，変圧器の相巻線❶に流れる電流が線電流❷の $\frac{1}{\sqrt{3}}$ となり，一次側線間電圧と二次側線間電圧が同相となる。線間電圧と変圧器の相巻線の電圧❸が等しく，高圧用としては，絶縁の点で不利であるため，60 kV 以下の配電用変圧器に用いられる。しかし，3 台のうち 1 台が故障しても，残り 2 台で (V–V 結線により) 運転可能❹であり，3 台分の容量の $\frac{1}{\sqrt{3}}$ の負荷に対応することができる。

なお，各変圧器の励磁電流には，基本波のほかに第 3 調波❺が含まれており，この第 3 調波は，各相とも同相である。したがって，第 3 調波電流は巻線内を循環電流として流れるので，高調波電圧は線間電圧に現れず，波形のひずみが生じない。

2 Δ–Y 結線

図 4(a) の各変圧器の一次側を Δ 結線のまま，二次側を図 6 のように，Y 字に結線する方式を，変圧器の **Δ–Y 結線**❻という。図 7 のベクトル図において，一次電圧 $\dot{V}_{UV}$ [V] と二次電圧 $\dot{V}_{uv}$ [V] の位相差を**位相変位**❼という。位相角は，一次側を基準にして二次側をみるので，図 7 の場合，二次側の $\dot{V}_{uv}$ は $\dot{V}_{UV}$ よりも $\frac{\pi}{6}$ rad 進んでいる。❽

❶三相巻線のうち 1 相を構成する巻線を相巻線という。
❷相電流ともいう。
❸相電圧ともいう。
❹第 3 章 p.110 参照。
❺周波数の異なる交流が混ざり，ひずみ波となっている場合，その中で周波数の最も低い成分を基本波といい，その 3 倍の周波数成分を第 3 調波，または第 3 高調波という。高調波成分は，波形がひずむ原因となる。
❻ delta-star connection；三角–星形結線ともいう。
❼角変位ともよばれる。
❽基準のベクトルに対して時計方向を遅れ，逆方向を進みという。

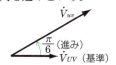

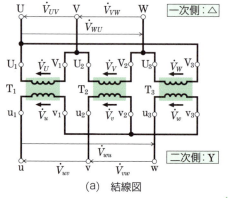

(a) 結線図

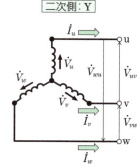

(b) 接続図

▲図 6 Δ–Y 結線

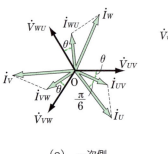

(a) 一次側

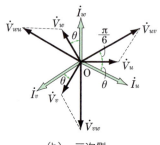

(b) 二次側

▲図 7 Δ–Y 結線のベクトル図

電流のベクトルは，図6の回路に $Z∠θ$ の負荷を接続した場合で，二次側の電圧には次の関係がある。

$\dot{V}_{uv} = \dot{V}_u - \dot{V}_v$　ゆえに $V_{uv} = \sqrt{3} V_u$
$\dot{V}_{vw} = \dot{V}_v - \dot{V}_w$　ゆえに $V_{vw} = \sqrt{3} V_v$
$\dot{V}_{wu} = \dot{V}_w - \dot{V}_u$　ゆえに $V_{wu} = \sqrt{3} V_w$

$θ$：位相角(相巻線の電圧と相巻線の電流の角度であり，図の場合，電流は $θ$ だけ遅れている。)

Δ-Y 結線では，二次側の線間電圧は，相巻線の電圧の $\sqrt{3}$ 倍になり，線電流は相巻線の電流に等しい。この結線方法は，送電線の送電端（発電所）などのように，電圧を高くする場合に用いられる。

一次側に Δ 結線があるので，第 3 調波電流は巻線内を循環し，二次側には流れないので，通信障害がない。また，Y 結線の中性点が接地できるなどの特徴がある。

3 Y-Δ 結線

図 8(a)に示すように，各変圧器の一次側を Y 結線，二次側を Δ 結線にする方式を変圧器の **Y-Δ 結線**[1] という。図 8(b)はこの結線の電圧ベクトル図であり，二次側では，線間電圧と相巻線の電圧は等しい。Y-Δ 結線は，送電線の受電端などのように，電圧を低くする場合に用いられる。

[1] star-delta connection；星形-三角結線ともいう。

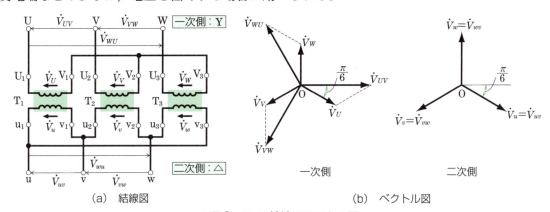

(a) 結線図　　(b) ベクトル図

▲図 8　Y-Δ 結線のベクトル図

問 6　図 8 の場合の位相変位はいくらか。

4 Y-Y 結線

図 9(a)に示すように，各変圧器の一次，および二次側を Y 結線にする方式を変圧器の **Y-Y 結線**[2] という。図 9(b)の一次側・二次側の電圧ベクトル図より，線間電圧は相巻線の電圧の $\sqrt{3}$ 倍になることがわかる。

[2] star-star connection；星形-星形結線ともいう。

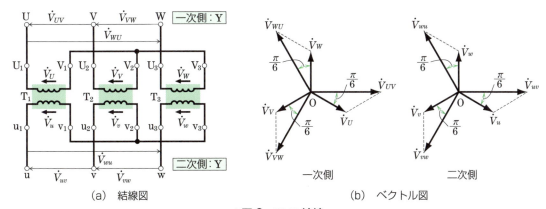

(a) 結線図　　(b) ベクトル図

▲図 9　Y-Y 結線

3　変圧器の結線　109

Y-Y 結線には，第3調波の流れる回路がないため，電圧波形がひずみ，これが原因となって，近くの通信線に雑音などの障害を与える。このため，Y-Y 結線は，変圧器の絶縁がほかの方式より容易であるなどの利点があるが，特別な場合のほかは使用されない。

5 V-V 結線

単相変圧器2台を用いて，図10(a)に示すように結線する方法を，**V-V 結線**❶という。すなわち，3台の単相変圧器を用いて Δ-Δ 結線したものから，1台の変圧器を取り除くと V-V 結線になる。

❶ V-V connection

結線は，各変圧器の端子記号に注意して，図10(a)のように行う。図10(b)にその接続図を示す。

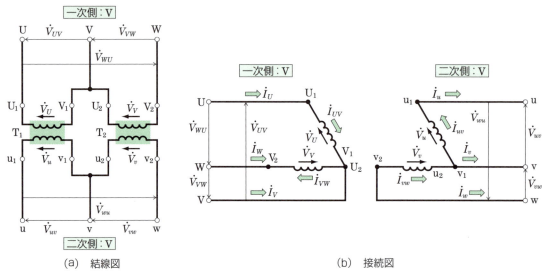

(a) 結線図　　　　　　　　　(b) 接続図

▲図10　V-V 結線

図10において，一次側に対称三相電圧 $\dot{V}_{UV}$ [V]，$\dot{V}_{VW}$ [V]，$\dot{V}_{WU}$ [V] を加えると，線間電圧と相巻線の電圧との間には $\dot{V}_{UV} = \dot{V}_U$，$\dot{V}_{VW} = \dot{V}_V$，$\dot{V}_{WU} = -(\dot{V}_U + \dot{V}_V)$ がなりたつ。同様に，二次側の線間電圧と相巻線の電圧の間には，$\dot{V}_{uv} = \dot{V}_u$，$\dot{V}_{vw} = \dot{V}_v$，$\dot{V}_{wu} = -(\dot{V}_u + \dot{V}_v)$ がなりたつ。

V-V 結線に力率角 θ の負荷を接続すると，二次側には線電流 $\dot{I}_u$ [A]，$\dot{I}_v$ [A]，$\dot{I}_w$ [A] が流れる。これらの電流は Δ-Δ 結線の場合と同じように，各線間電圧 $\dot{V}_{uv}$ [V]，$\dot{V}_{vw}$ [V]，$\dot{V}_{wu}$ [V] より $\frac{\pi}{6} + \theta$ [rad] 遅れる。これに対する一次線電流も一次線間電圧より $\frac{\pi}{6} + \theta$ [rad] 遅れとなる。これらの関係を示した図11のベクトル図より，$\dot{V}_{uv}$ [V]，$\dot{V}_{vw}$ [V]，$\dot{V}_{wu}$ [V] は，対称三相電圧であることがわかる。

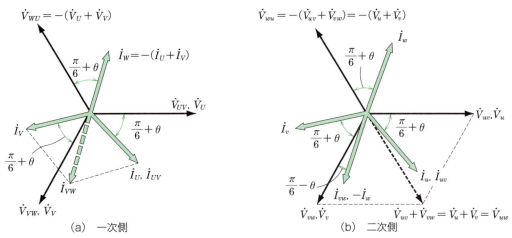

▲図 11　V-V 結線のベクトル図

V-V 結線のバンクの出力 P_V [W] は，変圧器 T_1，T_2 の出力をそれぞれ P_1 [W]，P_2 [W] とし，二次側の定格電圧を V_n，定格電流を I_n とすると，次式で表される。

$$P_V = P_1 + P_2 = V_n I_n \left\{ \cos\left(\frac{\pi}{6} + \theta\right) + \cos\left(\frac{\pi}{6} - \theta\right) \right\}$$
$$= \sqrt{3} V_n I_n \cos\theta \tag{6}$$

式(6)から，V-V 結線のバンク容量は $\sqrt{3} V_n I_n$ [V·A] となり，変圧器 1 台の定格容量 $V_n I_n$ の $\sqrt{3}$ 倍となる。V-V 結線では 2 台の変圧器を用いるので，設備容量は $2 V_n I_n$ であるが，実際には $\sqrt{3} V_n I_n$ しか利用できないことになる。設備の容量がどれだけ有効に利用されているかを表す場合の利用率は，次式から求められる。

$$\text{利用率} = \frac{\text{V 結線のバンク容量}}{\text{V 結線の設備容量}} = \frac{\sqrt{3} V_n I_n}{2 V_n I_n} = \frac{\sqrt{3}}{2} = 0.866 \tag{7}$$

これは，V-V 結線により得られる容量が，2 台分の容量の 86.6 % であることを示している。

また，Δ-Δ 結線のときのバンク容量を $P_\Delta = 3 V_n I_n$，V-V 結線のバンク容量を $P_V = \sqrt{3} V_n I_n$ とすると，容量比 $\frac{P_V}{P_\Delta}$ は，次のようになる。

$$\text{容量比} = \frac{\text{V 結線のバンク容量}}{\text{Δ 結線のバンク容量}} = \frac{\sqrt{3} V_n I_n}{3 V_n I_n} = \frac{1}{\sqrt{3}} = 0.577 \tag{8}$$

これは，V-V 結線の容量が変圧器 3 台で運転していたときの容量に対して，57.7 % に減ったことを示している。

問 7　20 kV·A の単相変圧器 2 台を用いて，V-V 結線にした場合，これに接続できる三相負荷の容量 P_V [kV·A] を求めよ。

■節末問題

1 図 12 の T_1, T_2 は定格が等しい変圧器である。次の各問いに答えよ。

(1) T_1 の二次側端子①の記号を示せ。

(2) T_2 の一次側端子②の記号を示せ。

(3) スイッチ S を閉じたとき、ヒューズが溶断した場合と、溶断しない場合の③、④の記号を示せ。

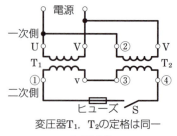

▲図 12 変圧器T_1, T_2の定格は同一

2 定格容量 10 kV·A, 定格二次電圧 200 V の単相変圧器が 3 台ある。次の各問いに答えよ。ただし、変圧器の巻数比は 15 である。

(1) Δ-Δ 結線のときの容量 P_Δ [kV·A] を求めよ。

(2) 変圧器を 2 台用いて V-V 結線としたときの容量 P_V [kV·A] を求めよ。

(3) Δ-Δ 結線とし、定格負荷を接続したときの一次電流 I_1 [A]、二次電流 I_2 [A]、および巻線に流れる電流 I_1' [A]、I_2' [A] を求めよ。

3 単相変圧器 3 台を用いて Δ-Y 結線とし、三相電圧 20 000 V を 6 000 V に下げて、5 000 kW、力率 80 % の三相負荷に電力を供給している。このとき、変圧器 1 台が負担している容量 P_1 [kV·A]、および一次電流 I_1 [A]、二次電流 I_2 [A] を求めよ。

4 巻数比 15 の単相変圧器 3 台を用いて Y-Δ 結線とし、二次線間電圧 200 V で、三相平衡負荷 100 kV·A に電力を供給している。変圧器の一次巻線・二次巻線に流れる電流 I_1' [A]、I_2' [A]、および一次線間電圧 V_1 [V] を求めよ。

5 50 kV·A の単相変圧器 3 台を用いて、Δ-Δ 結線とし、150 kV·A の電力を供給している。しかし、1 台の変圧器が故障したので V-V 結線にして運転をしたい。この場合の負荷容量 P_V [kV·A] を求めよ。

6 定格容量 500 kV·A の単相変圧器 3 台を Δ-Δ 結線 1 バンクとして使用している。ここで、同一仕様の単相変圧器 1 台を追加し、V-V 結線 2 バンクとして使用するとき、全体として増加させることができる三相容量 P' [kV·A] を求めよ。

4節 各種変圧器

この節で学ぶこと　これまでは，単相変圧器について学んできたが，変圧器にはこのほか，発電所・変電所などで多く使われている三相変圧器や出力電圧の調整に用いられる単巻変圧器などがある。また，ネオン変圧器として広く用いられている磁気漏れ変圧器など，特殊な構造の変圧器もある。ここでは，これらの変圧器の原理・構造・用途などについて学ぼう。

1 三相変圧器

1 構造

送電系統などに用いられる大電力用の変圧器は，ほとんどが **三相変圧器**❶ である。その例を図1に示す。この三相変圧器にも，単相変圧器と同じように，内鉄形と外鉄形のものがある。

❶ three-phase transformer

a 内鉄形　図2(a)に示すように，内鉄形三相変圧器では，鉄心の各脚部に，各相の一次巻線および二次巻線が巻いてある。この一次巻線を三相結線し，これに対称三相電圧を加えるとき，各巻線に生じる磁束を，それぞれ $\dot{\Phi}_U$ [Wb], $\dot{\Phi}_V$ [Wb], $\dot{\Phi}_W$ [Wb], とする。このとき，鉄心の①の部分を通る磁束 $\dot{\Phi}_0$ [Wb] は，次式で表される。

$$\dot{\Phi}_0 = \dot{\Phi}_U + \dot{\Phi}_V + \dot{\Phi}_W \tag{1}$$

▲図1　三相変圧器

図2(b)は，そのベクトル図である。

なお，磁束は電圧より位相が $\frac{\pi}{2}$ rad だけ遅れる。一次電圧が対称三相電圧であるから，磁束も対称三相になり，式(1)は0となる。

$$\dot{\Phi}_0 = \dot{\Phi}_U + \dot{\Phi}_V + \dot{\Phi}_W = 0 \tag{2}$$

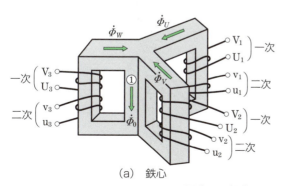

(a)　鉄心

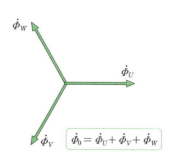

(b)　磁束のベクトル図

▲図2　三相変圧器の鉄心と磁束

このことから，鉄心①の部分の磁束は0となり，この部分の鉄心は，図3(a)に示すように，なくてもよいことになる。しかし，①の部分を取り除いた鉄心は，製作上不便であるため，実際には，図3(b)のような平面的な鉄心を用いている。このようにすると，A，B，Cの三相のうち，中央のB相の磁路が外側のA，C相の磁路よりいくらか短いので，磁気抵抗が異なり，励磁電流が不平衡になる。しかし，その値は小さいので，実用上支障はない。

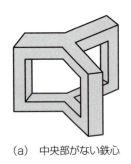
(a) 中央部がない鉄心

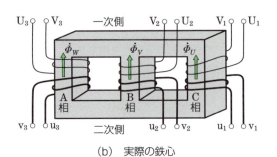
(b) 実際の鉄心

▲図3 内鉄形

b 外鉄形 図4(a)に外鉄形三相変圧器の各巻線のようすを示す。鉄心の中央部分の巻線①，②は，ほかの二つの巻線の向きと反対になるように巻く。

図4(a)のように，一次側に対称三相電圧を加えると，電流 $\dot{I}_U$ [A]，$\dot{I}_V$ [A]，$\dot{I}_W$ [A] が流れ，鉄心中央部分を通る主磁束 $\dot{\Phi}_U$ [Wb]，$\dot{\Phi}_V$ [Wb]，$\dot{\Phi}_W$ [Wb] が生じる。この主磁束と鉄心のQ，R部の磁束 $\dot{\Phi}_Q$ [Wb]，$\dot{\Phi}_R$ [Wb] との関係は次式で表される。

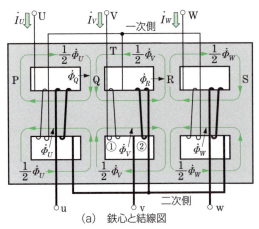
(a) 鉄心と結線図

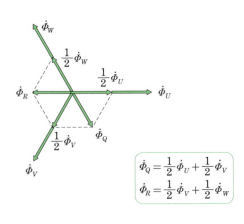
(b) 磁束のベクトル図

$$\dot{\Phi}_Q = \frac{1}{2}\dot{\Phi}_U + \frac{1}{2}\dot{\Phi}_V$$
$$\dot{\Phi}_R = \frac{1}{2}\dot{\Phi}_V + \frac{1}{2}\dot{\Phi}_W$$

▲図4 外鉄形

$$\dot{\Phi}_Q = \frac{1}{2}\dot{\Phi}_U + \frac{1}{2}\dot{\Phi}_V, \qquad \dot{\Phi}_R = \frac{1}{2}\dot{\Phi}_V + \frac{1}{2}\dot{\Phi}_W \qquad (3)$$

ここで，図4(b)のベクトル図からもわかるように，鉄心のP，T，S部およびQ，R部を通る磁束の大きさは，主磁束の半分となることから，鉄心P，T，S部およびQ，R部の断面積は，鉄心中央部分の半分でよい。このことは，鉄心材料の節約になる。

問 1 図3(b)において，B相の励磁電流は，ほかの励磁電流より大きくなるか，小さくなるか。

問 2 内鉄形と外鉄形の変圧器は，巻線上，どのような点が違うか。

2 三相変圧器と単相変圧器3台の得失

三相変圧器，および単相変圧器3台による三相結線には，それぞれ次に示す特徴がある。

◆**三相変圧器の利点**◆

1) 鉄心材料が少なくてすみ，軽くすることができる。
2) すえつけ床面積が小さい。
3) ブッシングや油の量が少なく，価格も安い。
4) 結線が容易である。

◆**単相変圧器3台の利点**◆

1) Δ-Δ結線で1台が故障した場合，ほかの2台でV-V結線にして運転し，その間，故障相の変圧器を修理することができる。三相変圧器の場合には，1相が故障しても変圧器全体を交換しなければならない。
2) 故障などに備える予備変圧器の設備費が少なくてすむ。たとえば150 kV·Aの容量を必要とする場合，三相変圧器では150 kV·Aの変圧器を準備する必要があるが，50 kV·Aの単相変圧器を予備として用意すればよい。

2 特殊変圧器

1 単巻変圧器

a 原理 単巻変圧器[❶]は，図5に示すように，巻線は一つしかなく，巻線の一部から端子が出ている。

❶ auto-transformer

図5において，巻線の共通部分 ab を **分路巻線**❶，共通でない部分 bc を **直列巻線**❷ という。

分路巻線の巻数を N_1，全体の巻数を N_2 とすると，分路巻線に加える電圧 $\dot{V}_1$ [V] と，全体の巻線に誘導される電圧 $\dot{V}_2$ [V] との間には，次の関係がなりたつ。

$$\frac{\dot{V}_1}{\dot{V}_2} = \frac{N_1}{N_2} = a \tag{4}$$

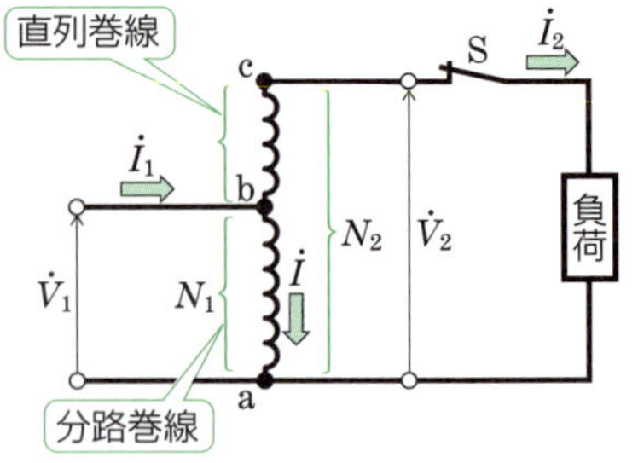

a は，巻線の巻数比である。❸

次に，二次側端子 a, c 間に負荷を接続したとき，流れる負荷電流を $\dot{I}_2$ [A]，一次側に流れる電流を $\dot{I}_1$ [A] とし，巻線の励磁電流を無視すると，$\dot{I}_1$ と $\dot{I}_2$ の間には，次の関係がなりたつ。

$$N_1(\dot{I}_1 - \dot{I}_2) = (N_2 - N_1)\dot{I}_2 \quad \text{ゆえに}, \quad \frac{\dot{I}_1}{\dot{I}_2} = \frac{N_2}{N_1} = \frac{1}{a} \tag{5}$$

また，分路巻線に流れる電流 $\dot{I}$ [A] は，次式で表される。

$$\dot{I} = \dot{I}_1 - \dot{I}_2 = (1-a)\dot{I}_1 \tag{6}$$

b 容量 単巻変圧器は，分路巻線を一次巻線，直列巻線を二次巻線としてふつうの変圧器のように動作するので，その容量 P_s [V·A] は，次式で表される。

$$P_s = (V_2 - V_1)I_2 = \left(1 - \frac{V_1}{V_2}\right)V_2 I_2 = (1-a)V_2 I_2 \tag{7}$$

P_s は，変圧器自身の容量であるから，**自己容量**❹ とよばれる。

図5において，二次端子 a, c から取り出せる出力 P_l [V·A] は，次式で表される。

$$P_l = V_2 I_2 \tag{8}$$

この P_l を **負荷容量**❺ という。単巻変圧器の定格容量は，自己容量や負荷容量で表される。なお，単巻変圧器は，一次巻線・二次巻線が共通であるため，漏れ磁束が少なく，電圧変動率も小さい。したがって，効率がよいので，三相結線にして電力系統の電圧調整や，小容量の滑り電圧調整器などに広く使われる。ただし，一次・二次巻線が共通なため，その間が絶縁されていない。そのため，低電圧側も高電圧側と同じ絶縁を施す必要がある。

▲図5 単巻変圧器

❶ shunt winding
❷ series winding
❸ 第3章 p.78 参照。

❹ self capacitance

❺ load capacitance；線路容量 (line capacity) ともいう。

問 3 図5において，一次端子電圧 V_1 が 200 V，二次端子電圧 V_2 が 240 V，二次負荷電流 I_2 が 20 A のとき，自己容量 P_s [kV・A]，負荷容量 P_l [kV・A]，分路巻線の電流 I [A] を求めよ。

2 三巻線変圧器

図6(a)に示すように，三つの巻線をもつ変圧器を **三巻線変圧器**❶ といい，それぞれの巻線を **一次巻線・二次巻線・三次巻線** という。図6(b)は二次側を一次側に換算した等価回路である。三巻線変圧器は，単相のまま用いるほか，三相結線されて次のような場合に用いられる。

❶ three-winding transformer

1) 一次・二次を Y-Y 結線にして，三次を Δ 結線(安定巻線ともいう)として使用する。❷

❷第3調波の発生を防ぐためである。

2) 送電線の終端に設置し，三次巻線に調相機や進相用コンデンサを接続し，一次回路の力率改善と電圧調整をして定電圧送電を行う。

3) 三巻線のうち二つの巻線を一次として，電圧の異なる2系統から受電し，残りの巻線を二次として負荷に送電する。

4) 一次で受電し，二次巻線および三次巻線の2系統で異なる電圧の電力を供給する。

❸ leakage transformer

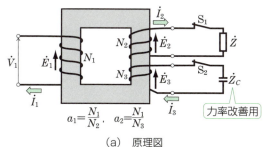

(a) 原理図　　(b) 等価回路(二次側を一次側に換算した回路)

▲図6　三巻線変圧器

3 磁気漏れ変圧器

図7(a)に示すように，磁路の一部にギャップがある鉄心に，一次巻線・二次巻線を巻いた変圧器を **磁気漏れ変圧器**❸ という。この変圧器は，図7(b)に示すように，負荷電流 I_2 [A] が増加すると，漏れ磁束が増加し，二次側端子電圧が急激に減少する。このような特性を示す領域では，電圧が変わっても負荷電流が一定に保たれる。したがって，この特性は **定電流特性** とよばれる。

▶図7　磁気漏れ変圧器

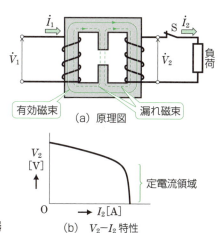

(a) 原理図

(b) V_2-I_2 特性

磁気漏れ変圧器は，定電流特性をもつため，蛍光灯安定器やアーク溶接機用変圧器，図8のような，ネオンを点灯するためのネオン管用変圧器などに用いられる。

問 4 磁気漏れ変圧器がネオン管用変圧器に適するのはなぜか。

4 スコット結線変圧器

三相3線式の電源から，大容量の単相負荷に電力を供給する場合，三相のうちの一相だけからの供給では三相電源に不平衡を生じる。このような場合，三相式を二相式に変成すると三相電源に平衡負荷をかけることができる。図9は，M変圧器，T変圧器とよばれる単相変圧器2台を用いて，三相から二相に変換する方法で，**スコット結線**または**T結線**とよばれる。2台の変圧器をまとめて一つの外箱に納めたものを**スコット結線変圧器**という。

図9に示すように，一次側は，M変圧器の中央タップOにT変圧器の一端U_2を結線する。T変圧器は全巻数の86.6％の点からタップを出し，これとM変圧器の両端U_1, V_1を三相3線式の電源に結線する。このとき，二次側の結線を図のようにしておけば，位相の異なる二相電圧が得られ，相数の変換ができる。負荷はa-o間，b-o間に接続して利用する。

一次電圧　100 V
二次電圧　15 kV

▲図8　ネオン管用変圧器の例

❶相数を変成することを相数変換（phase conversion）という。
❷ Scott connection
❸ T-connection

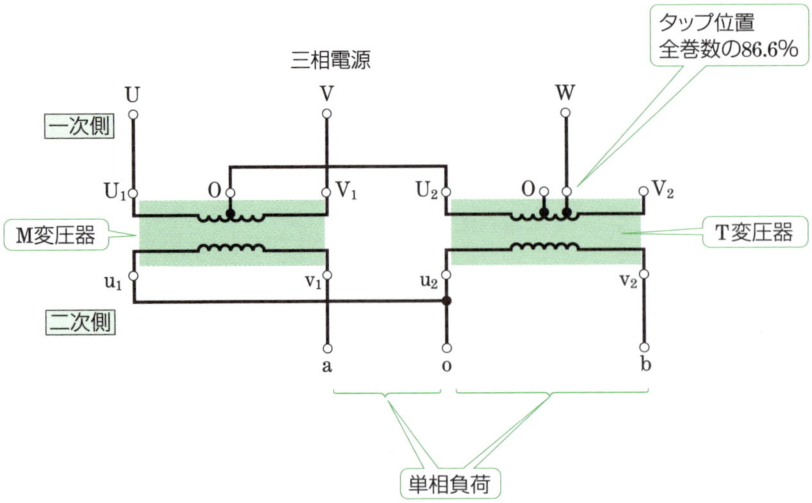

▲図9　スコット結線の結線図

図10は，スコット結線の接続図と電圧のベクトル図である。図10(b)のベクトル図より，次の関係式が得られる。

$$\left.\begin{array}{l}\dot{V}_{UV} = \dot{E}_M \\ \dot{V}_{VW} = -\dfrac{\dot{E}_M}{2} - \dot{E}_T \\ \dot{V}_{WU} = \dot{E}_T - \dfrac{\dot{E}_M}{2}\end{array}\right\} \quad (9)$$

　また，$\dot{E}_T$の大きさE_Tは，E_Mの$\dfrac{\sqrt{3}}{2}$倍であり，M変圧器の巻数比をaとすれば，T変圧器の巻数比は$a \times \dfrac{\sqrt{3}}{2}$となる。したがって，二次側の起電力の大きさ$E_m$ [V]，E_t [V] は次式で表される。

$$\left.\begin{array}{l}E_m = E_M \times \dfrac{1}{a} \\ E_t = \dfrac{\sqrt{3}}{2} E_M \times \dfrac{1}{a} \times \dfrac{2}{\sqrt{3}} = E_M \times \dfrac{1}{a}\end{array}\right\} \quad (10)$$

　なお，二次側の起電力E_tはE_mより位相が$\dfrac{\pi}{2}$rad進んでおり，完全な二相式となる。2台とも同じ定格の変圧器を使用する場合の利用率は，86.6％となる。

　この変圧器は，大電力を必要とする単相電気炉や，電気鉄道の変電所などに使用される。

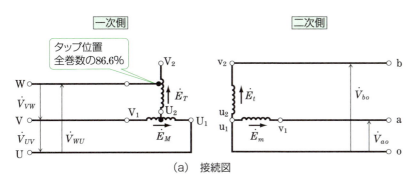

(a) 接続図

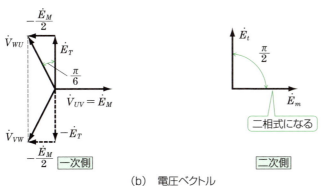

(b) 電圧ベクトル

▲図10　スコット結線

3 計器用変成器

　送配電系統の高電圧・大電流を一般の指示計器を用いて直接測定することは危険である。このような場合には，高圧回路と絶縁し，低電圧・小電流に変成して測定する。このために用いる変圧器を計器用変成器といい，変流器と計器用変圧器とがある。

1 変流器

　図 11 (a) に示す一次巻線・二次巻線の巻数がそれぞれ N_1, N_2 の変圧器がある。一次巻線に被測定電流 I_1 [A] を流し，二次電流 I_2 [A] を電流計 A で測定すると，I_1 は，次式から求められる。

$$I_1 = \frac{N_2}{N_1} I_2 = \frac{1}{a} I_2 = K_{CT} I_2 \tag{11}$$

　たとえば，$N_1 = 10$, $N_2 = 1000$ とすれば，$I_1 = 100 I_2$ となる。そこで，$I_2 = 2$ A であれば，$I_1 = 200$ A である。すなわち，電流計 A が 2 A を指示しているときには，I_1 は 200 A であることがわかる。したがって，電流計 A の最大目盛が 5 A であれば，500 A まで測定できることになる。

　このような目的で用いられる変圧器は，**変流器** (CT)❶ とよばれ，K_{CT} の値は **変流比**❷ という。

　変流器には，図 11 (a) に示すように，一次巻線・二次巻線とも鉄心に巻いた形式のものや，図 12 (a) に示すように，一次巻線のかわりに 1 本の配線ケーブルや棒状導体を鉄心に貫通させた貫通形とよばれるものがある。図 11 (b)，図 12 (b) と図 12 (c) はそれぞれの外観を示す。また，図 11 (c) に変流器の図記号を示す。

❶ current transformer

❷ current transformation ratio

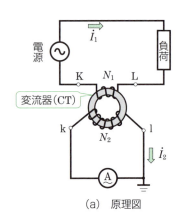
(a) 原理図

6.9 kV　1000 / 5A　40 V・A
(b) 外観

(c) 図記号
（単線図表示の場合）
（複線図表示の場合）

▲図 11　変流器

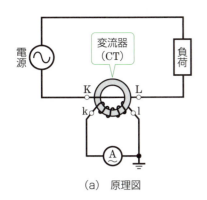
(a) 原理図

1.15 kV　200／5 A　15 V·A
(b) 丸窓形

1.15 kV　2500／5 A　15 V·A
(c) 角窓形

▲図12　変流器（貫通形）

◆**負担**◆　負担とは，変流器の二次側に接続される負荷のことで，定格負担は，変流器の定格二次電流のもとで負荷に消費される皮相電力[V·A]のことである。変流器の負荷は通常，電流計や電力計などである。たとえば，定格二次負担 40 V·A，定格二次電流 5 A の変流器の二次回路のインピーダンス Z [Ω] は，次のようになる。

$$Z = \frac{定格二次負担}{(定格二次電流)^2} = \frac{40}{5^2} = 1.6$$

したがって，定格負担 40 V·A の変流器では，接続される計器や配線などのインピーダンスの合計が，1.6 Ω 以下となるようにする必要がある。

なお，**通電中に CT の二次側から計器を取り外す場合には，必ず二次側を短絡しておかなければならない。**二次側を開放のままで，一次側に被測定電流を流すと，被測定電流がすべて励磁電流となり，CT のコイルに高圧が発生し，焼損するおそれがある。また，焼損しなくても人体に危険である。

❶ burden

❷ JIS C 1731-1 : 1998 に，1 A または 5 A と規定されている。

2　計器用変圧器

図13に示す一次巻線・二次巻線の巻数がそれぞれ N_1，N_2 の変圧器がある。一次側に被測定電圧 V_1 [V] を加え，二次電圧 V_2 [V] を電圧計 V で測定すると，V_1 は，次式から求められる。

$$V_1 = \frac{N_1}{N_2} V_2 = aV_2 = K_{VT}V_2 \tag{12}$$

たとえば，巻数比 $a = \frac{N_1}{N_2} = 100$ であれば，電圧計 V が 100 V を指示しているときには，被測定電圧 $V_1 = 10\,000$ V であることがわかる。

4　各種変圧器　**121**

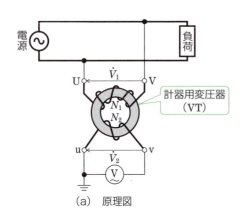

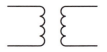

(a) 原理図　　　(b) 外観　　　(c) 図記号

▲図13　計器用変圧器

このような目的で用いられる変圧器を**計器用変圧器**(VT)❶といい、K_{VT}の値は**変圧比**❷という。図13(b)は、計器用変圧器の外観を示したものである。図13(c)に計器用変圧器の図記号を示す。

◆**負担**◆　変流器の場合と同様に、計器用変圧器から負荷に供給される皮相電力[V・A]を負担という。計器用変圧器の定格二次電圧は110Vまたは、$\frac{110}{\sqrt{3}}$V❸に統一されており、電圧計には、最大目盛が150Vと$\frac{150}{\sqrt{3}}$Vのものが用いられる。電圧が110Vで負担が50V・Aであれば、負荷インピーダンスは242Ω❹であることがわかる。

3　回路へのCTとVTの接続

図14は、CT、VTを用いた接続の例である。CTは測定回路の接地線側につなぐ。電流計の回路はまえに学んだとおり、二次側を開いてはならない。また、「電気設備の技術基準の解釈」(第28条)によると、**高圧以上の場合、CT、およびVTの二次側電路は、接地工事を施さなければならない**❺。

❶ VT；voltage transformer、これはPT (potential transformer) ともいう。

❷ ratio of transformation

❸ JIS C 1731-2 : 1998 に規定されている。

❹ $I = \frac{50}{110} = 0.455$ A
ゆえに、
$Z = \frac{110}{0.455}$
$= 242$ Ω

❺ 接地することによって、CT、VTの一次・二次間に絶縁不良の状態があっても、人体に衝撃を与えない。

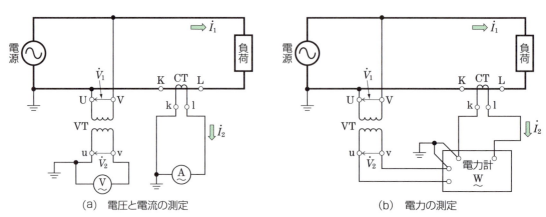

(a) 電圧と電流の測定　　　(b) 電力の測定

▲図14　変流器と計器用変圧器の回路

問 5 CTとVTはどう違うか。

問 6 CTの二次側を接地するのは何のためか。

問 7 図14(b)で，VT，CTのK_{VT}，K_{CT}の値はそれぞれ100，20であり，電力計Wの指示は5 kWであった。回路の消費電力を求めよ。

4 CT，VTを用いる利点

CT，VTを用いると，電流・電圧の測定範囲を拡大することができる。

CT，VTを用いる利点として，次のことがあげられる。

◆**通常の計器の使用**◆　大電流や高電圧をはかる必要がある場合でも，最大目盛が5 A，150 Vというような通常の電流計や電圧計を用いることができる。

◆**測定の安全**◆　大電流・高電圧の回路から絶縁された二次回路で，測定ができるので安全である。

◆**遠隔測定**◆　二次回路を長くすれば，実際の回路から離れた場所で測定ができるので，計測の集中管理などに便利である。

■節末問題■

1 図15の変圧器は，直列巻線の巻数が100，分路巻線の巻数が900である。二次電圧が1000 Vで，100 kWの抵抗負荷を接続したときの各部の電流I_1 [A]，I_2 [A]，I [A]，および一次電圧V_1 [V]を求めよ。

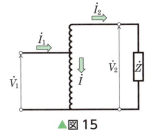

▲図15

2 図16に示すように，定格一次電圧6 000 V，定格二次電圧6 600 Vの単相単巻変圧器がある。消費電力100 kW，力率75 %（遅れ）の単相負荷に定格電圧で電力を供給するために必要な単巻変圧器の自己容量 [kV·A] として，最も近いものを次の(1)～(5)より選べ。ただし，巻線の抵抗，漏れリアクタンス，および鉄損は無視できるものとする。

(1) 9.1　(2) 12.1　(3) 100
(4) 121　(5) 133

3 CTの二次側を開いたまま通電してはならない。その理由を述べよ。

4 分流器や直列抵抗器に比べて，CT，VTはどのような特徴があるか。

▲図16

この章の まとめ

1節

① 電源と接続する巻線を一次巻線，負荷と接続する巻線を二次巻線という。▶p.73

② 変圧器を構造的にみると，内鉄形と外鉄形に分けられる。▶p.74

③ 変圧器の誘導起電力 E_1 [V]，E_2 [V] は，それぞれ次のように表される。▶p.78

$$E_1 = \frac{1}{\sqrt{2}} \Phi_m \omega N_1 = 4.44 f N_1 \Phi_m, \qquad E_2 = \frac{1}{\sqrt{2}} \Phi_m \omega N_2 = 4.44 f N_2 \Phi_m$$

④ 変圧器の巻数比は，$\dfrac{E_1}{E_2} = \dfrac{N_1}{N_2} = \dfrac{I_2}{I_1} = a$ で表される。▶p.78

⑤ 変圧器の励磁回路の励磁アドミタンスは，励磁コンダクタンスと励磁サセプタンスのベクトル和で表すことができる。▶p.79

⑥ 変圧器を抵抗分とリアクタンス分で表した回路を等価回路という。変圧器の諸量の計算には，簡易等価回路が用いられる。▶p.81〜83

2節

⑦ 電圧変動率 ε [%] は，次のように表される。▶p.86〜88

$$\varepsilon = \frac{V_{20} - V_{2n}}{V_{2n}} \times 100, \qquad \varepsilon = p\cos\theta + q\sin\theta$$

⑧ 変圧器の二次側（低圧側）を短絡し，一次側に定格一次電流を流したときの一次電圧を測定することにより，変圧器のインピーダンスの大きさ Z_{12} が求められる。▶p.89

⑨ 変圧器のインピーダンスの大きさを Z_{12}，基準インピーダンスを Z_n とすると，短絡インピーダンス %Z [%] は，次式で表される。▶p.90

$$\%Z = \frac{Z_{12}}{Z_n} \times 100$$

⑩ 変圧器の損失には，無負荷損と負荷損があり，無負荷損の大部分は鉄損であり，負荷損の大部分は銅損である。▶p.93〜94

⑪ 変圧器の負荷が全負荷の x 倍のときの効率 η_x [%] は，次式で表される。▶p.96

$$\eta_x = \frac{x V_{2n} I_{2n} \cos\theta}{x V_{2n} I_{2n} \cos\theta + P_i + x^2 P_{cn}} \times 100$$

⑫ 全日効率 η_d [%] は日単位で考えた変圧器の効率であり，次式で表される。▶p.97

$$\eta_d = \frac{Pt}{Pt + 24 P_i + P_c t} \times 100$$

⑬ 変圧器の巻線抵抗は，次の式を用いて $T = 75$ ℃に温度補正を行う。▶p.98

$$R_{75} = \frac{235 + T}{235 + t} R_t = \frac{310}{235 + t} R_t$$

⑭ 変圧器油には，次の条件が要求される。▶p.99
 (1) 絶縁耐力が大きく，引火点が高く，凝固点が低い。
 (2) 化学的に安定で，高温においても反応しない。
 (3) 冷却作用が大きい。
 (4) 環境への影響が少ない。

3節

⑮ 変圧器には減極性と加極性があり，日本では減極性が標準となっている。▶p.103

⑯ 変圧器を並行運転する場合，次の条件が必要である。▶p.105
 (1) 極性が一致していること。
 (2) 巻数比が等しいこと。
 (3) 巻線抵抗と漏れリアクタンスの比が等しいこと。
 (4) 短絡インピーダンスが等しいこと。

⑰ 三相結線の方法には，Δ結線，Y結線，V結線がある。三相巻線のうち1相分を構成する巻線を相巻線という。▶p.107～111

⑱ 位相変位とは，三相変圧において一次電圧を基準にして，二次電圧をみたときの位相角をいう。時計方向を遅れ，逆方向を進みとする。▶p.108

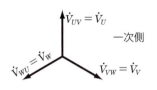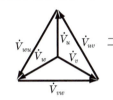

▲図1 Δ-Y結線のベクトル図の例

⑲ Y-Y結線は，特別な場合のほかは使用されない。▶p.109～110

⑳ V-V結線の二次線間電圧 $\dot{V}_{uv}$ [V]，$\dot{V}_{vw}$ [V]，$\dot{V}_{wu}$ [V] は，$\dot{V}_{wu} = -(\dot{V}_{uv} + \dot{V}_{vw})$ で表され，対称三相電圧となる。▶p.110

㉑ V-V結線の利用率は $\dfrac{\sqrt{3}}{2} = 0.866$，出力比は $\dfrac{1}{\sqrt{3}} = 0.577$ である。▶p.111

4節

㉒ 単巻変圧器の定格容量には，自己容量 P_s [V·A] と負荷容量 P_l [V·A] があり，それぞれ次のように表される。▶p.116

$$P_s = (1-a)V_2 I_2, \quad P_l = V_2 I_2$$

㉓ 磁気漏れ変圧器は，定電流特性をもっている。▶p.117

㉔ スコット結線変圧器は，一次側の三相3線式電源を二次側で二相式に相数変換することができ，大容量の単相負荷に電力を供給する場合に使用される。▶p.118～119

㉕ 計器用変成器には，大電流を測定するときに用いる変流器 (CT) と，高電圧を測定するときに用いる計器用変圧器 (VT) とがある。▶p.120～122

㉖ 変流器の一次巻線の被測定電流 I_1 [A] は，次のように表される。▶p.120

$$I_1 = \dfrac{N_2}{N_1} I_2 = \dfrac{1}{a} I_2$$

㉗ 計器用変圧器の一次側の被測定電圧 V_1 [V] は，次のように表される。▶p.121

$$V_1 = \dfrac{N_1}{N_2} V_2 = a V_2$$

章末問題

1. p.76 の図7のように，低圧側の巻線を鉄心の近くにする理由はなぜか。

2. 変圧器の励磁電流は，非正弦波交流となる。これはなぜか。

3. 変圧器の等価回路において，一次側に換算した値が，$r_1 = 0.2\,\Omega$, $x_1 = 2\,\Omega$, $r_2' = 2\,\Omega$, $x_2' = 0.2\,\Omega$, $g_0 = 0.00018\,\mathrm{S}$, $b_0 = 0.00091\,\mathrm{S}$ であるという。二次側に換算すれば，これらはどんな値になるか。ただし，変圧比 a は20とする。

4. 一次電圧 V_1 が 6600 V，二次電圧 V_2 が 220 V の変圧器がある。二次側に換算した巻線の合成抵抗 $r_1' + r_2$ が $0.12\,\Omega$，合成漏れリアクタンス $x_1' + x_2$ が $0.1\,\Omega$ である。これに $10\,\Omega$ の抵抗負荷が接続されているとき，一次電流 I_1 [A] を求めよ。ただし，励磁電流 I_0 は無視する。

5. 同一仕様の単相変圧器3台を使って，一次側を Y 結線，二次側を △ 結線にして，三相変圧器として使用する。$20\,\Omega$ の抵抗3個を星形に結線し，二次側に負荷として接続した。変圧器の一次側に 3300 V の電圧を加えたところ，二次側の負荷電流は 12.7 A であった。この変圧器の変圧比を求めよ。ただし，変圧器の励磁電流，インピーダンスおよび損失は無視する。

6. 単相変圧器の一次側に電流計，電圧計および電力計を接続して二次側を短絡し，一次側に定格周波数の電圧を供給した。電流計が 40 A を示すよう一次側の電圧を調整したところ，電圧計は 80 V，電力計は 1200 W を示した。この変圧器の一次側からみた漏れリアクタンスの値を求めよ。

7. 一次電圧 6600 V，二次電圧 210 V，容量 300 kV·A の単相変圧器がある。この変圧器の二次側を短絡し，一次側に定格電流を流して，負荷損測定を行った。このときの一次電圧が 300 V，一次入力電力が 3.6 kW であった。次の各値を求めよ。

    (1) 百分率抵抗降下 p [%]

    (2) 短絡インピーダンス $\%Z$ [%]

    (3) 百分率リアクタンス降下 q [%]

    (4) 遅れ力率が 60 %，80 %，100 % のときの各電圧変動率 ε_{60}, ε_{80}, ε_{100} [%]

8. 定格容量 20 kV·A，定格一次電圧 6600 V，定格二次電圧 220 V の単相変圧器がある。この変圧器の一次側に定格電圧の電源を接続し，二次側に力率が 0.8，インピーダンスが $2.5\,\Omega$ である負荷を接続して運転しているとき，一次巻線に流れる電流を I_1 [A] とする。定格運転時の一次巻線に流れる電流を I_{1r} [A] として，$\dfrac{I_1}{I_{1r}} \times 100$ [%] の値を求めよ。

    ただし，一次・二次巻線の銅損，鉄心の鉄損，励磁電流及びインピーダンス降下は無視する。

B

1. 電源の周波数が低下した場合，変圧器の渦電流損とヒステリシス損は，どう変わるか。ただし，電圧および負荷電流は変わらないものとする。

2. 容量 100 kV·A の単相変圧器がある。定格時の無負荷損 400 W，抵抗損 1400 W であった。負荷電力が何キロワットのとき最大効率となるか。また，このときの効率 η [%] を求めよ。ただし，負荷力率を 1 とし，漂遊負荷損は無視する。

3. 定格容量 100 kV·A の単相変圧器がある。定格出力時と，60 % 出力時の効率は同じであった。最大効率となるときの出力 P [kW] を求めよ。ただし，負荷力率は 1 とする。

4. 定格容量 200 kV·A の三相変圧器があり，定格時の鉄損は 710 W，銅損は 3370 W，遅れ力率 0.8 のときの電圧変動率は 3.4 % であった。この変圧器の短絡インピーダンスを求めよ。

5. 単相変圧器 1000 kV·A，20 kV/6.6 kV において，二次側を短絡して一次側に定格電流を流して負荷損測定を行ったとき，一次電圧および一次入力電力はそれぞれ 1.2 kV および 7.2 kW であった。この変圧器の遅れ力率 80 % における電圧変動率 ε [%] を求めよ。

6. A，B 2 台の単相変圧器がある。A は 6600/200 V，100 kV·A，B は 6600/200 V，50 kV·A である。A の百分率抵抗降下 p は 0.9 %，百分率リアクタンス降下 q は 10.0 % である。B の百分率抵抗降下 p は 1.0 %，百分率リアクタンス降下 q は 5.0 % である。この変圧器を並列に結線して，200 V，100 kV·A，力率 0.8 の誘導負荷に電力を供給した場合，各変圧器に流れる電流を求めよ。

Let's Try

1. 変圧器は，基本的に交流の電圧を上げたり下げたりする機器であるが，通常，直流の電圧を上げたり下げたりすることはできない。その理由を考えよう。
2. 変圧器は，「特定エネルギー消費機器」に指定されている（3 章 p.72 参照）が，その理由を調べよう。また，変圧器以外に指定されている機械器具を調べよう。

✤ Column　環境配慮型変圧器

　近年，地球環境の悪化が懸念されており，わたしたちの生活にもさまざまな影響を及ぼすようになってきた。わたしたちが使用する製品の多くは，製造段階において化石資源（おもに，石油や石炭）を使用することで二酸化炭素（CO_2）を排出し，地球温暖化を招いているといわれている。地球環境の問題意識の高まりとともに，電力分野で用いられる設備や機器においても，環境への配慮の必要性が高まってきている。

　変圧器の絶縁油には，従来から石油由来の鉱油系絶縁油が使われている。変圧器を使用しなくなったときの絶縁油の処理は焼却処分が中心となるが，そのさいに発生するCO_2の量は，鉱油1kgあたり3.13kgともいわれている。今後は，地球環境への配慮からCO_2の削減をめざし，脱石油化の取り組みが求められている。

　そのようななか，パームヤシの実（図A）を原料とした，植物由来の**パームヤシ脂肪酸エステル絶縁油**が研究・開発された。現在では，その油を使用した**パームヤシ油入変圧器**（図B）が製品化されている。また，既存の変圧器の絶縁油をパームヤシ脂肪酸エステル絶縁油に入れ替えて，変圧器を改良・存続させる取り組みも行われている。

　パームヤシ脂肪酸エステル絶縁油は，CO_2の排出量削減に貢献するとともに，下記のような特徴がある。

　なお，環境に配慮した変圧器として「菜種油」を使用した**菜種油入変圧器**もある。

●**パームヤシ脂肪酸エステル絶縁油の特徴**
①鉱油よりも絶縁破壊電圧が高い。
②鉱油に比べて低粘度であるため，冷却性能が高い。
③鉱油に比べて引火点が高い。
④鉱油に比べて酸化安定性が高く，スラッジが生成されにくい。
⑤植物を原料とした油であるため，鉱油のような枯渇の心配が少なく，安定供給が可能。
⑥土中に漏れても微生物によって炭酸ガスと水に分解され，土壌汚染の心配がなく，毒性もない。
⑦使用後は，バイオディーゼル燃料として二次利用ができる。

▲図A　パームヤシの実

▲図B　パームヤシ油入変圧器の例

第4章 誘導機

　変圧器は，交流電圧の変換に使われていることを3章で学んだ。変圧器は，一方の巻線が他方の巻線から受ける電磁誘導作用によって変圧する機器だが，同じように電磁誘導作用を利用し，エネルギーを受けて回転する機器に，誘導電動機がある。誘導電動機は，電気車だけでなく，工場などでも広く使われる三相誘導電動機や，家庭用で使われる単相誘導電動機などがあり，わたしたちの生活には欠かせない。
　この章では，これら誘導機の原理・構造・特性・運転法や用途，また各種誘導機の特徴について学ぼう。

◆定格出力305 kW，定格電圧2300 V，回転速度3260 min^{-1}，速度制御：VVVF制御
▲電気車用三相かご形誘導電動機

1 三相誘導電動機
2 各種誘導機

Topic 動力の要　誘導機

　誘導電動機は，電気エネルギーを運動エネルギーに変換する機器であり，日常生活には欠かせない。世界の消費電力量のうち，電動機は全体の 40〜50 % と，多くを占めている。日本において，家庭用・業務用・産業用などを合わせた消費電力量のうち，三相誘導電動機に限定しても，全体の約 55 % を占めており，誘導電動機が相当量のエネルギーを消費していることがわかる。

　三相誘導電動機は，構造が簡単で丈夫，かつ取り扱いが容易であることから，たとえば，空調機器や送風機，飲用水をビルディングの高層階までくみ上げるためのポンプなどの動力に，幅広く利用されている。

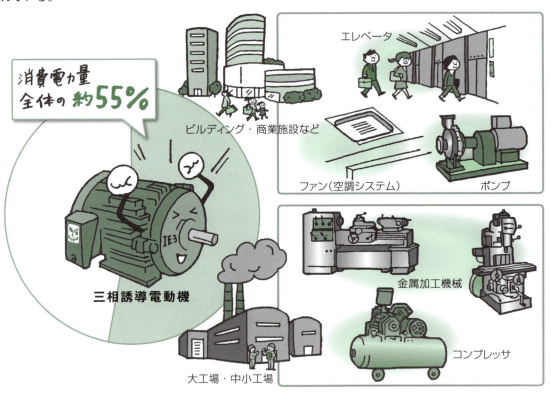

✿Column　トップランナーモータ

　回転機である誘導機は，静止器である変圧器に比べ，効率が低い。そのため，誘導電動機の省エネルギー化は世界的な課題である。日本においては，高効率化に向けて導入されたトップランナー制度により，三相かご形誘導電動機が対象機器として 2013 年 11 月に指定された。

　たとえば，機器の銘板に「IE3」と記載されていれば，トップランナー制度の省エネ基準を満たした，高効率の製品であることを意味している（JIS では，プレミアム効率と呼称している）。

▲基準に適合したモータにつけるマーク

1節 三相誘導電動機

この節で学ぶこと　三相誘導電動機は，構造が簡単で丈夫であり，価格が安く，取り扱いが容易であるなど，多くの特徴があるので，工場などにおける大動力用として，また，揚水・工作などの中小動力用として，広く使用されている。ここでは，三相誘導電動機の原理・構造・理論・特性・運転法，および用途について学ぼう。

1 三相誘導電動機の原理

一方の巻線が，他方の巻線から電磁誘導作用によるエネルギーを受けて回転する交流機を **誘導機** といい，そのうち，三相交流電源を用いて，回転力を得る電動機を **三相誘導電動機** という。

1 回転の原理

図1(a)のように，永久磁石の磁極間にコイルを置き，磁石を矢印の方向に回転させると，コイルにはフレミングの右手の法則に従う向きに誘導起電力が発生し，矢印の向きに誘導電流 i が流れる。この誘導電流と磁石の磁界により，コイルには電磁力 F がフレミングの左手の法則に従う向きに生じるので，コイルは磁石と同じ方向に回転する。

次に，図1(a)のコイルを，図1(b)のように円筒の導体に置きかえ，磁石を矢印の方向に回転させる。磁石付近では，レンツの法則に従い，導体の磁束の増加部分に i_a，磁束の減少部分に i_b の二つの渦電流が流れる。i_a と i_b を合成した渦電流 i と磁石の磁界により，導体にはフレミングの左手の法則に従う向きに電磁力 F が生じるので，導体は磁石と同じ方向に回転する。

磁石を回転させると磁極間の磁界も回転するが，電動機などの機器において磁石を回転させることは，構造上無理があり，現実的ではない。そこで実際には，磁石を回転させるかわりに，静止した多相巻線に多相交流電流を流し，回転する磁石の磁界と等価な磁界，すなわち，**回転磁界** をつくっている。

❶ 序章 p.13 参照。
❷ 磁石が静止状態，導体が反時計まわりに回転運動しているときと同じ方向に誘導起電力が発生すると考える。
❸ 序章 p.11 参照。
❹ 序章 p.13 参照。

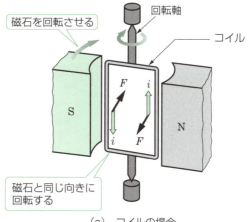

(a)　コイルの場合

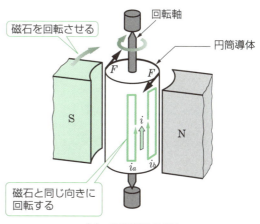

(b)　円筒導体の場合

▲図1　誘導電動機の原理

2 三相交流による回転磁界

図2(a)のように固定子に aa′, bb′, cc′ の三つのコイルをたがいに $\frac{2}{3}\pi$ rad ずらして配置し,各コイルを図2(b)のように結線する。コイルの a, b, c 端子に図3のような三相交流電流を流すと❶,時刻 t_1 では,コイル bb′ に負の向きの最大電流が,コイル aa′, cc′ には正の向きの電流が流れる。この電流によってつくられる合成磁束は $t=t_1$ 時の矢印の向きになり,時刻 t_1 から t_7 までの電流変化の1周期の間で合成磁束の矢印の向きは時計まわりに1回転する。電源周波数が f [Hz] の交流では,回転磁界は1秒間に f 回転する。また,固定子では N と S の2極が回転することから,**2極の回転磁界** とよび,この配線のしかたを採用している誘導電動機を,**三相2極誘導電動機** とよぶ。❷

❶ 流れる電流が正方向の場合は図2(c)のように流れると定める。

❷ 極数 $p=2$ であるという。

❸ 三相交流電圧あるいは電流の最大値が正の最大値に達する順序を相順という。本書ではことわりのないかぎり相順は a, b, c とする。

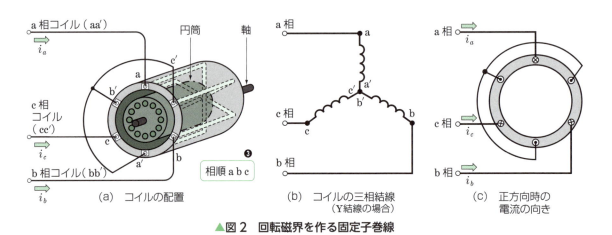

▲図2 回転磁界を作る固定子巻線

(a) コイルの配置
(b) コイルの三相結線(Y結線の場合)
(c) 正方向時の電流の向き

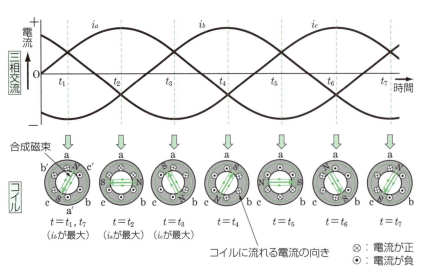

▲図3 2極の回転磁界(三相交流電流と合成磁束の向き)

Let's Try 図3の電流波形が t_0 のとき,2極の場合の電流の向きと合成磁束の向きを,下の図に描いてみよう。

⊗:電流が正
⊙:電流が負

132　第4章　誘導機

3 多極の回転磁界

図4(a)のように固定子鉄心にコイル a₁a₁′, a₂a₂′(a相), コイル b₁b₁′, b₂b₂′(b相), コイル c₁c₁′, c₂c₂′(c相), を配置する。これらを図4(b), (c)のように三相結線し, 前述の図3に示す三相交流電流を流す。

❶コイルをつなぎ合わせて各相の巻線とする。

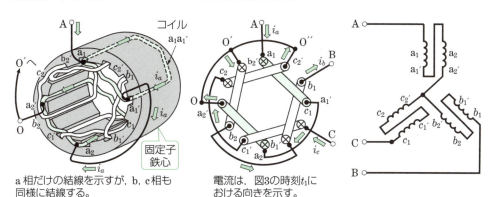

(a) 巻線の配置　　(b) 巻線の三相結線　　(c) 六つのコイルの三相結線

▲図4　4極巻巻線の配置と接続

いま, a相の電流 i_a が正のとき, 電流の向きを図に示すようにA→a₁→a₁′→a₂→a₂′→Oの向きに定めると, 図3の時刻 t_1 では, i_a, i_c が正, i_b が負であるから, 各コイルの電流の向きは, 図4(b)および図5の①に示すようになり, N, Sの磁極が2組(N₁とS₁, N₂とS₂)できることがわかる。このような巻線は **4極巻** とよばれ, 時刻 t_1 から t_7 までの電流変化の1周期の間に回転磁界は $\frac{1}{2}$ 回転する。

一般に, p 極の場合, 電流変化の1周期の間に回転磁界は, $\frac{2}{p}$ 回転することになり, 三相交流電源の周波数を f [Hz] とすれば, 回転磁界の回転速度 n_s [min⁻¹] は次式で表される。

$$n_s = \frac{2f}{p} \times 60 = \frac{120f}{p} \quad (1)$$

このように, 極数 p と周波数 f [Hz] で決まる回転速度 n_s [min⁻¹] を **同期速度** という。

❷隣り合う磁極 N, S 間の角度を電気的に π rad と考えた角度を **電気角** という。回転機においては, 極数が p の場合, 電気角は幾何学的角度の $\frac{p}{2}$ 倍である。図5の場合, 幾何学的角度は $\frac{\pi}{2}$ rad であるが, 電気角は π rad となる。

❸ synchronous speed

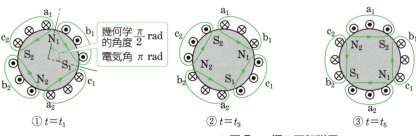
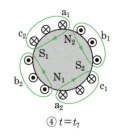

① $t=t_1$　　② $t=t_3$　　③ $t=t_5$　　④ $t=t_7$

▲図5　4極の回転磁界

1　三相誘導電動機　133

例題 1 周波数 f が 50 Hz, 極数 p が 4 のとき, 回転磁界の同期速度 n_s [$\min^{-1}$] を求めよ。

解答 $n_s = \dfrac{120f}{p} = \dfrac{120 \times 50}{4} = 1500 \text{ min}^{-1}$

問 1 周波数 f が 60 Hz で, 回転磁界の同期速度 n_s が 900 $\min^{-1}$ のとき, 極数 p を求めよ。

2 三相誘導電動機の構造

三相誘導電動機の構造は, 図6のように, 回転磁界をつくる固定子, 回転力を発生させる回転子などから構成される。

1 固定子

固定子は, 固定子枠・鉄心・巻線の三つの部分からなりたっている。

a 鉄心 鉄心材料には厚さ 0.35 mm または 0.5 mm の電磁鋼板が用いられている。表面を絶縁処理し, 必要な枚数だけ積み重ねた積層鉄心とする。図7(a)は固定子用電磁鋼板で, 巻線を収めるためのスロットが打ち抜いてある。図7(b)は, 電磁鋼板を重ね合わせた積層鉄心であり, これを図7(c)の固定子枠で保持する。

❶ けい素の含有率は 1～3.5 % である。

▲図6 三相誘導機の構造

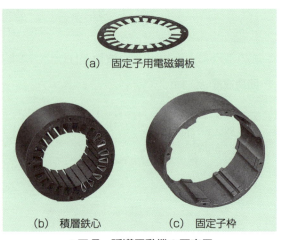

▲図7 誘導電動機の固定子

b 巻線

図8(a)は，三相誘導電動機の固定子巻線のコイルで，きっ甲形コイルとよばれる。

小電力用の電動機の巻線には，ホルマール線やポリエステル線❶などの丸銅線が用いられ，大電力用では，ガラス巻線❷の平角銅線が用いられる。なお，図8(a)のコイルは，図8(b)に示すように，巻線絶縁を施してスロットの中に収められる。

スロットの中のコイルは動かないようにくさびを入れて固定する。なお，スロットの形には，図8(c)に示す開放形と半閉形がある。❸

❶第2章 p.58 参照。
❷第2章 p.58 参照。
❸開放形は高圧用，半閉形は低圧用にそれぞれ用いられる。
❹二つのコイル辺の一方をスロットの下半分に，他方を上半分に入れる巻線方式をいう。
❺第2章 p.66 表1 参照。

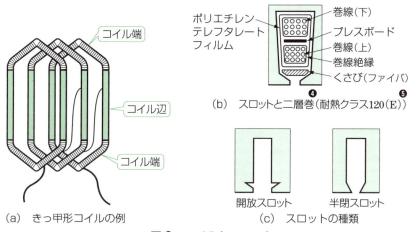

▲図8　コイルとスロット

問 2 固定子鉄心に積層鉄心を用いるのはなぜか。

問 3 図8(b)のようにスロットに巻線絶縁を施すのはなぜか。

2 回転子

回転子は，軸，鉄心，棒状の導体または巻線などからなりたつ。

図9のように，回転子は大別すると，かご形と巻線形の2種類がある。したがって，電動機も **三相かご形誘導電動機**，**三相巻線形誘導電動機** に大別される。

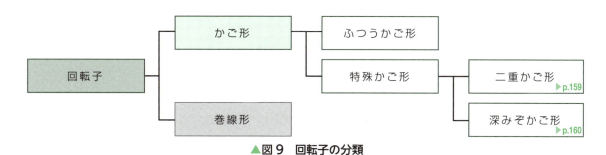

▲図9　回転子の分類

a かご形回転子

かご形回転子[1]は，図10(a)に示すように，誘導電流が流れる**かご形導体**と，かご形導体の周囲の磁束密度を高め，トルクを大きくするための積層鉄心（回転子鉄心）で構成される。

かご形回転子は，積層鉄心の外周のスロットに，アルミニウムや銅でつくられた棒状の導体を絶縁せずに差し込み，その両端を太い銅環で短絡してつくられる。この短絡用の銅環を**端絡環**[2]という（図10(b)）。

図10(c)の**かご形アルミダイカスト回転子**[3]は，高い純度のアルミニウムを融解し，導体としてスロットに加圧注入したものである。よって，導体は鉄心に囲まれているため，外側からは見えない。また，この回転子は，端絡環・通風翼が一体となっている。

このようなかご形回転子を用いた電動機は，**三相かご形誘導電動機**とよばれ，15 kW以下の小容量の電動機に多く用いられている。

[1] squirrel-cage rotor
[2] end ring
[3] aluminium die casting rotor

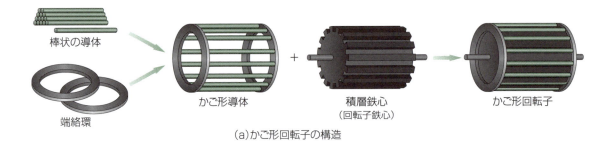

▲図10 かご形回転子

b 巻線形回転子

巻線形回転子[4]は，図11(a)に示すように，コイルと積層鉄心で構成される。

積層鉄心の外周のスロットに，絶縁されたコイルを収め，三相結線する。スリップリングに接続されたコイルの端子を，ブラシを通して外部の可変抵抗器に接続することで，始動特性の改善や速度制御が可能となる。ただし，巻線形回転子はスリップリングとブラシがこすれ合うため，保守が必要となる。また，構造はかご形よりも複雑である。

[4] wound rotor

このような巻線形回転子を用いた電動機は，**三相巻線形誘導電動機**とよばれ，比較的大容量の電動機に用いられている。

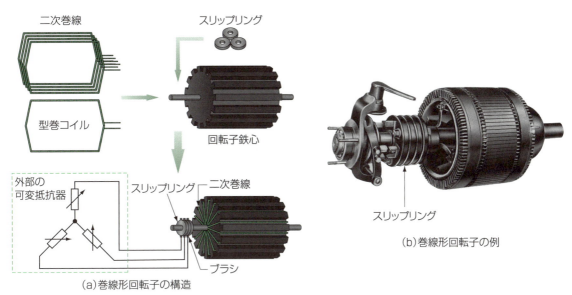

▲図 11　巻線形回転子

C　回転子鉄心の役割　回転子は，かご形導体や巻線形導体に誘導電流が流れることで回転する。

円筒形の鉄心は，導体に及ぼす磁束密度を増加させ，誘導電流を増やす役割がある。さらに，電磁鋼板の積層鉄心を用いることで，渦電流損による発熱を抑制し，電動機の継続運転に影響が及ばないようにしている。また，回転子を丈夫にしたり回転を滑らかにしたりするなどの効果があるが，速度制御の応答性が悪くなったり，重くなったりするなどの課題もある。

❶第 2 章 p.61 参照。

3　三相誘導電動機の特徴　誘導電動機は，直流電動機と比べて，次のような特徴がある。

1) 整流子が不要なので，構造が簡単である。
2) かご形誘導電動機は，回転子に棒状の導体を用いるので，過酷な使用に耐えられる。
3) かご形誘導電動機は，始動トルクが小さい。
4) かご形誘導電動機は，安価であり，保守が容易である。

このようなことから，誘導電動機はかご形誘導電動機が多く用いられ，ポンプ・巻上機・工作機械などに広く使われている。

問 4　かご形回転子と巻線形回転子の導体の違いを述べよ。

3 三相誘導電動機の理論

1 滑り

三相誘導電動機の回転子は，回転磁界の磁束と回転子の電流との間にトルクが生じて，回転する。したがって，電動機としての機能を維持するためには，回転子には必ず電流が流れなければならない。

❶第4章 p.131 参照。

この電流は，同期速度で回る回転磁界が，回転子を追い越して回ることによって，回転子に誘導された起電力により生じる。よって，回転子に誘導電流が流れるためには，回転子の回転速度 n が，回転磁界の速度，すなわち同期速度 n_s [min^{-1}] よりも必ず遅くなければならない。この回転の遅れ（差）の，同期速度に対する割合を **滑り** とよぶ。滑り s は，次式で表される。

❷回転磁界の同期速度と回転子の速度差が大きいと，大きな誘導起電力が発生し，大きな誘導電流が流れる。

❸ slip

$$s = \frac{\text{同期速度} - \text{回転速度}}{\text{同期速度}} = \frac{n_s - n}{n_s} \quad (2)$$

また，式(2)より，回転速度 n [min^{-1}] は次式で表される。

$$n = n_s(1-s) = \frac{120f}{p}(1-s) \quad (3)$$

なお，滑り s は，回転子が停止しているとき $(n=0)$ を 100 % $(s=1)$，同期速度で回転しているとき $(n=n_s)$ を 0 % $(s=0)$ とし，パーセントで表すことが多い。全負荷（定格出力に相当する負荷）における s の値は，8.0～1.0 % の範囲であり，小容量の電動機の滑りは大きく，大容量の電動機の滑りは小さい。また，大容量の電動機は機械的な負荷の変動に対する回転速度の変化が小さい。

例題 2

同期速度 n_s が 1500 min^{-1}，回転速度 n が 1450 min^{-1} のときの滑り s [%] を求めよ。

解答 $s = \dfrac{n_s - n}{n_s} \times 100 = \dfrac{1500 - 1450}{1500} \times 100 = \mathbf{3.33\ \%}$

問 5

同期速度が 1200 min^{-1}，滑りが 4 % であるとき，三相誘導電動機の毎分の回転速度 n [min^{-1}] を求めよ。

2 二次誘導起電力と滑り周波数

巻線形誘導電動機は，スリップリングを短絡して運転するので，その回転子の三相巻線は，電気角で $\dfrac{2}{3}\pi$ rad ずらして巻かれた一種のかご形巻線

とも考えられる。したがって、運転中は巻線形もかご形も同じ作用をすると仮定して、電動機の回転子は、すべて三相巻線が施された巻線形回転子と考えたほうが便利である。

◆**変圧器との類似性**◆ 誘導電動機では、固定子巻線に励磁電流が流れると回転磁界が生じ、発生した磁束が回転子巻線を切ると、回転子巻線に起電力が誘導され電流が流れる。その電流によって生じる起磁力を打ち消すように、固定子巻線に電流が流れ、固定子と回転子の間のエアギャップの磁束を一定に保つ。ここで、固定子巻線を一次巻線、回転子巻線を二次巻線と考えると、すでに学んだ変圧器と同じように電圧、電流の関係を取り扱うことができる。回転子巻線に発生する誘導起電力を **二次誘導起電力**、流れる電流を **二次電流** という。

なお、変圧器は、電力を一次巻線から二次巻線に伝達するだけであるが、誘導電動機は、電力を機械的な出力に変換する働きをもっている。また、変圧器では、一次電流と二次電流の周波数は同じであるが、誘導電動機では、次に説明するように回転子の状態によって、二次電流の周波数が異なる。

◆**回転子が停止しているとき**❶◆ 一次巻線に流れる励磁電流によって生じる回転磁界は、一次巻線を切るのと同じ速さで二次巻線を切るので、変圧器と同じように、一次巻線・二次巻線の各相には、一次誘導起電力 E_1、および二次誘導起電力 E_2 を生じる❷。また、回転子巻線（二次巻線）の 1 相分の抵抗を r_2 [Ω]、1 相分のリアクタンスを x_2 [Ω] とすると、回転子（二次側）の回路は図 12 のようになる。

◆**回転子が n [min^{-1}] の速度で回転しているとき**◆ 回転磁界と回転子の相対速度は、式(2)より、$n_s - n = sn_s$ で、回転子が停止しているときの s 倍となる。したがって、運転中の二次誘導起電力 E_2' [V] および二次側の周波数 f_2 [Hz] とも、次式(4)、(5)に示すように、停止時の s 倍となる。

$$E_2' = sE_2 \quad (4)$$
$$f_2 = sf_1 \quad (5)$$

ただし、f_1 は一次巻線に加えた電源の周波数で、f_2 すなわち sf_1 は回転子巻線に流れる電流の周波数であり、**滑り周波数**❹ とよばれる。

❶ $s=1$ のときをいい、変圧器では二次側を短絡した状態に相当する。
❷ $E_1 = 4.44 k_1 w_1 f_1 \Phi$
 $E_2 = 4.44 k_2 w_2 f_2 \Phi$
上式の w_1、w_2 は一次巻線、二次巻線の各 1 相の巻数である。k_1、k_2 は巻線のしかたによって決まる定数で、**巻線係数** とよばれるものである。
❸ Y 結線において、各相の共通点を中性点といい、中性点を結ぶ線を中性線という。本書では、二次回路（回転子）の中性点を n、n' とし、二次回路の中性線を $n-n'$ で示した。

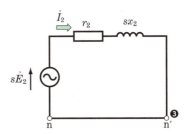

▲図 12 誘導電動機の停止時の二次回路

❹ slip frequency；二次周波数ともいう。

1 三相誘導電動機　**139**

問 6 電源の周波数 f_1 が 50 Hz，8 極の誘導電動機の回転速度 n が 700 min^{-1} のときの滑り周波数 sf_1 [Hz] を求めよ。

問 7 誘導電動機は，運転中に二次回路の周波数 f_2 [Hz] が変わるのはなぜか。

3 二次電流と負荷抵抗分

滑り s で運転している誘導電動機がある。この二次誘導起電力は sE_2 [V]，リアクタンスは sx_2 [Ω] となるので，回転子巻線の 1 相分の回路は図 13 (a) のようになり，二次電流 I_2 [A] は次式で表される。

$$I_2 = \frac{sE_2}{\sqrt{r_2^2 + (sx_2)^2}} \quad (6)$$

式(6)を変形すると，式(7)になり，式(7)に基づく回路は，図 13 (b) のようになる。

❶式(6)の右辺の分母と分子を s で割る。

$$I_2 = \frac{E_2}{\sqrt{\left(\frac{r_2}{s}\right)^2 + x_2^2}} \quad (7)$$

誘導電動機の回転子巻線の抵抗は，停止状態では r_2 であるが，回転中は $\frac{r_2}{s}$ に変化する。$\frac{r_2}{s} - r_2 = R$ とすると，この R は誘導電動機の負荷抵抗と考えられる。この R 内の消費電力は電動機としての働き，すなわち電動機に供給された電力の大部分が機械的出力に変換されることを意味している。この関係を表した回路が図 13 (c) である。

誘導電動機の負荷抵抗 $\left(\frac{r_2}{s} - r_2\right)$ は，変圧器の負荷抵抗に相当すると考えれば，誘導電動機も変圧器と同様に取り扱うことができる。

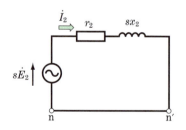
(a) 滑り s で運転中の二次回路

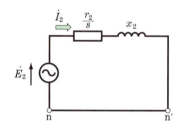
(b) 諸量を滑り s で割った二次回路

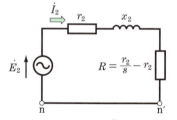
(c) 二次巻線抵抗 $\frac{r_2}{s}$ を r_2 と負荷抵抗 R で表した二次回路

▲図 13　誘導電動機の回転子に流れる二次電流（1 相分）

例題 3 図 13 (a) において，回転子巻線（二次巻線）1 相分の抵抗 r_2 が 0.03 Ω，リアクタンス x_2 が 0.05 Ω であり，誘導起電力 E_2 が 127 V，滑り s が 5 ％で運転している誘導電動機がある。二次電流 I_2 [A] を求めよ。

解答 $I_2 = \dfrac{sE_2}{\sqrt{r_2{}^2 + (sx_2)^2}} = \dfrac{0.05 \times 127}{\sqrt{0.03^2 + (0.05 \times 0.05)^2}} = 211\text{ A}$

問 8 例題 3 の誘導電動機が，停止しているときの二次電流 I_2 [A] を求めよ。

4 一次電流

二次電流 I_2 [A] が流れると，I_2 [A] によって生じる起磁力を打ち消すように一次側に一次負荷電流 I_1' [A] が流れる。そこで，一次巻線と二次巻線の巻数比を α とすると，I_2 [A] と I_1' [A] との間には，次の関係がなりたつ。

$$I_1' = \dfrac{1}{\alpha} I_2 \tag{8}$$

一次巻線に流れる励磁電流 $\dot{I}_0$ [A] と，一次負荷電流 $\dot{I}_1'$ [A] のベクトルの和を **一次電流** $\dot{I}_1$ [A] といい，次式で表され，ベクトル図は図14のようになる。

$$\dot{I}_1 = \dot{I}_0 + \dot{I}_1'$$

❶ $\alpha = \dfrac{k_1 w_1}{k_2 w_2}$ となる。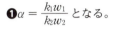

❷回転磁界をつくるため，固定子巻線に流れる電流。

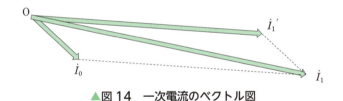

▲図14 一次電流のベクトル図

4 三相誘導電動機の等価回路

1 誘導電動機の等価回路

誘導電動機の 1 相分の回路は，変圧器と同じように，表すことができる。

1 相分の二次入力を P_2' [W]，二次銅損を P_{c2}' [W]，出力を P_o' [W] とすると，次式がなりたつ。

$$P_2' = I_2{}^2 \dfrac{r_2}{s} = \dfrac{P_{c2}'}{s} \tag{9}$$

$$P_o' = P_2' - I_2{}^2 r_2 = P_2' - P_{c2}' = P_2' - sP_2' = (1-s)P_2' \tag{10}$$

また，式(9), (10)から，出力 P_o' [W] は，次式のようにも表すことができる。

❸第 3 章 p.81 図 15 参照。

❹回転子入力ともいう。
❺二次出力または機械的出力ともいう。

❻ P_2', P_{c2}', P_o' の間には，次の比例式がなりたつ。
$P_2' : P_{c2}' : P_o'$
$= P_2' : sP_2' : (1-s)P_2'$
$= 1 : s : (1-s)$

$$P_o{}' = I_2{}^2 \frac{r_2}{s} - I_2{}^2 r_2 = I_2{}^2 r_2 \left(\frac{1-s}{s}\right) = I_2{}^2 R \quad (11)$$

ここで，$R\,[\Omega]$ は機械的な負荷を表す等価抵抗であり，$\frac{r_2}{s}\,[\Omega]$ は二次抵抗 $r_2\,[\Omega]$ と $R\,[\Omega]$ の和である。

図 15(a)は，$R\,[\Omega]$ を用いた等価回路である。図 15(a)の二次側の諸量を一次側に換算すると❶，次式で表され，回路は図 15(b)となる。

$$V_{12}{}' = E_1 = aE_2 \qquad I_{12}{}' = I_1{}' = \frac{I_2}{a}$$

$$Z_{12}{}' = \frac{V_{12}{}'}{I_{12}{}'} = \frac{aE_2}{\frac{I_2}{a}} = a^2 Z_2$$

❶ $V_{12}{}'$；一次側に換算した二次側電圧
$I_{12}{}'$；一次側に換算した二次側電流
$Z_{12}{}'$；一次側に換算した二次側インピーダンス

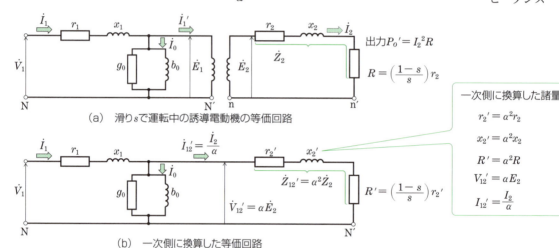

(a) 滑りsで運転中の誘導電動機の等価回路

(b) 一次側に換算した等価回路

▲図 15　1相分の等価回路❷

❷ 本書では，一次回路（固定子）の中性点を N，N' とし，一次回路の中性線を N-N' で示した。
❸ $g_0\,b_0$ の並列回路のこと。

| 問 9 | r_2 と R の和が，$\frac{r_2}{s}$ であることを確かめよ。|

2　簡易等価回路における諸量の計算

図 16(a)は，図 15(b)の励磁回路を電源側に移した回路であるが，計算誤差は小さく，しかも計算が簡単になるので，ふつうこの**簡易等価回路**が用いられる。図 16(a)の簡易等価回路のベクトル図は，図 16(b)となる。

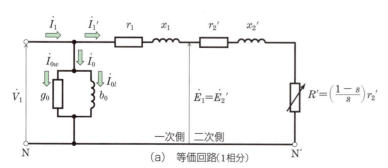

(a) 等価回路(1相分)

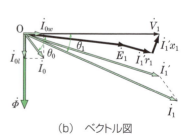

(b) ベクトル図

▲図 16　簡易等価回路

図16(a)の簡易等価回路は1相分を表しているが、三相回路は、単相回路を三つ組み合わせたものであるので、鉄損・一次銅損・一次入力・二次入力・二次銅損・出力などの値は、それぞれ1相分の値の3倍である。

　図16において三相誘導電動機の3相分の諸量を求めると、次のようになる。ただし、V_1 は一次相電圧、θ_1 は $\dot{V}_1 [\text{V}]$ と $\dot{I}_1 [\text{A}]$ の位相差である。

一次負荷電流　$I_1' = \dfrac{V_1}{\sqrt{\left(r_1 + \dfrac{r_2'}{s}\right)^2 + (x_1 + x_2')^2}}$ [A]

励磁電流　$I_0 = V_1\sqrt{g_0^2 + b_0^2}$ [A]

一次電流　$\dot{I}_1 = \dot{I}_0 + \dot{I}_1'$ [A]

鉄　　損　$P_i = 3V_1 I_{0w} = 3V_1^2 g_0$ [W]

一次銅損　$P_{c1} = 3I_1'^2 r_1$ [W]

一次入力　$P_1 = P_i + P_{c1} + P_{c2} + P_o = 3V_1 I_1 \cos\theta_1$
　　　　　　　$= \sqrt{3}\, V_n I_l \cos\theta_1$ [W]

ここで、V_n は定格電圧で、I_l は線電流である。なお、$V_n = \sqrt{3}\, V_1$、$I_l = I_1$ である。

二次銅損　$P_{c2} = 3I_1'^2 r_2' = sP_2$ [W]

二次入力　$P_2 = 3I_1'^2 \dfrac{r_2'}{s} = P_{c2} + P_o = \dfrac{P_o}{1-s}$ [W]

出力(機械的出力)　$P_o = 3I_1'^2 R' = 3I_1'^2 \left(\dfrac{1-s}{s}\right) r_2'$
　　　　　　　　　　$= (1-s)P_2$ [W]

二次効率　$\eta_0 = \dfrac{P_o}{P_2} = \dfrac{(1-s)P_2}{P_2} = 1-s$

軸出力(定格出力)❶　$P = P_o - P_m$ [W]（P_m は機械損❷）

電動機の効率　$\eta = \dfrac{P}{P_1}$

　なお、二次効率や電動機の効率は、1相分の場合も3相分の場合も同じである。また、次の図17に三相誘導電動機の電力の流れを表す。

❶電動機の機械的な出力から機械損を差し引いた実際に利用できる出力。
❷回転機における機械的なエネルギー損失のことで、摩擦損と風損にわけられる。

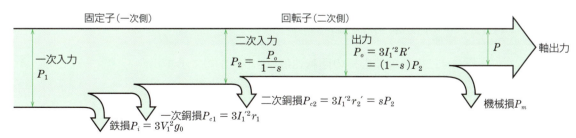

▲図17　電力の流れ（3相分）

1　三相誘導電動機

例題 4

図 16 の三相誘導電動機の 1 相分の諸量は，次のとおりである。
$r_1 = 0.1\,\Omega$, $\quad x_1 = 0.2\,\Omega$, $\quad r_2' = 0.12\,\Omega$, $\quad x_2' = 0.2\,\Omega$,
$g_0 - jb_0 = 0.02 - j0.1$ [S]，$s = 5\,\%$，線間電圧 $V = 200$ V である。
次に示すそれぞれの値（3 相分）を求めよ。

(1) 一次負荷電流　(2) 鉄損　(3) 一次銅損
(4) 二次入力　(5) 二次銅損　(6) 出力

解答 (1) 一次負荷電流

$$I_1' = \frac{\frac{200}{\sqrt{3}}}{\sqrt{\left(0.1 + \frac{0.12}{0.05}\right)^2 + (0.2 + 0.2)^2}} = \mathbf{45.7\ A}$$

(2) 鉄　　損　$P_i = 3 \times \left(\frac{200}{\sqrt{3}}\right)^2 \times 0.02 = \mathbf{800\ W}$

(3) 一次銅損　$P_{c1} = 3 \times 45.7^2 \times 0.1 = \mathbf{627\ W}$

(4) 二次入力　$P_2 = 3 \times 45.7^2 \times \frac{0.12}{0.05} = \mathbf{15\,037\ W}$

(5) 二次銅損　$P_{c2} = 0.05 \times 15\,037 = \mathbf{752\ W}$

(6) 出　　力　$P_o = (1 - 0.05) \times 15\,037 = \mathbf{14\,285\ W}$

問 10　線間電圧 V が 200 V，一次入力 P_1 が 9 kW，力率 $\cos\theta$ が 83 % の三相誘導電動機がある。入力電流 I_1 [A] を求めよ。

問 11　60 Hz, 6 極の三相誘導電動機を全負荷で運転しているとき，滑り s が 5 %，二次銅損 P_{c2} が 800 W であったという。このときの誘導電動機の回転速度 n [min^{-1}]，出力 P_o [kW]，滑り周波数 sf_1 [Hz] を求めよ。

問 12　二次入力 P_2 が 11.5 kW，電圧 V_1 が 200 V，周波数 f が 50 Hz，極数 p が 4，回転速度 n が 1440 min^{-1} の三相誘導電動機がある。次に示すそれぞれの値を求めよ。
(1) 同期速度　(2) 滑り　(3) 二次効率　(4) 二次銅損

5　三相誘導電動機の特性

1　速度特性

三相誘導電動機の回転速度は，図 18 (a) に示すように，負荷によって変化するが，無負荷時と全負荷時との回転速度の差は小さいので，三相誘導電動機は，直流分巻電動機と同じように，定速度電動機である。

また，回転速度が変わり，滑りが変わると，二次電流 I_2 [A]，一次電流 I_1 [A]，出力 P_o [W]，効率 η [%] ❶ なども変化する。図 18 (b) は一次電圧を一定に保ち，回転速度 n [min^{-1}] のかわりに滑り s をとり，滑り s に対する一次電流 I_1 [A]，出力 P_o [W]，力率 $\cos\theta$，効率 η [%] の変化のようすを示したグラフで，これを**速度特性曲線**❷ という。

❶第 3 章 p.95 参照。

❷ speed characteristic curve

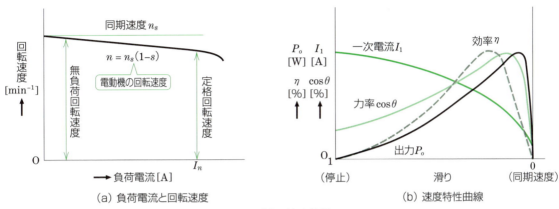

▲図 18　速度特性

2 トルク特性

a　トルク　電動機のトルクを T [N·m]，角速度を ω [rad/s]，回転速度を n [min^{-1}] とすれば，出力 P_o [W] は次式で表される。

$$P_o = \omega T = 2\pi \frac{n}{60} T \tag{12}$$

ゆえに，

$$T = \frac{60}{2\pi} \cdot \frac{P_o}{n} \tag{13}$$

式(12)に，$P_o = P_2(1-s)$ および $n = n_s(1-s)$ を代入すると，二次入力 P_2 [W] は，次式で表される。

$$P_2 = 2\pi \frac{n_s}{60} T \tag{14}$$

式(12)で示す出力は，トルク T [N·m] を発生して回転速度 n [min^{-1}] で回転しているときの電力を表している。これに対して，式(14)の二次入力 P_2 [W] は，同じトルクのもとで，同期速度で回転しているときの出力電力を表している。これを**同期ワット**❸ という。誘導電動機のトルク T [N·m] は，同期ワット P_2 [W] に比例しているので，トルクを表すとき，出力 P_o [W] のかわりに，P_2 [W] すなわち同期ワットで表すことが多い。

❸ synchronous watt

b 滑りとトルクの関係

式(14)から，トルク T [N·m] は，次式で表される。

$$T = \frac{60}{2\pi n_s} P_2 \tag{15}$$

また，式(15)に，p.143 の一次負荷電流と二次入力の式を代入すると，式(16)が得られる。

$$T = 3 \cdot \frac{60}{2\pi n_s} \cdot \frac{V_1^2 \dfrac{r_2'}{s}}{\left(r_1 + \dfrac{r_2'}{s}\right)^2 + (x_1 + x_2')^2} \tag{16}$$

式(16)において，r_1, r_2', x_1, x_2' は定数であるから，誘導電動機のトルク T [N·m] は，滑り s が一定であれば，一次電圧 V_1 [V] の 2 乗に比例する。また，一定電圧で運転中に負荷の影響を受けるのは滑り s であることがわかる。滑り s とトルク T [N·m] の関係は図 19 に示す曲線になる。これを**トルク-速度曲線**❶ という。

❶ torque speed curve

図 19 において，$s = 1$ のときの T_S [N·m] は，**始動トルク**❷ とよばれ，式(16)から $T_s = 3 \cdot \dfrac{60}{2\pi n_s} \cdot \dfrac{V_1^2 r_2'}{(r_1 + r_2')^2 + (x_1 + x_2')^2}$ で表される。始動トルク T_s [N·m] は図 19 の点①に示される小さな値である。点①から最大トルク T_m [N·m] を生じる点②までは，トルク T [N·m] は，滑り s にほぼ反比例して増加し，点②を過ぎると，滑り s にほぼ比例して減少し，$s = 0$ の点③では 0 になる。なお，最大トルク T_m [N·m] は，**停動トルク**❸ ともよばれる。

❷ starting torque

❸ stalling torque

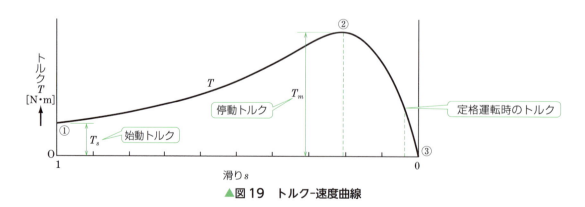

▲図 19　トルク-速度曲線

例題 5

極数 p が 4，周波数 f が 60 Hz の三相誘導電動機があり，滑り s が 5 %，トルク T が 115 N·m で回転している。このときの出力 P_o [kW]，および同期ワット P_2 [kW] を求めよ。

解答 この電動機の同期速度 n_s [min^{-1}] および回転速度 n [min^{-1}] は,

$$n_s = \frac{120f}{p} = \frac{120 \times 60}{4} = 1800 \text{ min}^{-1}$$

$$n = (1-s)n_s = (1-0.05) \times 1800 = 1710 \text{ min}^{-1}$$

となる。出力 P_o は,式(12)から,

$$P_o = 2\pi \frac{n}{60} T = 2\pi \times \frac{1710}{60} \times 115$$

$$= 20.6 \times 10^3 \text{W} = \mathbf{20.6\ kW}$$

となり,同期ワット P_2 は,式(14)から,

$$P_2 = 2\pi \frac{n_s}{60} T = 2\pi \times \frac{1800}{60} \times 115$$

$$= 21.7 \times 10^3 \text{W} = \mathbf{21.7\ kW}$$

となる。

問 13 誘導電動機の一次電圧 V_1 を $\frac{1}{2}$ にすると,滑り s が一定のときトルクはもとの何倍になるか。

問 14 同期ワット P_2 が 16 kW,回転速度 n が 1140 min^{-1} で運転している,周波数 f が 60 Hz の三相巻線形誘導電動機のトルク T [N·m],および出力 P_o [kW] を求めよ。ただし,滑り周波数 sf_1 は 3 Hz である。

3 出力特性

三相誘導電動機に機械的負荷を加えたとき,その出力による速度,電流,トルク,効率,力率,滑りなどの変化を示す曲線を**出力特性曲線**という。図 20 に例を示す。

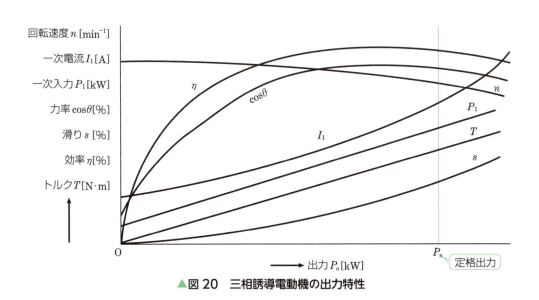

▲図 20 三相誘導電動機の出力特性

三相誘導電動機を定格出力 P_n [kW] で運転することを **定格運転**，または **全負荷運転** という。また，このときの回転速度 n [min^{-1}] を定格回転速度 n_n [min^{-1}]，一次電流 I_1 [A] を定格電流 I_n [A] という。トルク T [N·m] は，式(12)からもわかるように P_o [kW] に比例している。

　効率は，軸出力（定格出力）を一次入力で除したものである。プレミアム効率（IE3）とよばれる基準を満たしている電動機の公称効率は，小容量機で約 80 % 以上，11 kW より大きな電動機は 90 % を超え，高効率といえる。しかし，負荷トルクと滑りが小さくなると，効率は急激に低下する。

　力率は，固定子と回転子間のエアギャップの影響で励磁電流が大きいため比較的低い。負荷が小さい（出力が小さい）状態での運転は，力率が急激に低下する。また極数が多い電動機ほど力率は低くなる。

4 トルクの比例推移

　トルクを求める式(16)において，V_1 [V]，r_1 [Ω]，x_1 [Ω]，x_2' [Ω] が一定であり，$\dfrac{r_2'}{s}$ [Ω] の値が変わらなければ，T [N·m] の値も変わらない。すなわち，図21において，トルク T [N·m] を一定とした場合，二次巻線抵抗 r_2' [Ω] を 2 倍にすれば，s が 2 倍になり，r_2' [Ω] を 3 倍にすれば，s は 3 倍になることを意味する。これは，二次回路の抵抗 r_2' [Ω] と，外部抵抗 R_s [Ω] を一次側に換算した値 R_s' [Ω] の和の値が，もとの抵抗 r_2' [Ω] の m 倍になれば，そのときの滑り s_2 は，もとの滑り s_1 の m 倍になる。この関係は次式で表される。

$$\frac{r_2'}{s_1} = \frac{mr_2'}{ms_1} = \frac{r_2' + R_s'}{s_2} \tag{17}$$

　図21は，r_2' [Ω] の値の変化によって，トルク-速度曲線がどのように変化するかを示したものである。r_2' が大きくなると，この曲線は滑り s の大きいほうへ移動する。トルク T が一定であれば，s の値はつねに r_2' に比例して推移するので，この曲線の推移のしかたを **比例推移** という。

　三相巻線形誘導電動機では，この性質を利用すると，始動時に最大トルクを得ることができ，始動特性を改善することができる。なお，電流・力率などもトルクと同様に，二次回路の抵抗 r_2' の大きさに従って比例推移する。

---

❶ 第 4 章 p.143 参照。

❷ 日本産業規格（JIS C 4034-30：2011）に規定された三相かご形誘導電動機の効率クラス（IE コード）のこと。

❸ 効率クラスを満たすために必要な効率値。JIS C 4034-30：2011に定められている。

❹ 有効電流が減り，無効電流が増加するため。

❺ proportional shifting

❻ かご形誘導電動機の場合は，二次巻線の抵抗を変えることができないので，この性質は利用できない。

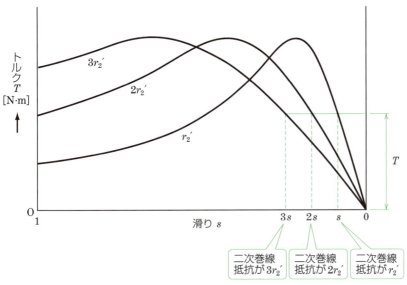

▲図21 トルクの比例推移

> Let's Try 図21の比例推移の曲線から，二次抵抗の変化が誘導電動機の運転にどのような影響を与えているのかを考えてみよう。

例題 6 周波数 f が 50 Hz，極数 p が 4，全負荷時の回転速度 n_n が 1450 $\min^{-1}$ の三相巻線形誘導電動機がある。回転速度 n を 1000 $\min^{-1}$ にして，全負荷トルクで運転するには，二次回路の各相に，二次回路の抵抗 r_2 の何倍の抵抗を挿入すればよいか。ただし，二次回路は一次側に換算しないで計算すること。

解答 同期速度 $n_s = \dfrac{120f}{p} = \dfrac{120 \times 50}{4} = 1500 \min^{-1}$

$n_n = 1450 \min^{-1}$ のときの滑り $s_1 = \dfrac{1500 - 1450}{1500} = 0.0333$

$n = 1000 \min^{-1}$ のときの滑り $s_2 = \dfrac{1500 - 1000}{1500} = 0.333$

外部に挿入する抵抗を $R_s [\Omega]$ とすると，式(17)より，

$$\dfrac{r_2}{s_1} = \dfrac{r_2 + R_s}{s_2}, \quad \dfrac{r_2}{0.0333} = \dfrac{r_2 + R_s}{0.333}$$

ゆえに， $R_s = \dfrac{0.333 - 0.0333}{0.0333} r_2 = \mathbf{9}r_2$

よって，$r_2 [\Omega]$ の **9倍** の抵抗を各相に挿入すればよい。

問 15 滑り s が 10 % で最大トルク $T_m [\text{N·m}]$ を発生する誘導電動機がある。いま，二次回路の抵抗 r_2 をもとの 3 倍にした。滑り s が何パーセントのときに，最大トルク $T_m [\text{N·m}]$ が発生するか。

6 三相誘導電動機の運転

1 始動法

始動時における三相誘導電動機は、二次側を短絡した変圧器と同様に考えられるので、一次側に定格電圧を加えると、大きな始動電流が流れる。とくに容量が大きな場合は、電動機が接続されている電源に対して、電圧降下などの悪い影響を与える。したがって、始動電流を制限するために、いろいろくふうがなされている。

a 全電圧始動法
電動機に直接定格電圧を加えて始動することを、**全電圧始動法**❶という。3.7 kW 以下の小容量の三相かご形誘導電動機では、配電線に対する影響も少ないので、このように始動させる。なお、始動電流は、定格電流の 500〜700 % 程度である。

❶ 直入れ始動法ともいう。

b Y-Δ 始動法
電動機の固定子巻線を、始動時は Y 結線に、運転時は Δ 結線に接続する方法を **Y-Δ 始動法** という。図 22 (a) において、スイッチ S_2 を開いたままスイッチ S_1 を閉じると、図 22 (b) のように固定子巻線が Y 結線に接続され、始動する。回転速度が全負荷運転に近づいたとき、スイッチ S_1 を開いてスイッチ S_2 を閉じると、図 22 (c) のように一次巻線が Δ 結線に接続され、運転が継続される。

Y-Δ 始動法では、各巻線の電圧は定格電圧の $\frac{1}{\sqrt{3}}$ となるため、線電流は、全電圧始動法のときの $\frac{1}{\sqrt{3}} \times \frac{1}{\sqrt{3}}$、すなわち $\frac{1}{3}$ となり、始動電流は定格電流の 150〜200 % ぐらいに制限できる。しかし、トルクは電圧の 2 乗に比例することから、始動トルクも $\frac{1}{3}$ に減少する。容量 11 kW 程度までの三相かご形誘導電動機に用いられる。

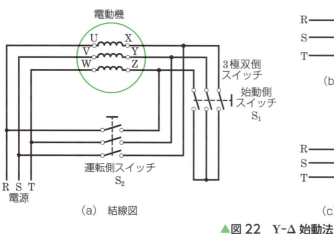
(a) 結線図

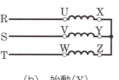
(b) 始動(Y)

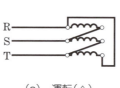
(c) 運転(△)

▲図 22 Y-Δ 始動法

c 始動補償器法

図23のような三相単巻変圧器を用いて始動する方法を**始動補償器法**といい，容量15 kW以上の三相かご形誘導電動機に用いられる。

変圧器のタップにより，始動時に定格電圧の40〜80％の低電圧を加え，回転速度が増したら，運転側にスイッチを切り換えて全電圧を加える。

▲図23 始動補償器（三相単巻変圧器）

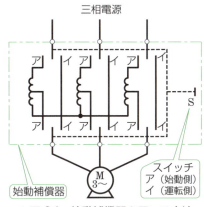

▲図24 始動補償器を用いる方法

d 三相巻線形誘導電動機の始動法

三相巻線形誘導電動機では，図25(a)に示すように，スリップリングを通して二次側に始動抵抗器（三相可変抵抗器）を接続して始動する。このように始動することを**二次抵抗始動法**という。

図25(b)，(c)に示すように，始動トルク T [N·m] を大きくし，小さな始動電流 I [A] で始動することができる。この場合の始動電流は，定格電流の110〜150％ぐらいに制限している。

❶比例推移を利用したものである。

📝 **始動法のまとめ**
三相かご形誘導電動機
　全電圧始動
　Y-Δ始動
　始動補償器
三相巻線形誘導電動機
　二次抵抗始動

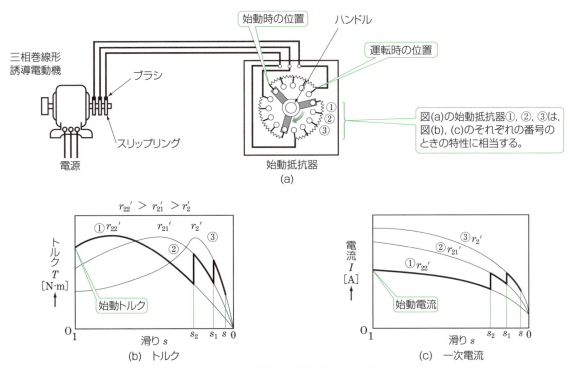

▲図25 巻線形誘導電動機の始動

問 16 定格電圧 200 V で始動すると，始動電流が 200 A となる三相誘導電動機がある。Y-Δ 始動法を用いたときの始動電流 I_s [A] を求めよ。

問 17 始動補償器を用いて定格の $\frac{2}{3}$ 倍の電圧で始動すると，三相誘導電動機の始動電流・始動トルクはそれぞれ何倍になるか。

問 18 三相巻線形誘導電動機の二次側に抵抗を接続すると，トルクおよび始動電流を制御することができる。なぜか。

2　速度制御

誘導電動機の回転速度は，$n = n_s(1-s) = \frac{120f}{p}(1-s)$ で表されるので，滑り s，極数 p または，周波数 f を変えれば，回転速度を変えることができる。したがって，誘導電動機の速度制御には，次に示す方法がある。

a　$\frac{V}{f}$ 一定制御

誘導電動機は，電源電圧の周波数 f を変えると速度を制御できるが，実際には周波数と同時に電圧の大きさも変え，$\frac{V}{f}$ が一定となるように制御している。この制御方法を $\frac{V}{f}$ 一定制御といい，回転速度が変化しても回転磁界の強さを一定に保つことで，トルクが一定に保たれる。また，効率の低下を防止できるなどの利点がある。誘導電動機の可変周波数電源として，$\frac{V}{f}$ 一定制御を用いた**可変電圧可変周波数電源装置（VVVF 電源装置）**❶ や **サイクロコンバータ**❷ などがある。

VVVF 電源装置は，インバータによって直流電力を交流電力に変換し，電圧と周波数が制御できる電源装置である。$\frac{V}{f}$ 一定制御インバータは，パワーエレクトロニクスのスイッチング技術が用いられているため，周波数変換における電力損失が少ない省エネルギー機器である。そのため，図 26 の鉄道での利用例のように，誘導電動機の速度制御には大容量機から小容量機まで広く用いられている。

しかし $\frac{V}{f}$ 一定制御では，回転速度や負荷トルクに急変があると，電動機の二次回路に過渡電流が流れる。この過渡電流により，エアギャップの磁束の分布が乱れて低速回転では正確な速度制御ができないなどの課題がある。

❶ VVVF ; variable voltage variable frequency
第 7 章 p.271 参照。

❷ cycloconverter
第 7 章 p.276 参照。

▲図 26　VVVF 電源装置の搭載例

> **Let's Try**
> 電源電圧一定で周波数を変えて速度制御を行うと，誘導電動機の回転数は，式よりどうなるか考えてみよう。

b ベクトル制御 誘導電動機の運転中に流れる電流（一次電流 $\dot{I}_1$）を，励磁電流成分 $\dot{I}_0$ とトルク電流（一次負荷電流 $\dot{I}_1'$）成分に分解し，それぞれ独立に制御する方法を **ベクトル制御** という。ベクトル制御は，$\dfrac{V}{f}$ 一定制御での過渡電流の影響を改善した方法である。

　負荷の変動により一次電流 $\dot{I}_1$ が変化すると，励磁電流と負荷電流の両方に影響が出るので，励磁電流成分 $\dot{I}_0$ がつねに一定となるように電流の大きさと位相を同時に制御することで，トルク電流成分 $\dot{I}_1'$ を制御している。ベクトル制御には，VVVF 装置とセンサを用いる。センサで検出した回転速度をフィードバックして，インバータの出力電圧，電流，周波数を制御し，回転磁界の強さを一定に保つことで，回転速度とトルクを精密に制御する。そのため，始動トルクが大きく，負荷変動のあるクレーンや工作機械などに用いられる。

　現在では，センサによる回転速度や回転位置の検出を行わず，各相の電流の大きさと位相から，トルクと回転速度を制御する方法もある。この方法を，**センサレスベクトル制御** という。

❶第 4 章 p.141 図 14 参照。

c 三相巻線形誘導電動機の二次抵抗による制御 トルクの比例推移を利用して滑り s を変える制御法で，スリップリングを通して接続した抵抗を加減することにより速度制御ができる。この方法は，制御用の抵抗器を始動用に使える利点もあるが，抵抗器による電力損失が大きいので，効率が悪い。

❷第 4 章 p.146 参照。

d 一次電圧による制御 式(16)からわかるように，三相誘導電動機のトルクは電圧の 2 乗に比例する。図 27 は，一次電圧を変えるときのトルク特性曲線で，電圧を V_1，V_2，V_3 と変えることにより，電動機の滑りを s_1，s_2，s_3 と変えることができる。滑りの変わる範囲を広くするには，二次抵抗 $r_2 [\Omega]$ の値を大きく設計して，トルク特性曲線の傾きを緩やかにする必要がある。このため，二次銅損が大きくなり効率が悪いため，荷役用クレーンなど 50 kW 程度以下の機器に用いられる。

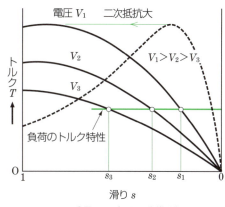

▲図 27　一次電圧制御法

e 極数変換による制御 三相かご形誘導電動機で，固定子巻線の接続を変更して極数を切り換えて速度制御する。この方法は，効率はよいが，速度の調整が段階的になってしまう。

3 逆転と制動

a 逆転 誘導電動機の回転の向きは，図28(a)のように負荷が接続されていない側からみて，時計まわりを標準としている。しかし，誘導電動機の負荷の性質などから，逆回転させて使用することがある。

誘導電動機を逆回転するには，図28(b)のように電源の3線のうち，いずれかの2線を入れ換えればよい。こうすれば，固定子巻線に流れる三相交流の相回転が逆になり，回転磁界の回転の向きが逆になるため，誘導電動機は逆転する。

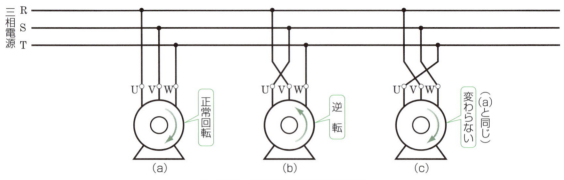

▲図28 誘導電動機の回転方向

b 制動 運転中の電動機を停止するには，機械的な摩擦による機械的制動と，次のような電気的制動がある。

◆**発電制動**◆ 図29のように，電動機を電源から切り離した後に，固定子コイルの二相に直流電源を接続すると，電動機が発電機となり回転を止める方向にトルクが発生するので，電動機を制動することができる。この方法を **発電制動** という。回転子で発生した電力は，かご形の場合，かご形導体内で消費されるため，過熱し，危険であるが，巻線形の場合は二次抵抗で消費されるので，回転速度に応じて抵抗値を変化させれば，制動トルクの調整が可能になる。

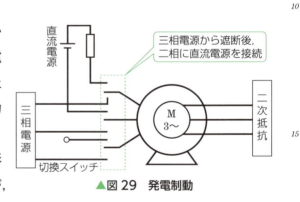

▲図29 発電制動

◆**回生制動**◆ 発電制動により発生した電力を電源に戻し，ほかの用途で電力を利用する方法を **回生制動** という。誘導電動機の場合，電動機を電源につないだまま，同期速度以上の速度で運転して誘導発電機として働かせ❶，発生した電力を電源に返還しながら制動している。電力が回収されるため，省エネ効果がある。

❶第4章 p.168 参照。

◆**逆相制動**◆ 電源の3線のうち，いずれかの2線を入れ換えることで回転磁界を逆回転させて，制動する方法を **逆相制動** という。回転子に大きな二次電流が流れるため，巻線形誘導電動機では，二次抵抗を大きくする必要がある。

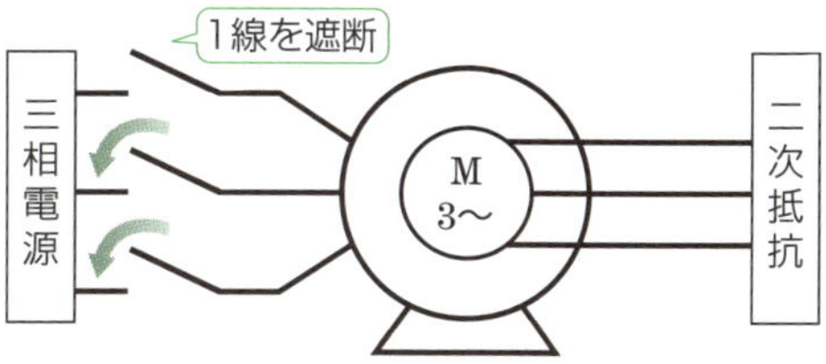

◆**単相制動**◆ 図30のように，電源の1線を遮断し，単相誘導電動機として運転させて，回転子の二次抵抗を大きくすることで制動することを **単相制動** という。外部に二次抵抗が接続できる巻線形誘導電動機に用いられる。

▲図30 単相制動

7 等価回路法による回路定数の測定

誘導電動機の特性を表す回路定数は，次に示す等価回路法によって求められる。図31の等価回路の諸量は，抵抗測定・無負荷試験・拘束試験の三つの試験から算出される。

1 抵抗測定

周囲温度 t [℃] において，図32のように一次巻線の各端子間で測定した抵抗の平均値を R [Ω] とし，この値から次式によって基準巻線温度における一次巻線の1相分の抵抗 r_1 [Ω] を計算する。❶

$$r_1 = \frac{R}{2}\frac{235+T}{235+t} \tag{18}$$

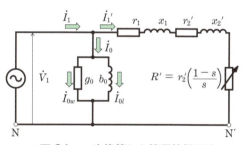

▲図31 一次換算した簡易等価回路

ただし，T は基準巻線温度であり，絶縁材料の耐熱クラスが105(A)や120(E)は75℃，130(B)は95℃，155(F)は115℃，180(H)は135℃で計算する。❷❸

2 無負荷試験

三相誘導電動機を定格電圧 V_n [V] で無負荷運転し，そのときの無負荷電流 I_0 [A]，無負荷入力 P_i [W] を測定し，I_0 [A] の有効分 I_{0w} [A]，無効分 I_{0l} [A]，および図31で示す励磁回路の回路定数コンダクタンス g_0 [S]，サセプタンス b_0 [S] を次式により計算する。

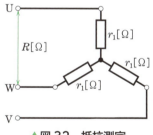

▲図32 抵抗測定

$$I_{0\omega} = \frac{P_i}{\sqrt{3}V_n}, \quad I_{0l} = \sqrt{I_0^2 - I_{0\omega}^2}$$
$$g_0 = \frac{P_i}{V_n^2}, \quad b_0 = \sqrt{\left(\frac{\sqrt{3}I_0}{V_n}\right)^2 - g_0^2} \tag{19}$$

❶電気機器に使用する巻線は，温度によって抵抗値が変化するため，各種の特性値などを算出するさいの基準となる温度を定めたものである。
❷第2章 p.65参照。
❸電気規格調査会標準規格（JEC-2110 : 2017）で決められている。

3 拘束試験

誘導電動機の回転子を回転しないように拘束して，一次巻線に定格一次電流に近い拘束電流 I_s' [A] を流したときの一次電圧 V_s' [V]，一次入力 P_s' [W] を測定し，図31で示す励磁回路を除いた等価回路の二次抵抗 r_2' [Ω] を求める。

$$r_1 + r_2' = \frac{P_s'}{3{I_s'}^2} \quad \text{から} \quad r_2' = \frac{P_s'}{3{I_s'}^2} - r_1$$

次に，合成リアクタンス $x_1 + x_2'$ [Ω] を，次式により計算する。

$$x_1 + x_2' = \sqrt{\left(\frac{V_s'}{\sqrt{3}I_s'}\right)^2 - (r_1 + r_2')^2}$$

また，定格電圧 V_n [V] を加えたときの拘束電流 I_s [A] と一次入力 P_s [W] の値を，次式によって推定することができる。

$$I_s = I_s' \frac{V_n}{V_s'}, \quad P_s = P_s' \left(\frac{V_n}{V_s'}\right)^2$$

拘束試験による等価回路を，図33に示す。

誘導電動機の特性を求めるには，この等価回路法のほかに電気動力計を用いた実負荷試験法がある。

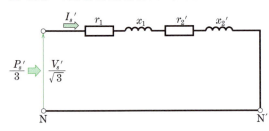

◂ 図33 拘束試験による等価回路
（$s = 1$，$V_s' < 0.2 V_n$，励磁電流は無視）

例題 7

定格が 200 V／6.8 A／50 Hz／1.5 kW／1420 min⁻¹／4極の三相誘導電動機において，周囲温度が $t = 25.9$ ℃のとき巻線抵抗を測定したところ巻線抵抗の平均値 R は 1.172 Ω であった。また，無負荷試験により，$V_n = 200$ V，$P_i = 157$ W，$I_0 = 3.43$ A および拘束試験より，$I_n = I_s' = 6.8$ A，$V_s' = 42.9$ V，$P_s' = 321.8$ W であった。ただし，基準巻線温度は 75 ℃とする。

一次換算した等価回路を作成するために，①一次巻線の1相分の抵抗 r_1 [Ω]，②無負荷電流 I_0 [A] の有効分 I_{0w} [A]，無効分 I_{0l} [A]，コンダクタンス g_0 [S]，サセプタンス b_0 [S]，③二次抵抗 r_2' [Ω] および合成リアクタンス $x_1 + x_2'$ [Ω] を求めよ。

解答 ①一次巻線の1相分の抵抗 $r_1 = R_{75}$

$$= \frac{R}{2} \times \left(\frac{235 + 75}{235 + t}\right)$$

$$= \frac{1.172}{2} \times \left(\frac{235 + 75}{235 + 25.9}\right) = 0.696 \text{ Ω}$$

②無負荷電流 I_0 の有効分　$I_{0w} = \dfrac{P_i}{\sqrt{3}\,V_n} = \dfrac{157}{\sqrt{3} \times 200} = \mathbf{0.45\ A}$

無効分　$I_{0l} = \sqrt{I_0{}^2 - I_{0w}{}^2} = \sqrt{3.43^2 - 0.45^2} = \mathbf{3.40\ A}$

コンダクタンス　$g_0 = \dfrac{P_i}{V_n{}^2} = \dfrac{157}{200^2} = \mathbf{3.925 \times 10^{-3}\ S}$

サセプタンス　$b_0 = \sqrt{\left(\dfrac{\sqrt{3}\,I_0}{V_n}\right)^2 - g_0{}^2}$

$= \sqrt{\left(\dfrac{\sqrt{3} \times 3.43}{200}\right)^2 - (3.925 \times 10^{-3})^2} = \mathbf{2.944 \times 10^{-2}\ S}$

③二次抵抗　$r_2' = \dfrac{P_s'}{3 I_n{}^2} - r_1 = \dfrac{321.8}{3 \times 6.8^2} - 0.696 = \mathbf{1.624\ \Omega}$

合成リアクタンス　$x_1 + x_2' = \sqrt{\left(\dfrac{V_s'}{\sqrt{3}\,I_n}\right)^2 - (r_1 + r_2')^2}$

$= \sqrt{\left(\dfrac{42.9}{\sqrt{3} \times 6.8}\right)^2 - (0.696 + 1.624)^2} = \mathbf{2.808\ \Omega}$

節末問題

1 かご形誘導電動機と巻線形誘導電動機の構造上の相違点をあげ，簡単に説明せよ。

2 極数 p が 6，周波数 f が 50 Hz の三相誘導電動機がある。全負荷時の回転速度 n_n が 960 min^{-1} である。この電動機の滑り s [%] と滑り周波数 sf_1 [Hz] を求めよ。

3 定格電圧 V_n が 200 V，周波数 f が 60 Hz，極数 p が 4，出力 P_o が 22 kW の三相誘導電動機があり，全負荷時の回転速度 n が 1728 min^{-1} であるという。次の各値を求めよ。

(1) 滑り　(2) 二次入力　(3) 二次効率　(4) 同期ワット

4 図 34 は，三相誘導電動機の一次巻線を示す。図 34(a)は Y 結線，図 34(b)は △ 結線である。1 相分の抵抗を r_1 [Ω]，2 線間で測定した抵抗を R [Ω] とするとき，図(a)では $r_1 = \dfrac{R}{2}$，図 34(b)では $r_1 = \dfrac{3R}{2}$ になるが，特性を求める場合には，結線に関係なく，$r_1 = \dfrac{R}{2}$ としてよい。その理由を考えよ。

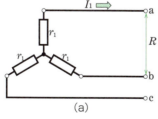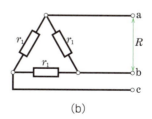

▲図 34

5 誘導電動機の力率は，無負荷時に悪く，負荷が増すに従ってよくなる。その理由を説明せよ。

6 出力 P_o が 15 kW，力率 $\cos\theta$ が 85 %，効率 η が 86 % の三相誘導電動機がある。この電動機の一次入力 P_1 [kW] および損失 p_1 [kW] を求めよ。また，電源の変圧器が V 結線であるとき，1 台の変圧器の容量 T [kV·A] を求めよ（p.110 図 10 参照）。

7 出力 P_o が 11 kW, 極数 p が 6 の三相誘導電動機がある。次の各問いに答えよ。ただし，滑り s は 4 ％である。

(1) 図 28 に示す周波数 f が 50 Hz および 60 Hz の電源で運転したとき，それぞれの回転速度 n [min^{-1}] を求めよ。

(2) 周波数 f が 50 Hz および 60 Hz の場合，それぞれの二次銅損 P_{c2} [W] を求めよ。

(3) この電動機に適する始動法は何か。その理由を述べよ。

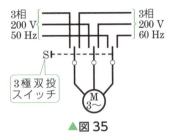

▲図 35

8 定格電圧 V_n が 200 V, 定格出力 P_n が 2.2 kW, 極数 p が 4, 周波数 f が 50 Hz の三相かご形誘導電動機を試験し，次の結果を得た。ただし，基準巻線温度は 95 ℃ とする。

無負荷試験　　　$I_0 = 4.1$ A　　$P_i = 135$ W

拘束試験　　　　$I_n = 9$ A　　$V_s' = 43$ V　　$P_s' = 340$ W

抵抗測定　　　　$R = 0.77$ Ω ($t = 15$ ℃, 耐熱クラス 130(B) の絶縁)

この結果から，一次換算した等価回路を作成するために，次の各値を求めよ。

(1) 一次巻線の 1 相分の抵抗 r_1 [Ω]

(2) 無負荷電流 I_0 [A] の有効分 I_{0w} [A], 無効分 I_{0l} [A], コンダクタンス g_0 [S], サセプタンス b_0 [S]

(3) 二次抵抗 r_2' [Ω] および合成リアクタンス $x_1 + x_2'$ [Ω]

9 極数 4 で 50 Hz 用の三相巻線形誘導電動機があり，全負荷時の滑りは 4 ％である。全負荷トルクのまま，この電動機の回転速度を 1200 min^{-1} にするために，二次回路に挿入する 1 相あたりの抵抗 [Ω] の値を求めよ。ただし，巻線形三相誘導電動機の二次巻線は Y 形 (星形) 結線であり，各相の抵抗値は 0.5 Ω とする。

10 次の文章の①～⑤に当てはまる語句を語群から選べ。

誘導機の回転速度 n [min^{-1}] は，滑り s，電源周波数 f [Hz]，極数 p を用いて $n =$ 120・① と表される。したがって，誘導機の速度は電源周波数によって制御することができ，とくにかご形誘導電動機において ② 電源装置を用いた制御が広く利用されている。このほかに，運転中に固定子巻線の接続を変更して ③ を切り換える制御法や，④ の大きさを変更する制御法がある。前者は，効率はよいが，速度の変化が段階的となる。後者は，速度の安定な制御範囲を広くするために ⑤ の値を大きくとるので銅損が大きくなる。

巻線形誘導電動機では，⑤ の値を調整することにより，トルクの比例推移を利用して速度を変える制御法がある。

語群　ア．VVVF　イ．相数　ウ．一次電圧　エ．一次抵抗　オ．二次抵抗　カ．$\dfrac{sf}{p}$　キ．極数　ク．$\dfrac{(1-s)f}{p}$

2節 各種誘導機

この節で学ぶこと　これまでに学んだ三相誘導電動機は，工場や，そのほか一般事業所などで，最も多く用いられている。容量 11 kW 以下の小形誘導電動機には，構造が簡単で，価格も安く，取り扱いが便利なかご形誘導電動機が一般に用いられている。ここでは，各種誘導電動機として特殊かご形誘導電動機，電灯線を利用できる小動力用の単相誘導電動機，さらに，誘導電圧調整器や誘導発電機について学ぼう。

1 特殊かご形誘導電動機

かご形誘導電動機の難点は，始動電流が大きいわりに始動トルクが小さいことである。この始動特性を改良した誘導機に，二重かご形誘導電動機や深みぞかご形誘導電動機がある。

1 二重かご形誘導電動機

二重かご形誘導電動機は，図1(a)に示すように，回転子に内外二重のスロットを設け，それぞれに導体を埋め，両端を端絡環で接続したものである。

外側の導体は，内側の導体に比べて抵抗を大きくしてある。また，内側の導体は，鉄心に深く埋めてあるので，図1(b)に示すように，外側の導体よりも漏れ磁束が多く，漏れリアクタンスが大きくなるような構造になっている。このような構造により，滑り周波数 sf_1 [Hz] の大きな始動時は，内側の導体のインピーダンスが外側の導体のインピーダンスより大きいので，電流の大部分は外側導体を流れる。したがって，外側導体に大きな始動トルクが発生する。

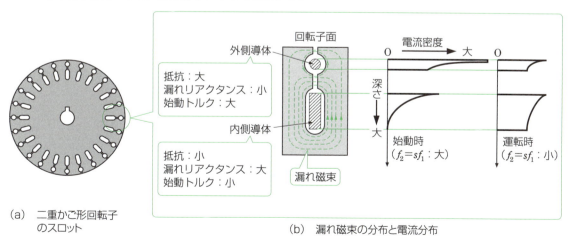

(a) 二重かご形回転子のスロット　　(b) 漏れ磁束の分布と電流分布

▲図1　二重かご形回転子

始動後は，滑りが0に近づくので，リアクタンスは減少し，電流の大部分は抵抗の小さな内側導体を流れる。すなわち，大きな二次抵抗で始動することにより始動特性が改善され，運転中は小さな二次抵抗になるので運転効率がよくなる。

　図2は，内側導体によるトルクT_i[N･m]と，外側導体によるトルクT_o[N･m]の特性を示す。二重かご形誘導電動機の特性は，これらの二つの特性を加えたものとなり，始動特性が改善される。

　二重かご形誘導電動機は，特別な始動装置を用いなくとも，大容量機でも直接定格電圧を加えて始動できる。数キロワット以上の巻上機・空気圧縮機などの電動機に用いられる。

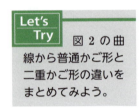

Let's Try　図2の曲線から普通かご形と二重かご形の違いをまとめてみよう。

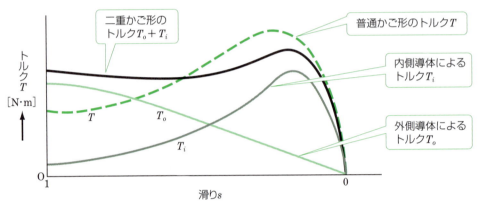

▲図2　二重かご形誘導電動機のトルク

2　深みぞかご形誘導電動機

　図3(a)は，深みぞかご形誘導電動機の回転子鉄心である。このような深いスロットの中に，幅が狭く平たい導体を押し込むと，始動時の漏れ磁束と電流密度は図3(b)に示すようになり，電流密度は，上部が大きく下部が小さくなる。始動後は，漏れリアクタンスが小さくなるため，その影響が少なくなり，電流密度は均一になる。

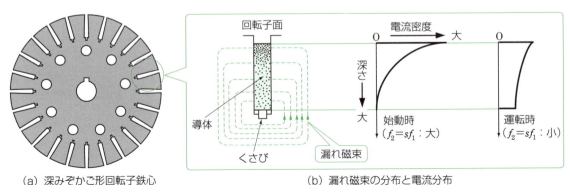

(a) 深みぞかご形回転子鉄心　　(b) 漏れ磁束の分布と電流分布
▲図3　深みぞかご形回転子

このことは，始動時には，滑り周波数が大きいので電流密度が著しく不均一になり，二次導体のインピーダンスが増したことになる。すなわち，始動抵抗器を用いた場合と同じ結果になる。また，始動後は，滑りが0に近づくので，漏れリアクタンスの影響が少なくなり，二次インピーダンスが減少する。したがって，二重かご形に近い性質をもたせることができる。

深みぞかご形誘導電動機の特性は，二重かご形誘導電動機と比べて，効率・力率はよいが，始動トルクが小さいので，連続運転用で始動トルクの小さなポンプや送風機に適している。

問 1 二重かご形誘導電動機の原理を説明せよ。

問 2 一般に，かご形誘導電動機には，大容量のものはない。なぜか。

2 単相誘導電動機

単相誘導電動機に単相交流電源を接続しても，固定子に発生する磁界は回転磁界ではないので，そのままでは回転しない。しかし，何らかの方法で回転子が回転すると，そのまま回転を持続する。したがって，単相誘導電動機では，始動時に回転トルクを生じさせるためのくふうがなされている。

1 回転のしくみ

a 交番磁界とトルク 単相誘導電動機では，回転子は三相かご形誘導電動機と同じかご形回転子であるが，固定子巻線は単相巻線である。図4(a)のような単相交流電流を図4(b)，(c)のように単相巻線a-a′間に流すと，正の半周期 T_1 では図4(b)，負の半周期 T_2 では図4(c)のように，磁界の向きが時間とともに反転を繰り返す**交番磁界**が発生する。すなわち，三相巻線の場合のような回転磁界とはならないため，始動トルクが働かない。

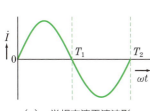

(a) 単相交流電流波形

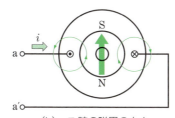

(b) T_1 時の磁界の向き

(c) T_2 時の磁界の向き

▲図4 交番磁界

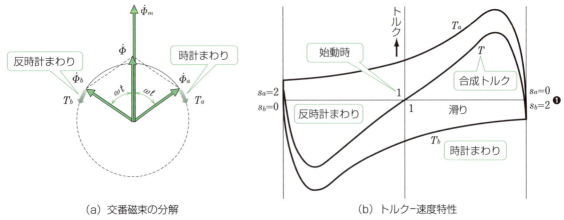

(a) 交番磁束の分解　　　　　(b) トルクー速度特性
▲図5　単相誘導電動機の回転のしくみ

しかし，交番磁界の磁束 Φ は，図5(a)に示すように，大きさが最大磁束 Φ_m の $\frac{1}{2}$ で，たがいに反対向きに同期速度で回転する二つの回転磁界の磁束 Φ_a，Φ_b に分解して考えることができる。

単相誘導電動機の回転子には，図5(b)に示すように，Φ_a によるトルク T_a と Φ_b によるトルク T_b がたがいに反対向きに作用し，その合成がトルク T となる。始動時 ($s=1$) は $T=0$ なので，回転できない。しかし，何らかの方法で，たとえば時計まわりに回転子を回せば，$T_a > T_b$ となって回転を始め，その後も回転を継続する。このことから，三相誘導電動機が運転中に，過負荷で1相のヒューズが切れた場合でも，回転を続けることがわかる。

図6に，単相誘導電動機の構造を示す。

b 二相交流による回転磁界の発生

図7のように，固定子に aa′，bb′ の二つの巻線をたがいに $\frac{\pi}{2}$ rad ずらして配置する。この巻線に，図8に示すような $\frac{\pi}{2}$ rad の位相差がある1組の単相交流電流を流すと，時間の経過とともに合成磁界が回転する。すなわち，**二相交流**❷ によって回転磁界が発生する。その回転速度は，三相交流の場合と同様に交流電源の周波数に比例するが，発生する磁界の強さは小さくなる。

❶ トルク T_a [N·m] により，滑り s_a が 0，すなわち回転子が同期速度 n_s [min^{-1}] で回転しているとき，トルク T_b [N·m] からみた回転子の滑り s_b は

$$s_b = \frac{n_s - n}{n_s}$$
$$= \frac{n_s - (-n_s)}{n_s}$$
$$= 2$$

となる。

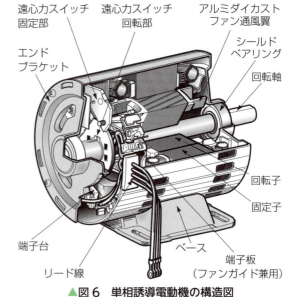

▲図6　単相誘導電動機の構造図

❷ 位相差のある二つの交流を組み合わせたもの。

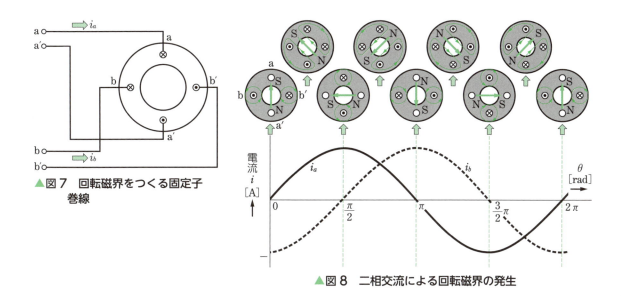

▲図7 回転磁界をつくる固定子巻線

▲図8 二相交流による回転磁界の発生

> **Let's Try** 図8のように，二つの交流電流に位相差を発生させるにはどのような方法があるか考えてみよう。

2 始動のしくみ

単相誘導電動機は，始動するためのくふうが必要である。図9(a)に示す単相誘導電動機（分相始動形）では，固定子に主巻線 M と，これと電気角で $\frac{\pi}{2}$ rad 異なる位置に補助巻線 A（始動巻線）を施している。補助巻線 A は，主巻線 M とくらべ，高抵抗にするため細い銅線を使用し，低リアクタンスにするため巻数を減らしている。このような二つの巻線に単相交流電圧 $\dot{V}$ を加えると，図9(b)に示すように，リアクタンスが大きな主巻線 M には，$\dot{V}$ よりも位相の遅れた電流 $\dot{I}_M$ が流れる。一方，補助巻線 A の回路は抵抗が大きくリアクタンスが小さいので，電圧 $\dot{V}$ に対して遅れの小さい電流 $\dot{I}_A$ が流れる。この $\dot{I}_M$ と $\dot{I}_A$ との間に α だけ位相差ができ，不完全ながら二相の回転磁界が生じる。この回転磁界によ

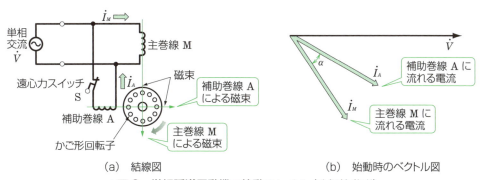

(a) 結線図　　　　　　　(b) 始動時のベクトル図

▲図9 単相誘導電動機の始動のしくみ（分相始動形）

2 各種誘導機

り時計まわりに回転する始動トルクが発生し，回転子は回転を始める。始動後，回転速度が同期速度の 70〜80 ％程度に達すると，遠心力スイッチ S が働いて補助巻線 A を自動的に切り離し，回転子は回転を続ける。

3 単相誘導電動機の始動法による分類

単相誘導電動機は，始動の方法により分相始動形，コンデンサ始動形，くま取りコイル形などに分類される。

a 分相始動形 図9で前述したように，単相で入力した交流を二相に分け，始動させる方法を分相始動形という。分相始動形は始動電流が大きいので，出力 200 W 以下のファン，ポンプ，グラインダ，工作機械などに利用される。

b コンデンサ始動形 図 10 に示すように，始動時に始動用コンデンサ C_S を用い，運転時は遠心力スイッチによって始動用コンデンサを回路から切り離し，単相誘導電動機として動作する。始動トルクが大きく，しかも始動電流は比較的少ない。出力 100〜400 W のポンプ・エアコンプレッサー・ボール盤などに用いられる。

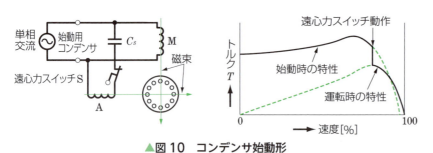

▲図 10　コンデンサ始動形

c 永久コンデンサ形 図 11 (a) に示すように，運転時もコンデンサ C_R が接続されたままで，構造が簡単で，力率もよく，トルクが均一で騒音が小さい。出力 200 W 以下の卓上扇風機や洗濯機などに広く用いられる。

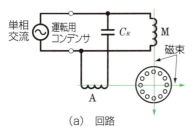
(a) 回路

(b) 実際の構造

▲図 11　永久コンデンサ形

d コンデンサ始動永久コンデンサ形 図 12 に示すように，始動時に始動用コンデンサ C_S と運転用コンデンサ C_R を用い，運転時は始動用コンデンサを切り離して運転する。この電動機はコンデンサ始動形より出力が大きく，400 W～750 W 程度のものまでつくられている。

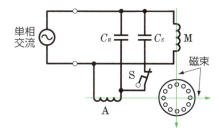

▲図 12 コンデンサ始動永久コンデンサ形

e くま取りコイル形 図 13 に示すように，固定子の各極を二つに分け，その一方に**くま取りコイル**とよばれる短絡された巻線を巻き，固定子巻線に単相交流電圧を加える。コイルのインダクタンスによって，磁束 $\dot{\Phi}_S$ [Wb] は $\dot{\Phi}_M$ [Wb] より位相が遅れ，$\dot{\Phi}_M$ が最大になってから，やがて $\dot{\Phi}_S$ が最大になり，磁束は時計まわりに移動し，回転子は始動する。

❶ shading coil

この電動機は，出力 20 W 以下の小さな扇風機や換気扇などに用いられる。

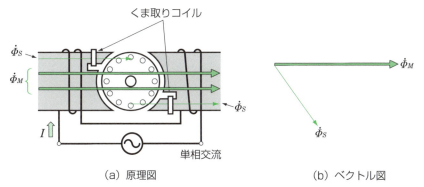

(a) 原理図　　(b) ベクトル図
▲図 13 くま取りコイル形の始動法

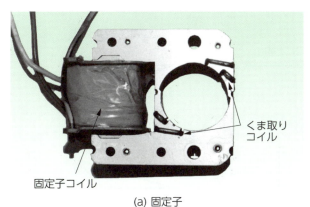

(a) 固定子

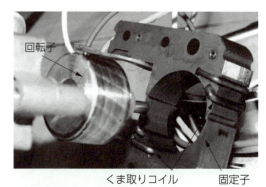

(b) 固定子と回転子
▲図 14 くま取りコイル形単相誘導電動機の実際の構造

問 3 単相誘導電動機が自己始動できないのはなぜか。

2 各種誘導機　165

3 誘導電圧調整器

1 三相誘導電圧調整器

a 構造 図15(a)は，**三相誘導電圧調整器**の例である。図15(b)に固定子，図15(c)に固定子内部にある回転子を示す。

　固定子と回転子には，スロットをもつ積層鉄心に三相巻線が施してあり，内部構造は，三相巻線形誘導電動機の構造とほとんど同じである。また，電源につなぐことにより，回転子にはトルクが発生するため，ウォームとウォームホイールによって自転を阻止している。出力電圧を調整するための回転子の回転には，小容量用には図15(c)のような手動式，大容量用には電動式，そのほかに自動式がある。

(a) 外観　　(b) 固定子　　(c) 回転子

▲図15　三相誘導電圧調整器の構造

b 原理 図16(a)に示すように，回転子巻線（一次巻線）はY結線にして電源につなぎ，固定子巻線（二次巻線）は負荷に直列につなぐ。

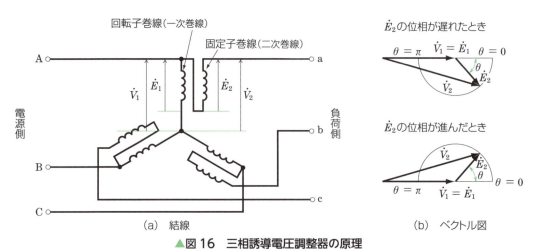

(a) 結線　　(b) ベクトル図

▲図16　三相誘導電圧調整器の原理

166　第4章　誘導機

一次側に三相電圧を加えると，励磁電流が流れて回転磁界が生じ，一次巻線・二次巻線にそれぞれ E_1 [V], E_2 [V] の起電力が誘導される。

この誘導起電力 $\dot{E}_2$ [V] は，大きさが一定の回転磁界によって生じるので，回転子と固定子との位置にかかわらず，つねにその大きさは一定であるが，位相は変化する。図 16 (b) は，一次と二次の相電圧の関係を示すベクトル図で，回転子の位置によって，二次誘導起電力 $(\dot{E}_1 + \dot{E}_2)$ [V] の大きさと位相が変わる。

三相誘導電圧調整器は，回転子により一次巻線と二次巻線の相対位置を変えることで，二次巻線に誘起する起電力を連続的に調整できるので，高圧配電線の電圧調整や，整流器，通信用電線などの精密な電圧・電流調整に用いられる。

問 4 三相誘導電圧調整器によって 0〜200 ％の起電力を得るには，一次巻線と二次巻線の巻数比をどのようにすればよいか。

問 5 三相誘導電圧調整器によって電圧を調整する場合，出力電圧の位相も同時に変わる理由を述べよ。

2 単相誘導電圧調整器

a 構造 図 17 (a) は単相誘導電圧調整器の外観であり，図 17 (b) はその原理図である。自由に回転できる回転子鉄心に一次巻線 P と短絡巻線 T を巻き，固定子鉄心に二次巻線 S を巻いてある。一次巻線 P を回転させることによって，二次巻線 S に誘導される起電力の大きさが連続的に調整できる。

(a) 外観

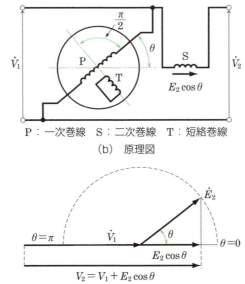

P：一次巻線　S：二次巻線　T：短絡巻線
(b) 原理図

(c) 電圧関係

◀ 図 17　単相誘導電圧調整器

b 原理

図17(b)において，一次巻線Pを回転させると，一次巻線Pによる交番磁束のうち，二次巻線Sと鎖交する磁束が変化する。一次巻線Pと二次巻線Sの巻線軸が一致するとき，二次巻線Sに誘導される起電力は最大で，この値をE_2[V]とすると，両巻線軸間の角がθ[rad]のときの起電力の大きさは$E_2\cos\theta$[V]となる。

したがって，二次電圧V_2[V]は次式で表される。

$$V_2 = V_1 + E_2\cos\theta \tag{1}$$

図17(c)からもわかるように，二次電圧V_2[V]は，θを0からπ radまで変化させることによって，$V_1+E_2\sim V_1-E_2$の範囲で，連続的に調整することができる。なお，三相誘導電圧調整器の場合と違い，一次電圧$\dot{V_1}$[V]と二次電圧$\dot{V_2}$[V]はつねに同相である。

また，短絡巻線Tが用いられるのは，負荷電流が流れた場合，漏れ磁束が大きくなって，電圧変動率が大きくなるのを防ぐためである。

c 定格容量

一般に，電圧調整器の定格容量P_a[kV·A]は，調整できる容量，すなわち**自己容量**で表される。

$$P_a = E_2 I_2 \times 10^{-3} \tag{2}$$

問 6 単相誘導電圧調整器において，一次電圧V_1が200 V，二次巻線Sに誘導される最大起電力E_2が100 Vである。一次，二次巻線の軸間の角θが0°，30°，60°，90°，120°，150°，180°のとき，それぞれの二次電圧V_2[V]を求めよ。

4 誘導発電機

これまで学んだように，三相誘導電動機が回転しているときの滑りsは，つねに$0<s<1$の間にあり，正の値であった。この三相誘導電動機の固定子を電源に接続したままで，回転子をほかの原動機で回転磁界と同じ方向に，同期速度n_sより大きい速度nで回転させると，回転磁界と回転子の相対速度n_s-nより，滑りsは負となる。

このことは，回転子二次巻線は電動機の場合とは逆の方向に回転磁界を切ることになるので，回転子二次巻線の誘導起電力と二次電流は電動機の場合とは逆方向となる。また，固定子と回転子との間のトル

クも回転方向とは逆になり，固定子負荷電流の方向も電動機の場合とは逆になる。

したがって，原動機からの回転子への機械的入力は，電気的出力になって固定子から電源に送り返されたことになるので，**誘導発電機**❶として動作する。

図18に，誘導発電機のトルク速度特性曲線を示す。

❶ induction generator；
誘導発電機には，かご形と巻線形とがある。

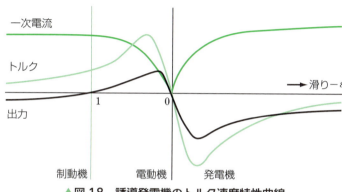

▲図18　誘導発電機のトルク速度特性曲線

誘導発電機には次の特徴がある。
1) 同期発電機のような励磁装置❷が不要であり，構造が簡単，丈夫であり安価である。
2) 始動時に同期調整が不要である。
3) 漏れリアクタンスが大きいので，短絡電流が小さい。
4) 単独での発電運転がむずかしい（回転磁界をつくるための別の交流電源が必要）。
5) 発電機電流は端子電圧に対して大きな進み電流となる。

誘導発電機は，小水力用発電機，コージェネレーション❸用発電機および風力発電機などに採用されている。

❷第5章で学ぶ。

❸ cogeneration；一つのエネルギー源から電気と熱などのように異なる二つ以上のエネルギーを取り出して利用するシステムをいう。

■節末問題■

1 コンデンサ始動形単相誘導電動機がある。図 19 に示すように，4 本の口出線を図 19(a)に示すようにつなげば時計まわりに回転し，図(b)に示すようにつなげば反時計まわりに回転するという。その理由を説明せよ。

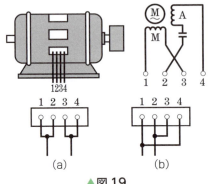

▲図 19

2 三相誘導電動機は，一次側の三相巻線中の一つの巻線が運転中に断線しても運転を続けるが，停止しているときに，三相電圧を加えても始動しないのはなぜか。

3 三相誘導電動機の単相運転の方法について説明せよ。

4 単相誘導電圧調整器は，ふつうの変圧器と比べて構造上どんな点が最も異なるか。

5 深みぞかご形誘導電動機は，始動時には回転子面に近い導体に電流が集中する。この理由を説明せよ。

6 次の文章の①〜⑤に当てはまる語句を記入せよ。

二重かご形誘導電動機は，回転子の内側と外側に導体を埋めている。外側の導体は内側導体と比べ抵抗を ① してある。また，内側の導体の方が外側の導体と比べて漏れ磁束が ② 。よって始動時，電流の大部分は ③ の導体を流れ，滑りが小さくなるにつれ ④ の導体を流れるようになることで始動特性が改善される。

回転子の回転速度が停止から同期速度の間，すなわち，$1 > s > 0$ の運転は状態では磁束を介して回転子の回転方向にトルクが発生するので誘導機は電動機であるが，回転子の速度が同期速度より高速の場合，磁束を介して回転子の回転方向とは逆の方向にトルクが発生し，誘導機は ⑤ となる。

この章のまとめ

1節

① 三相誘導電動機の回転磁界の回転速度 n_s [min^{-1}] は，$n_s = \dfrac{120f}{p}$ の式で表され，n_s を同期速度という。▶p.133

② 三相誘導電動機には，回転子の構造により，かご形と巻線形とがある。▶p.135

③ 三相誘導電動機の滑り s は，$s = \dfrac{n_s - n}{n_s}$ で表される。▶p.138

④ 誘導電動機は，変圧器と同じように電圧・電流の関係を取り扱うことができる。▶p.139

⑤ 滑り s で運転している三相誘導機の二次誘導起電力は $E_2' = sE_2$，二次側の周波数は $f_2 = sf_1$ である。f_2 は滑り周波数とよばれる。▶p.139

⑥ 滑り s で運転している三相誘導電動機の二次誘導起電力は sE_2，滑り周波数は sf_1，リアクタンスは sx_2 となる。▶p.140

⑦ 滑り s で運転中の三相誘導電動機の二次電流 I_2 [A] は，$I_2 = \dfrac{sE_2}{\sqrt{r_2^2 + (sx_2)^2}}$ で表される。▶p.140

⑧ 三相誘導電動機の出力 P_o [W] は，$P_o = 3I_1'^2 R' = 3I_1'^2 \left(\dfrac{1-s}{s}\right) r_2' = (1-s)P_2$ で示され，出力 P_o [W]：二次出力 P_2 [W]：二次銅損 P_{c2} [W] $= 1 : s : (1-s)$ となる。▶p.143

⑨ 三相誘導電動機のトルク T [N·m] と出力 P_o [W] の関係は，$T = \dfrac{60}{2\pi} \cdot \dfrac{P_o}{n}$ で表される。▶p.145

⑩ 二次入力 P_2 [W] は，$P_2 = 2\pi \dfrac{n_s}{60} T$ で表され，これを同期ワットという。▶p.145

⑪ トルクが一定の場合，二次回路の抵抗と滑りの比は，$\dfrac{r_2'}{s_1} = \dfrac{r_2' + R_s'}{s_2}$ の関係があり，トルクは R_s' の大きさによって比例推移する。▶p.148

⑫ 三相誘導電動機の始動法には，かご形では全電圧始動法・Y-Δ 始動法・始動補償器法などがあり，巻線形では二次側に始動抵抗器を接続する二次抵抗始動法がある。▶p.150~151

⑬ 三相誘導電動機の速度制御の方法には，かご形は $\dfrac{V}{f}$ 一定制御・ベクトル制御・一次電圧による制御・極数変換による制御があり，巻線形は二次抵抗による制御および一次電圧による制御がある。▶p.152~153

⑭ 三相誘導機の制動の方法には，発電制動・回生制動・逆相制動・単相制動がある。▶p.154~155

⑮ 等価回路法により回路定数を求めるには，抵抗測定・無負荷試験・拘束試験の三つの試験が必要である。▶p.155~156

2節

⑯ 各種の誘導機には，特殊かご形や単相誘導電動機がある。▶p.159, 161

⑰ 単相誘導電動機は始動法により，分相始動形，コンデンサ始動形，永久コンデンサ形，コンデンサ始動永久コンデンサ形，およびくま取りコイル形などがある。▶p.164~165

⑱ 交流電圧を連続的に調整できる誘導機に誘導電圧調整器がある。▶p.166~168

⑲ 誘導電動機の回転子を同期速度より大きい速度で回転させると，誘導発電機として動作する。▶p.168~169

章末問題

1. 定格出力 P_n が 55 kW の三相誘導電動機があり，その定格出力時の滑り s が 0.02 である。この電動機の定格出力時の二次銅損 P_{c2} [W] を求めよ。ただし，機械損は無視するものとする。

2. 定格出力 P_n が 3.7 kW，定格電圧 V_n が 200 V，定格周波数 f が 50 Hz，p が 4 極の三相誘導電動機があり，全負荷時の回転速度 n が 1440 min^{-1}，始動トルクは全負荷トルクの 300 % である。始動時，電動機の端子電圧に 10 % の低下がある場合，実際の始動トルク T_s' [N·m] を求めよ。

3. 直流発電機に直結する三相かご形誘導電動機がある。発電機の負荷 P_L が 200 kW で，発電機の効率 η_G が 90 % であり，また，電動機は端子電圧 V が 3300 V，効率 η_M が 90 %，力率 $\cos\theta$ が 90 % で運転されている。この場合の電動機に流入する電流 I [A] を求めよ。

4. 誘導電動機の始動補償器法において，始動補償器によって電源電圧の 80 % の電圧を電動機端子に加えた場合，電源側の始動電流および始動トルクは，それぞれ全電圧始動の場合の何パーセントになるか求めよ。ただし，始動補償器の励磁電流および電動機の漏れリアクタンスの飽和は無視できるものとする。

5. 定格出力 P_n が 55 kW，p が 6 極，定格回転速度 n が 970 min^{-1}，定格周波数 f が 50 Hz の三相かご形誘導電動機を Y-Δ 始動する場合の始動トルク T_s [N·m] を求めよ。ただし，全電圧始動時の始動トルクは定格運転時の 1.6 倍とし，また，漏れリアクタンスの飽和は無視できるものとする。

6. 次の文章の①〜⑤に当てはまる語句を記入せよ。

    三相誘導電動機は，①磁界をつくる固定子および回転する回転子からなる。回転子は，②回転子と③回転子との 2 種類に分類される。②回転子では，回転子溝に導体を納めてその両端が④で接続される。③回転子では，回転子導体が⑤，ブラシを通じて外部回路に接続される。

7. 三相誘導電動機の次の各項目の特性は，電源の周波数が低下したときどのように変化するか説明せよ。ただし，電源の電圧値は不変とする。

    (1) 始動電流　(2) トルク　(3) 回転速度
    (4) 磁束　(5) 力率　(6) 効率

8. 図 1 は，電源電圧および周波数が一定の場合における三相誘導電動機の特性を示したものである。一次電流・効率・力率・回転速度および滑りに該当する特性曲線は，それぞれどれか。記号で答えよ。

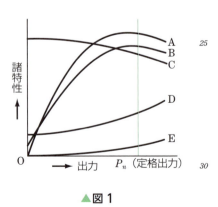

▲図 1

9 定格電圧 200 V，定格周波数 60 Hz，定格出力 7.6 kW，4 極の三相巻線形誘導電動機がある。この電動機が全負荷で 1710 min^{-1} 回転している。二次入力 P_2 [W] および二次銅損 P_{c2} [W] を求めよ。ただし，二次の機械損は無視する。

10 4 極の三相誘導電動機が 60 Hz の電源に接続され，出力 5.75 kW，回転速度 1656 min^{-1} で運転されている。このとき，一次銅損，二次銅損および鉄損の三つの損失が等しかった。このときの誘導電動機の効率 [％] を求めよ。

11 次の文章の①～④に当てはまる語句を語群から選べ。

誘導電動機が滑り s で運転しているとき，二次銅損 P_{c2} [W] の値は二次入力 P_2 [W] の ① 倍となり，機械出力 P_m [W] の値は二次入力 P_2 [W] の ② 倍となる。また，滑り s が 1 のとき，この誘導電動機は ③ の状態にあり，このときの機械出力の値は $P_m =$ ④ [W] となる。

語群　ア．$1-s$　イ．s　ウ．P_2　エ．同期速度　オ．停止
　　　カ．$P_2 - P_{c2}$　キ．0

12 次の文章の①～⑤に当てはまる語句を語群から選べ。

定格負荷時の効率を考慮して二次抵抗値は，できるだけ ① する。滑り周波数が大きい始動時には，かご形回転子の導体電流密度が ② となるような導体構造（たとえば深みぞ形）にして，始動トルクを大きくする。

定格負荷時は，無負荷時より ③ であり，その差は ④ 。このことから三相かご形誘導電動機は ⑤ 電動機と称することができる。

語群　ア．大きく　イ．小さく　ウ．均一　エ．不均一　オ．低速度
　　　カ．高速度　キ．大きい　ク．小さい　ケ．定速度　コ．変速度

13 極数 4 で 50 Hz 用の三相巻線形誘導電動機があり，全負荷時の滑りは 4 ％である。全負荷トルクのまま，この電動機の回転速度を 1200 min^{-1} にするために二次回路に挿入する 1 相あたりの抵抗 [Ω] を求めよ。ただし，三相巻線形誘導電動機の 2 次巻線は Y 結線であり，各相の抵抗値は 0.5 Ω とする。

B

1 定格出力 P_n が 40 kW，定格回転速度 n が 1425 min^{-1}，定格周波数 f が 50 Hz，p が 4 極の三相誘導電動機の n' が 1440 min^{-1} で負荷を駆動しているとき，出力 P' [kW] を求めよ。ただし，トルクは滑りに比例するものとする。

2 定格出力 P_n が 40 kW，定格回転速度 n が 1425 min^{-1}，定格周波数 f が 50 Hz，$p = 4$ 極の三相誘導電動機が，$T' = 250$ N·m の定トルク負荷を駆動しているとき，回転速度 n' [min^{-1}] を求めよ。ただし，電動機のトルクと滑りは比例するものとする。

3 定格周波数の定格電圧のもとに定格出力を出すときに，滑り s が 0.04 で回転する三相かご形誘導電動機がある。この電動機を定格の $\frac{1}{2}$ の周波数で定格の $\frac{1}{2}$ の電圧を加えて運転し，定格電流に等しい一次電流を流したときの発生トルク T' は，定格出力時のトルク T の何倍になるか求めよ。ただし，電動機の一次 1 相の抵抗を $r_1 = 0.25\,\Omega$，一次 1 相あたりに換算した二次抵抗を $r_2' = 0.25\,\Omega$ とし，励磁リアクタンスの飽和は無視できるものとする。

4 定格出力 $P_n = 55\,\text{kW}$，定格周波数 $f = 50\,\text{Hz}$，$p = 6$ 極の三相巻線形誘導電動機があり，定格状態において滑り $s = 3\,\%$，鉄損 $P_i = 1920\,\text{W}$，銅損 $P_c = 3850\,\text{W}$ である。この電動機をトルク一定のまま，二次回路に抵抗を挿入して回転速度を $n' = 776\,\text{min}^{-1}$ に変更したとき，効率 $\eta\,[\%]$ を求めよ。ただし，機械損は無視できるものとする。

5 定格出力 $P_n = 7.5\,\text{kW}$，定格周波数 $f = 60\,\text{Hz}$，定格回転速度 $n = 1730\,\text{min}^{-1}$，$p = 4$ 極の三相かご形誘導電動機がある。この電動機に $T_l = 30\,\text{N·m}$ のトルクを要求する負荷を接続して運転しているとき，回転子内に生じる損失 $P_{c2}'\,[\text{W}]$ を求めよ。ただし，電動機の滑りはトルクに比例するものとし，また，機械損は無視するものとする。

6 $p = 4$ 極の三相かご形誘導電動機が $f = 50\,\text{Hz}$ の電源電圧のもとに定トルク負荷を負って $n = 1455\,\text{min}^{-1}$ で運転している。この電動機の電源電圧の周波数を $f' = 20\,\text{Hz}$ に変え，かつ，二次電流が 50 Hz の運転時と同じ値になるように電源電圧の大きさを調整したものとする。このときの電動機の回転速度 $n'\,[\text{min}^{-1}]$ を求めよ。

7 二次電流一定（トルクがほぼ一定の負荷条件）で運転している三相巻線形誘導電動機がある。滑り 0.01 で定格運転しているときに，二次回路の抵抗を大きくしたところ，二次回路の損失は 30 倍に増加した。電動機の出力は定格出力の何パーセントになるか求めよ。

第5章 同期機

　誘導機と同様に，エネルギーを受けて回転する回転機には，同期機がある。同期機は，定常運転状態で，その回転速度がエアギャップの回転磁界と同期するので，その名の通り同期機という。

　現在発電所では，一定周波数の交流電圧を得るため，同期する速度（同期速度）で回転させる同期発電機が用いられている。また，この同期発電機は，電機子巻線に交流電圧を供給すると，同期速度で回転する同期電動機となる。

　この章では，これら同期機の原理・構造・特性・運転法や用途について学ぼう。

◆最大出力 80 kW，最大トルク 254 N・m，最高回転速度 10 500 min^{-1}
▲電気自動車用同期電動機

1 三相同期発電機
2 三相同期電動機

Topic　同期発電機は電気エネルギーの源

　わが国の総発電量のほとんどは，水力発電と火力発電である。これらの発電所では，水車やタービンから供給される運動エネルギーを電気エネルギーに変換する同期発電機が利用されており，同期発電機は電気エネルギーの供給源といえる。

　水力発電所では，水車の回転速度が低速なので，水車発電機は直径が大きい縦軸形となっている。それに対して，火力発電所では，蒸気タービンが高速回転するので，タービン発電機は直径が小さく横軸形をしている。これが水力と火力の発電機の違いである。

　同期電動機の回転子に永久磁石を用いて界磁巻線を必要としない電動機を，永久磁石形同期電動機という。インバータの助けによって可変速運転が可能であることから，インバータを用いて直流電源によって駆動できる電気自動車などの動力として利用されている。また，同期電動機は，産業界で幅広く用いられている誘導電動機よりも効率がよいため，省エネルギーに配慮したエアコンやエレベータ，産業用機器などにも永久磁石形同期電動機が利用されている。

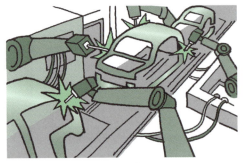
▲産業ロボット

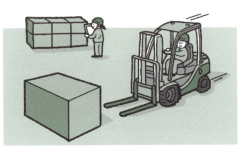
▲電動フォークリフト

1節 三相同期発電機

この節で学ぶこと 発電所で発生している大容量の電力は三相交流であり，その三相交流を発生する発電機は三相同期発電機である。ここでは，三相同期発電機の原理および構造について調べ，その電気回路がどのように構成されているかについて理解し，その特性を学ぼう。また，実際には，複数の発電機を並列に接続して運転（並行運転）することが多い。この並行運転についても理解を深めよう。

1 三相同期発電機の原理と構造

1 原理

図1(a)は，三相同期発電機の原理図である。電機子巻線は電気角で $\frac{2}{3}\pi$ rad ずつへだてて巻いた三相巻線で，磁極は外部の直流電源からブラシとスリップリングを通して励磁されている。図1(b)はブラシとスリップリングのようすである。

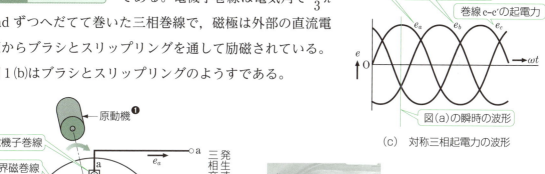

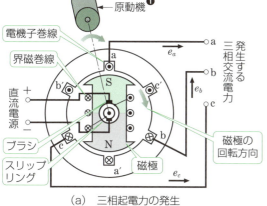
(a) 三相起電力の発生

(b) ブラシとスリップリング

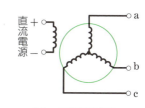
(d) 電機子巻線と界磁巻線の表示❷

▲図1 三相同期発電機の原理

a 対称三相起電力の発生 原動機によって，磁極を図1(a)の矢印の向きに回転させると，図1(c)に示すように各相に e_a, e_b, e_c の起電力が誘導され，対称三相起電力が発生する。

b 同期速度 極数が p の同期発電機の同期速度 $n_s\,[\min^{-1}]$ は，周波数を $f\,[\mathrm{Hz}]$ とするとき，三相誘導電動機の回転磁界の回転速度と等しく，次式で表される。❸

$$n_s = \frac{120f}{p} \qquad (1)$$

❶火力発電所における原動機はタービン，水力発電所では水車である。
❷実際の巻線はこのように表される。

❸第4章 p.133 参照。

式(1)から，極数 p の交流発電機で周波数 f [Hz] の交流を発生させるには，式(1)の同期速度 n_s [min^{-1}] で交流発電機を回転させる必要がある。このような発電機を **同期発電機**❶ という。

❶ synchronous generator

c 回転界磁形

同期発電機は，図1(a)のように界磁巻線を回転子に設け，スリップリングを通して直流の励磁電流が供給される。このように，磁極が回転する発電機を **回転界磁形同期発電機**❷ という。同期発電機はごく小形のものを除き，図2のように極数を増やし，電機子巻線を固定子に設けることで，絶縁が容易で大きな電流が取り出せる。

❷ これに対して，界磁巻線は固定子に，電機子巻線は回転子に設けたものを回転電機子形同期発電機という。小容量機に使用される。

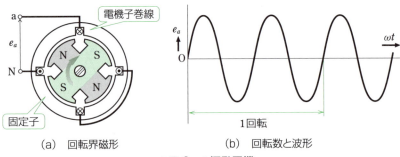

(a) 回転界磁形　　(b) 回転数と波形

▲図2　4極発電機

問 1　図2の4極の発電機で，50 Hz を発生するとき，同期速度 [min^{-1}] を求めよ。

d 起電力の大きさ

同期発電機の起電力の大きさは，直流発電機の起電力と同じく，界磁磁束の回転による周速度を u [m/s]，磁束密度の瞬時値を B [T]，導体の長さを l [m] とすると，導体1本に生じる起電力❸の瞬時値 e [V] は，次式で表される。

$$e = Blu \tag{2}$$

❸ フレミングの右手の法則 序章 p.13, 第1章 p.19 参照。

図3に示すように，磁束密度が $B = B_m \sin\omega t$ [T]，**極ピッチ**❹ が τ [m] であるとすると，磁極が1秒間に1回転したときの周速度 u は 2τ となり，その導体に誘導される誘導起電力の周波数は 1 Hz であるから，f [Hz] に対しては，$u = 2\tau f$ [m/s] の周速度を必要とする。したがって，誘導起電力の瞬時値 e [V] は，$e = 2\tau f l B_m \sin\omega t$ となる。ここで，$2\tau f l B_m = E_{1m}$ [V] とおくと，次のようになる。

$$e = E_{1m} \sin\omega t \tag{3}$$

式(3)から磁束密度の分布が正弦波であれば，1本の導体に生じた起電力は正弦波になることがわかる。

❹ 回転子磁極のN極の中心からS極の中心までの距離。

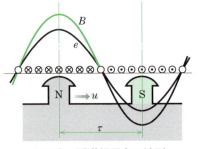

▲図3　誘導起電力の波形

次に，起電力の実効値を E_1 [V] とすると，

$$E_1 = \frac{E_{1m}}{\sqrt{2}} = \frac{2}{\sqrt{2}} \tau f l B_m \tag{4}$$

磁束密度の平均値を B_a [T] とすると，$B_a = \frac{2}{\pi} B_m$ であるから，各極の磁束 Φ [Wb] は，$\Phi = B_a \tau l = \frac{2}{\pi} B_m \tau l$ となるので，E_1 [V] は，次のようになる。

$$E_1 = \frac{\pi}{\sqrt{2}} f\Phi = 2.22 f\Phi \tag{5}$$

1相あたりの直列に接続されている巻線の巻数を w とすれば，1相あたりの誘導起電力 E [V] は，次のようになる。

$$E = 2wE_1 = 4.44 f\Phi w \tag{6}$$

式(6)で表される誘導起電力の大きさは，各極各相のスロットが一つの場合である。実際の発電機では，次に述べるように，各極各相のコイルは二つ以上のスロットに分けて巻く方法が使われている。そのため，1相分の誘導起電力の実効値は式(6)よりも減少し，

$$E = 4.44 k_w f\Phi w \tag{7}$$ ❶

となる。ここで，k_w は巻線係数である。

e 電機子巻線法 電機子巻線法には，1相のコイルを一つのスロットに集中させる集中巻と，いくつかのスロットに分けて配置する分布巻とがある。さらに，分布巻には，図4に示すように**全節巻**❷と**短節巻**❸とがある。1回巻のコイルには，コイル辺は二つあるので，巻線の端子に誘導される起電力は1本の導体の2倍となる。

図4(a)の全節巻は，コイルピッチと極ピッチが等しくなるようにコイルが配置してある。一方，図4(b)の短節巻は，コイルピッチが極ピッチよりも小さくなるようにコイルが配置してある。短節巻は，全節巻に比べて誘導起電力は低くなるが，コイル端が短くなるので，誘導起電力の波形が著しく改善され，また，巻線材料が節約できる利点がある。

❶三相発電機の誘導起電力 E' [V] は
$E' = \sqrt{3} E$
$\quad = \sqrt{3} \times 4.44 k_w f\Phi w$
となる。

❷ full-pitch winding；コイルピッチと極ピッチが等しい巻線法である。

❸ short-pitch winding；コイルピッチを極ピッチより短くした巻線法である。

❹極ピッチとコイルピッチは，電気角 [rad]，距離 [mm] またはスロット数で表す。

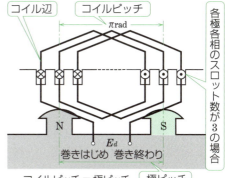

(a) 全節巻(分布巻)

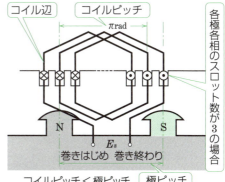

(b) 短節巻(分布巻)

▲図4 全節巻と短節巻

例題 1

1相の誘導起電力が 6 350 V の同期発電機において，1相の巻数が 140 であるときの界磁磁極の磁束 Φ [Wb] を求めよ。ただし，周波数は 50 Hz，巻線係数は 0.97 とする。

解答 式(7)より，$E = 4.44 k_w f \Phi w$ となる。その式を変形して，

$$\Phi = \frac{E}{4.44 k_w f w} = \frac{6\,350}{4.44 \times 0.97 \times 50 \times 140}$$
$$= 0.211 \text{ Wb}$$

となる。

問 2

極数 8，回転速度が 900 min^{-1} の三相同期発電機がある。電機子1相の直列巻数が 120，1極あたり磁束が 0.062 Wb であるとき，次の値を求めよ。ただし，ギャップにおける磁束分布は正弦波とし，電機子巻線の接続は Y 接続，また，巻線係数は 1.0 とする。

(1) 発電機の発生周波数 f [Hz]
(2) 1相の誘導起電力 E [V]
(3) 無負荷端子電圧 V [V]

2 同期発電機の構造

一般に，回転機械の構成は，大きく分けると，**回転子**（回転する部分）と**固定子**（静止している部分）とになる。図5は，回転界磁形同期発電機の内部構造である。

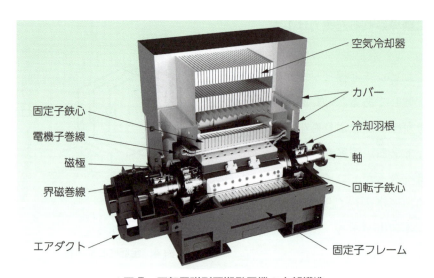

▲図5 回転界磁形同期発電機の内部構造

a 電機子巻線

あらかじめ巻枠に絶縁銅線を用いて絶縁処理をしたコイルを **型巻コイル**[1] という。

図6(a)のように型巻コイルを固定子のスロットに収めるとき，一つのスロットには図6(b)のように二つのコイル辺が入る **二層巻**[2] にしている。図6(c)は4極分布短節二層巻の例である。一般に，発電機の端子電圧は，各巻線の直列回路の合成電圧である。これを大きくするには，それに応じた絶縁材料を用いる必要があり，一般に，20 000 V が限度とされている。

[1] きっ甲形コイルを絶縁し，ワニスを含侵させ，既定の寸法に成形したもの。第4章 p.135 図8(a)参照。
[2] 第4章 p.135 図8(b)参照。

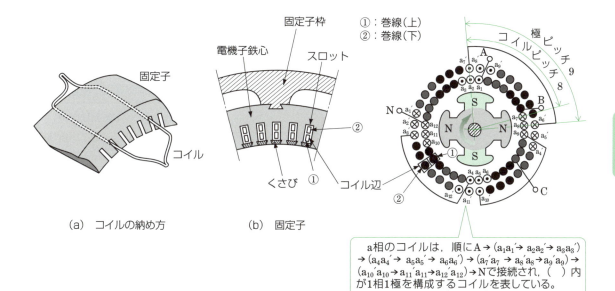

(a) コイルの納め方　　(b) 固定子

a相のコイルは，順にA→(a_1a_1'→a_2a_2'→a_3a_3')→(a_4a_4'→a_5a_5'→a_6a_6')→(a_7a_7'→a_8a_8'→a_9a_9')→($a_{10}a_{10}'$→$a_{11}a_{11}'$→$a_{12}a_{12}'$)→Nで接続され，( ) 内が1相1極を構成するコイルを表している。
ここで，a_na_n'はa相のn番目のコイルを示し，a_nはスロットの①に，a_n'はスロットの②に挿入される。
b相，c相のコイルは，上記のa相のコイルと等しい接続のコイルをそれぞれ時計方向に60°，120°回転させてスロットに挿入する。

(c) 4極分布短節二層巻（毎極毎相のスロット数 3）

▲図6　電機子巻線

b 電機子鉄心

電機子鉄心は，図6(b)のスロットに納めた電機子巻線を保持し，磁束の通路の役目を担っている。鉄心の材料は，ヒステリシス損を少なくするため，電磁鋼板が用いられている。また，渦電流損を少なくするため，厚さ 0.35～0.5 mm の薄い鉄板を必要な厚さに積み重ねた積層鉄心が，固定子枠に組み込まれて用いられている。

C 回転子

回転子は，主軸・回転子鉄心・磁極などからなり，**突極形**❶と**円筒形**❷がある。表1に突極形，円筒形の回転子鉄心の形状と回転子の外観を示す。

❶ salient-pole type
❷ cylindrical type

突極形は，回転子の回転速度が小さい水車発電機などに用いられる。円筒形は界磁巻線を回転子鉄心内に納め，界磁巻線が遠心力で飛び出さないように非磁性のくさびをはめ込んである。この回転子は，回転速度が大きいタービン発電機などに用いられる。界磁巻線は，丸銅線または平角銅線が用いられている。

▼表1 突極形と円筒形の回転子の形状と外観

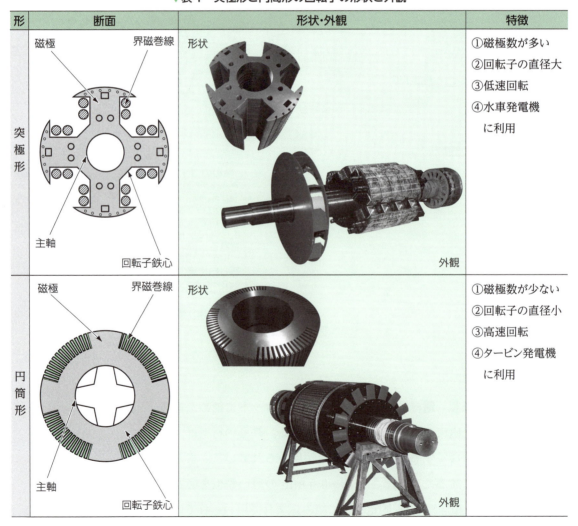

3 同期発電機の利用

a 水車発電機 水力発電所では水車を原動機とした水車発電機を利用している。水車の回転速度は 100～1000 min^{-1} 程度と比較的小さいので，50 Hz や 60 Hz の商用周波数を発生させるために磁極の数が多い。水車発電機の回転子の形状は，軸方向に比べ，直径が大きい。❶

❶前見返し資料1参照。

b タービン発電機 火力発電所や原子力発電所における蒸気タービンやガスタービンを原動機としたタービン発電機は，磁極の数が2極の場合，50 Hz では 3000 min^{-1}，60 Hz では 3600 min^{-1} と高速で運転される。タービン発電機の回転子は，高速回転で生じる遠心力による機械的強度の関係から，回転子の直径を小さくし，軸方向の長さを長くしている。❷

❷前見返し資料2参照。

問 3 水車発電機とタービン発電機の構造・特性について検討せよ。

✤Column 発電機の冷却方式

発電機で発電するさい，発電機には多量の熱が発生する。その熱による発電機の破損を防ぐため，それぞれの機種に適した冷却方式が用いられている。たとえば，水車発電機では空気冷却方式，タービン発電機では水素冷却方式や液体冷却方式（絶縁油，純水）が採用されている。

大形のタービン発電機は，風による損失が大きくなるため，冷却には空気より効率の高い水素ガスが使われている。水素冷却方式には，次のような利点がある。

- 空気に比べて熱を伝えやすい。
- 密度が小さいので，風による損失が小さく効率が向上する。
- 水素は空気よりも不活性なので，コイル絶縁物の劣化が少ない。

しかし，水素は空気と混合すると爆発を起こす危険があるため，水素が漏れないよう，構造が複雑になる。

そのため，近年，安全面や冷却効率のよさから，純水を用いた冷却が使われ始めている。

▲図 水・水素冷却形タービン発電機

2 三相同期発電機の等価回路

1 電機子反作用

同期発電機が負荷に電力を供給しているとき，発電機の電機子巻線に電機子電流が流れる。この電流により発生する回転磁界が主磁束に作用し，主磁束が乱れるため，誘導起電力が変化する。このような現象を，直流発電機で学んだ電機子反作用と同様に，**同期発電機における電機子反作用**という。同期発電機では，電機子に交流が流れているので，負荷の力率により，直流発電機の場合と異なった電機子反作用が生じる。

a 交差磁化作用

三相同期発電機に接続される負荷が抵抗のみの場合は，力率が1で運転されている。この場合の電機子反作用を考える。

a相では，図7(a)のように，起電力 e_a [V] が最大値のとき，電機子電流 i_a [A] も最大になる。このときの電機子巻線と磁極との位置関係，および電機子巻線がつくる回転磁界の分布は，図7(b)のようになる。

電機子電流による回転磁界の軸は，図7(b)に示すように，つねに主磁束の軸に垂直に交差している。これらの磁束は，図7(c)のように，磁極面に対して右側で磁束を減少させ，左側では磁束を増加させる。このような作用を **交差磁化作用** という。

❶主磁束は，外部電源から界磁巻線に流れる電流がつくる磁束である。

❷力率角は負荷力率角で示す。この負荷力率角は，電機子電流と起電力との位相差を表す。

❸力率 $\cos\theta = 1$ は力率角 $\theta = 0$ のことである。

❹ cross magnetizing

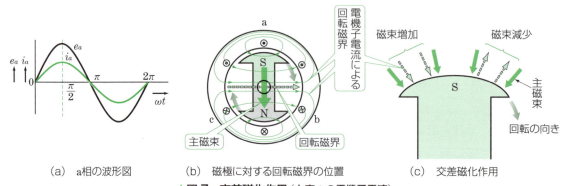

(a) a相の波形図　　(b) 磁極に対する回転磁界の位置　　(c) 交差磁化作用

▲図7 交差磁化作用（力率1の電機子電流）

b 減磁作用

発電機に接続される負荷がリアクトル❶のみの場合,遅れ力率❷が 0 で運転されている。この場合,図 8(a)のように,a 相の起電力 e_a が π rad で 0 V のとき,電機子電流 i_a [A] は正の最大になる。このときの電機子巻線と磁極との位置関係,および回転磁界の分布は図 8(c)のようになり,回転磁界は主磁束の向きと逆になって主磁束を減少させてしまう。この現象を **減磁作用**❸ という。

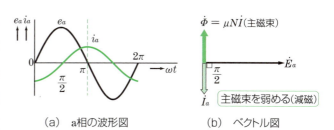

(a) a 相の波形図　　(b) ベクトル図

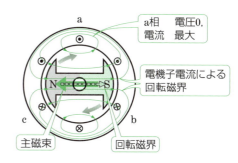

(c) 磁極と回転磁界の位置関係

▲図 8 減磁作用(力率 0 の遅れ電機子電流)

問 4 図 8 において e_a [V] が最大(i_a [A] が 0)の時刻 $\left(\omega t = \dfrac{\pi}{2}\right)$ における磁極の位置と回転磁界の分布を図示せよ。

c 増磁作用

発電機に接続される負荷がコンデンサのみの場合,進み力率❹が 0 で運転されている。この場合は,図 9(a)のように a 相の起電力 e_a が π rad で 0 V のとき,電機子電流 i_a は負の最大になっている。このときの電機子巻線と磁極との位置関係,および回転磁界の分布は図 9(c)のようになり,回転磁界と主磁束は同一の向きで重なり合って,磁束を増加させる作用が生じる。この現象を **増磁作用**❺ という。

d 負荷の力率と作用の関係

電機子反作用は,一般に,電機子電流 $\dot{I}$ [A] の位相が,誘導起電力 $\dot{E}$ [V] に対し,θ [rad] であるとき,電流の有効分 $I\cos\theta$ によって交差磁化作用が働く。また,無効分 $I\sin\theta$ により,電流が遅れ電流であれば減磁作用,進み電流であれば増磁作用として働く。

❶ たとえば,コイルのようなインダクタンス作用をもつ装置である。
❷ 力率角 $\theta = -\dfrac{\pi}{2}$ のことである。
❸ demagnetizing action
❹ 力率角 $\theta = \dfrac{\pi}{2}$ のことである。
❺ magnetizing action;磁化作用ともいう。

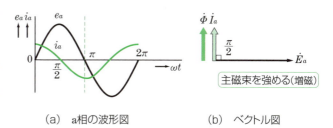

(a) a 相の波形図　　(b) ベクトル図

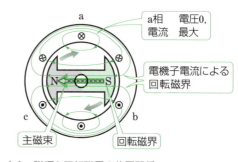

(c) 磁極と回転磁界の位置関係

▲図 9 増磁作用(力率 0 の進み電機子電流)

1 三相同期発電機　185

2 発電機の等価回路

同期発電機の電機子反作用を回路要素に置き換えた等価回路を用いると,発電機の誘導起電力と端子電圧の関係を理解するうえでたいへん便利である。そこで,電機子反作用を考慮した発電機の等価回路について考える。

a 電機子反作用によるリアクタンス

図 10(a)は,三相同期発電機の誘導起電力 $\dot{E}$ [V] に直列にリアクタンス x_a [Ω] を接続した回路で,電機子電流 $\dot{I}$ [A] が流れると,次の関係がなりたつ。

$$\dot{V}_x = jx_a\dot{I}, \quad \dot{V} = \dot{E} - \dot{V}_x \tag{8}$$

いま,電機子電流 $\dot{I}$ [A] が力率 0 の遅れ電流のとき,端子電圧 $\dot{V}$ [V] はベクトル図 10(b)から求められる。また,電機子電流 $\dot{I}$ [A] が力率 0 の進み電流のときは,図 10(c)から求められる。すなわち,$\dot{E}$ [V] を主磁束による誘導起電力とすれば,電機子反作用としての減磁作用・増磁作用による起電力の増減は,リアクタンス x_a [Ω] に生じる電圧降下 $\dot{V}_x$ [V] で表される。そこで,x_a [Ω] は**電機子反作用によるリアクタンス**とよばれる。

❶ここでは簡略化のため電機子巻線抵抗は無視し,インピーダンスはリアクタンスのみで表す。

❷電機子反作用は,リアクタンスの一種として取り扱うことができる。

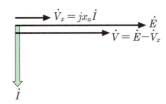

(a) 三相同期発電機1相分の回路図

(b) 力率 0 の遅れ電流の場合　$V < E$（減磁作用）

(c) 力率 0 の進み電流の場合　$V > E$（増磁作用）

▲図 10　電機子反作用によるリアクタンス

b 同期リアクタンス

電機子電流がつくる磁束には，図11(a)に示すように，コイル辺に生じる磁束とコイル端などに生じる磁束がある。コイル辺に生じる磁束のうち，大部分の磁束 $Φ$ は界磁磁束に作用し，電機子反作用として働く。これに対して，電機子巻線と鎖交するだけで界磁磁束に影響を与えない $Φ_c$ や図11(b)の $Φ_m$，$Φ_t$ などの磁束を**漏れ磁束** $Φ_l$ という。この漏れ磁束 $Φ_l$ によって生じる電圧降下は，リアクタンス $x_l [Ω]$ に置き換えられ，**漏れリアクタンス**とよんでいる。また，$x_a [Ω]$ と $x_l [Ω]$ の和 $x_s [Ω]$ は**同期リアクタンス**とよばれ，$x_s = x_a + x_l [Ω]$ で表される。

c 同期インピーダンス

$r_a [Ω]$ を電機子巻線抵抗とすると，三相同期発電機1相分の等価回路は図12(a)のようになり，そのインピーダンス $\dot{Z}_s [Ω]$ は，次式で表される。

$$\dot{Z}_s = r_a + jx_s, \quad Z_s = \sqrt{r_a^2 + x_s^2} \tag{9}$$

この $\dot{Z}_s [Ω]$ は**同期インピーダンス**とよばれ，その大きさを $Z_s [Ω]$ で表す。

図12(b)は，ある負荷電流における同期発電機のベクトル図である。

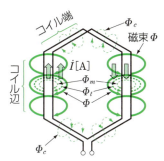

$Φ_c$：コイル端漏れ磁束
$Φ_m$：スロット漏れ磁束
$Φ_t$：歯端漏れ磁束

(a) 磁束と漏れ磁束

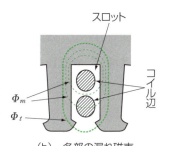

(b) 各部の漏れ磁束

▲図11 漏れ磁束

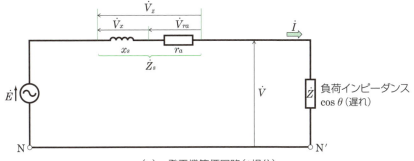

(a) 発電機等価回路(1相分)

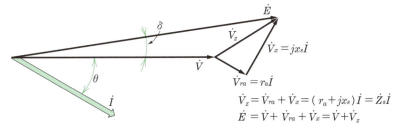

(b) 図(a)の回路のベクトル図

▲図12 等価回路

問 5 電機子反作用がリアクタンスに置き換えられる理由を説明せよ。

3 三相同期発電機の特性

1 無負荷飽和曲線

図13(a)は，無負荷試験の接続図である。無負荷試験は次のようにして行う。

同期発電機の端子は無負荷にして，原動機を運転する。同期発電機を定格回転速度とし，以後，一定に保つ。可変抵抗 R_f を最大にして，直流電源のスイッチSを閉じ，磁極を励磁する。次に，界磁電流 I_f をしだいに大きくし，I_f と端子電圧 V の関係を調べる。

いま，I_f によって生じる磁束を $Φ$ [Wb] とすれば，端子電圧 V は磁束 $Φ$ と比例関係にある。また，I_f と $Φ$ との関係は，磁極鉄心による飽和特性になるから，I_f と V との関係は，図13(b)に示すように飽和特性を示す。これを同期発電機の **無負荷飽和曲線**❶ という。

問 6 同期発電機の無負荷における界磁電流と端子電圧との関係は，飽和特性を示す。その理由を説明せよ。

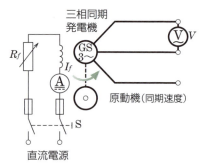

(a) 無負荷試験

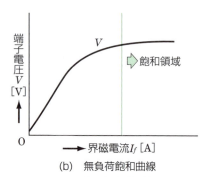

(b) 無負荷飽和曲線

▲図13　無負荷特性

❶ no-load saturation curve

2 短絡曲線

a 短絡曲線 図14(a)は，三相短絡試験の接続図である。同期発電機の端子を短絡し，定格回転速度で運転して，界磁電流 I_f [A] と電機子短絡電流 I_{s}' [A] の関係を調べると，図14(b)に示すように，比例関係であることがわかる。この特性曲線を **短絡曲線** という。

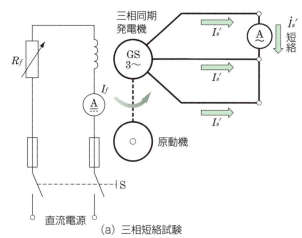

(a) 三相短絡試験　　　　　　　(b) 短絡曲線

▲図14　短絡曲線と短絡電流

b 短絡電流 同期発電機が，定格回転速度・定格電圧・無負荷で運転中，突発的に3相を短絡すると，図15に示す電流が流れる。短絡直後は電機子反作用がないから，電流を制限するものは電機子巻線抵抗と漏れリアクタンスだけであり，そのためひじょうに大きな過渡電流が流れる。この電流を **突発短絡電流** という。短絡後数秒で電機子反作用が現れる。この場合の回路は誘導性であるから減磁作用となり，短絡電流は減少し，ついに電流は同期インピーダンスで制限されて一定の値になる。この電流を **持続短絡電流**❶ という。

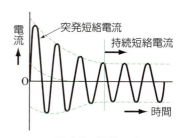

▲図15 短絡電流

❶持続短絡電流の大きさは，定格電流の0.6～1.2倍程度である。

❷$V_a = \dfrac{V_{ab}}{\sqrt{3}}$

3 同期インピーダンス

a 同期インピーダンスの定義 図16(a)から，相電圧 V_a [V]，線間電圧 V_{ab} [V]，短絡電流 I_s' [A] とすると，三相同期発電機の1相分のインピーダンス Z_0 [Ω] は，次式で表される。

$$Z_0 = \frac{V_a}{I_s'}❷ = \frac{V_{ab}}{\sqrt{3}\,I_s'} \tag{10}$$

しかし，式(10)の V_a，V_{ab} [V] は，図16(a)回路からは測定できないので Z_0 を求めることができない。そこで，短絡電流を流したときの界磁電流における電圧は，無負荷試験により測定できるから，この値を V [V] として，図16(c)から，次式を用いて Z_0 を求める。

$$Z_0 = \frac{V_{ab}}{\sqrt{3}\,I_s'} = \frac{V}{\sqrt{3}\,I_s'} = \frac{\overline{ea}}{\sqrt{3}\cdot\overline{ca}} = \overline{ga} \tag{11}$$

この Z_0 は，端子電圧 V [V] が飽和特性をもつため，一定にならない。そこで，V [V] が定格電圧 V_n [V] に等しいときの値を用い，それを **同期インピーダンス** と定義し，Z_s [Ω] で表す。すなわち，図16(c)から，次式で表される。

$$Z_s = \frac{V_n}{\sqrt{3}\,I_s} = \frac{\overline{fb}}{\sqrt{3}\cdot\overline{db}} = \overline{hb} \tag{12}$$

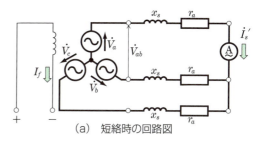

(a) 短絡時の回路図

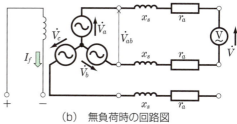

(b) 無負荷時の回路図

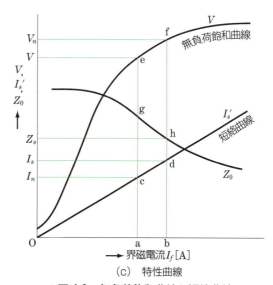

(c) 特性曲線

▲図16 無負荷飽和曲線と短絡曲線

1 三相同期発電機　189

b 百分率同期インピーダンス

同期インピーダンスをΩ単位で表さないで，％単位で表す場合がある。これを**百分率同期インピーダンス**といい，z_s [%] で表し，次式で表される。

$$z_s = \frac{Z_s I_n}{\frac{V_n}{\sqrt{3}}} \times 100 = \frac{I_n}{I_s} \times 100 \tag{13}$$

ここで，I_n [A] は定格電流であり，I_s [A] は無負荷で定格電圧を発生するときの界磁電流と等しい界磁電流における短絡電流である。

問 7 同期インピーダンスは，無負荷飽和曲線と短絡曲線から，どのように計算するか説明せよ。

4 短絡比

図 17 において定格電圧 V_n [V] が発生しているとき，突然三相短絡したときの持続短絡電流は，式(12)の I_s [A] と等しくなる。この I_s が，定格電流 I_n [A] の何倍になるかを示す値を**短絡比**という。図 17 と式(13)から，短絡比 S は，次式で表される。

$$S = \frac{I_{fs}}{I_{fn}} = \frac{I_s}{I_n} = \frac{100}{z_s} \tag{14}$$

式(14)から，短絡比の大きな同期発電機は，同期インピーダンスが小さく，短絡電流が大きいことがわかる。同期インピーダンスが小さいことは，電機子反作用が小さいことで，エアギャップが大きく，機械に余裕があり，電圧変動率も小さいが，価格は高くなる。一般に短絡比は 0.6〜1.2 程度につくられる。たとえば，タービン発電機では 0.6〜1.0，水車発電機では 0.9〜1.2 程度である。

❶ 同期インピーダンスをオームの法則より求めた値は，Ω単位になる。
❷ インピーダンス降下（$Z_s I_n$）を定格電圧（相電圧）で割った値の百分率で表す。
❸ 励磁電流ともいう。
❹ short-circuit ratio
❺ 鉄を多く使用しているので，鉄機械ともいう。それに対して，短絡比の小さな同期発電機は銅機械ともいう。
❻ 高速度の蒸気タービンを原動機とするもので，磁極数が少なく，回転子の外径は小さく横軸形である。
❼ 低速度の水車を原動機とするもので，磁極数が多く，回転子の外径は大きく縦軸形である。

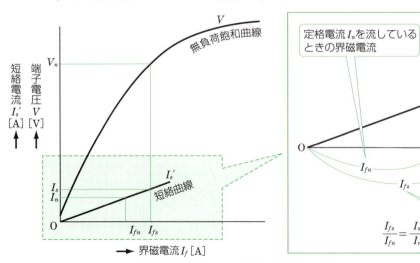

▲ 図17 短絡比の算出

例題 2

定格電圧 V_n が 6000 V, 容量 P_a が 5000 kV·A の三相同期発電機がある。界磁電流 200 A のもとで無負荷端子電圧は 6000 V, また, この界磁電流での三相短絡電流 I_s は 600 A であるという。この発電機の短絡比 S, 百分率同期インピーダンス z_s [%], 同期インピーダンス Z_s [Ω] を求めよ。

解答 この発電機の定格電流 I_n [A] を求めると,

$$I_n = \frac{P_a}{\sqrt{3}\,V_n} = \frac{5000 \times 10^3}{\sqrt{3} \times 6000} = 481\ \text{A}$$

となる。したがって, 短絡比 S, 百分率同期インピーダンス z_s [%] は, 式(14)から,

$$S = \frac{I_s}{I_n} = \frac{600}{481} = 1.25, \quad z_s = \frac{100}{S} = \frac{100}{1.25} = 80\ \%$$

となる。また, 同期インピーダンス Z_s [Ω] は, 式(12)から,

$$Z_s = \frac{V_n}{\sqrt{3}\,I_s} = \frac{6000}{\sqrt{3} \times 600} = 5.78\ \text{Ω}$$

となる。

問 8 百分率同期インピーダンスと短絡比の関係を説明せよ。

問 9 図 17 で, $I_{fs} = 120$ A, $I_{fn} = 100$ A, $V_n = 6600$ V の三相同期発電機がある。$I_n = 300$ A のとき, 短絡比 S, 百分率同期インピーダンス z_s [%] および同期インピーダンス Z_s [Ω] を求めよ。

5 外部特性曲線

同期発電機の端子電圧 V [V] は, 図 18 に示すように, 負荷電流 I [A] や負荷力率によって変わる。界磁電流および負荷力率 $\cos\theta$ を一定に保ち, そのときの I と V の関係を示す曲線を **外部特性曲線** という。

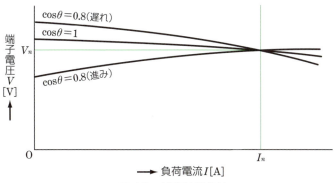

▲図 18 外部特性曲線

問 10 外部特性曲線が負荷力率によって変わるのはなぜか。

1 三相同期発電機　191

6 自己励磁現象

同期発電機が無負荷の長距離高圧送電線路（容量負荷など）[❶]に接続されていると，静電容量のため無励磁で運転しても進みの無効電流が流れる。この電流による電機子反作用は増磁作用となり，端子電圧が上昇する。この場合の電機子電流と端子電圧の関係は，図19のようになる。

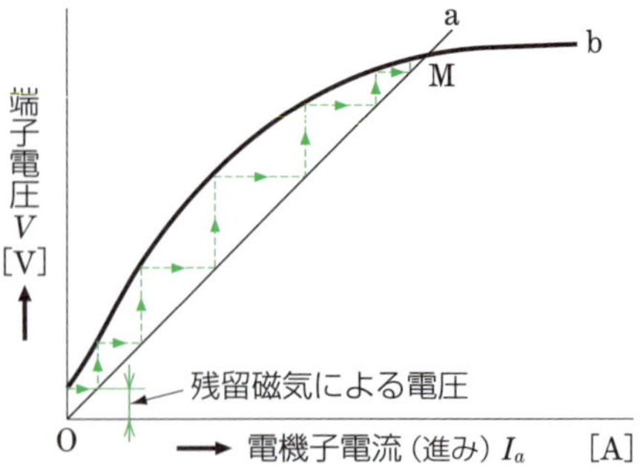

すなわち，直線 $\overline{Oa}$ は，静電容量の容量負荷に流れる電流と，負荷の端子電圧の関係を示し，曲線bは無負荷飽和曲線を示す。電流が0の場合でも発電機の残留磁気によってわずかな電圧が発生し，発電機に進み電流が流れる。そのため，電機子反作用（増磁作用）が発生し，電圧は上昇して，進み電流はいっそう増加し，さらに電圧は上昇する。このようなことを繰り返して，電圧は点Mに落ちつく。このように無励磁の同期発電機に進み電流が流れ，電圧を上昇させる現象を同期発電機の **自己励磁**[❷] という。点Mの電圧が発電機の定格よりひじょうに大きければ，巻線の絶縁を破壊するおそれがある。

▲図19 充電電流による自己励磁特性

[❶] 無負荷の長距離高圧送電路においては，送電線の線間や電線と大地との静電容量はかなり大きい。

[❷] self-excitation

7 励磁方式

界磁巻線をもつ同期発電機は，励磁電流を流すための励磁回路が必要である。励磁方式には，サイリスタ励磁方式やブラシレス励磁方式などがある。

a サイリスタ励磁方式

図20のように，同期発電機の出力に直結した励磁用変圧器の二次電圧をサイリスタ整流器で直流電圧に変換し，これを界磁巻線にブラシを通して供給する方式である。サイリスタ整流器は，**自動電圧調整器**（**AVR**）[❸]によって制御され，発電機の出力電圧を一定に調整する。

[❸] automatic voltage regulator

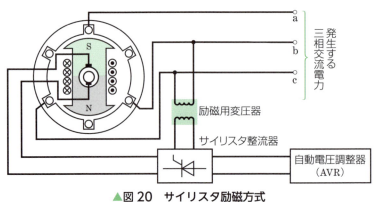

▲図20 サイリスタ励磁方式

b ブラシレス励磁方式

図 21 (a)は，ブラシレス同期発電機の構成図である。発電機の軸が回転すると，回転軸に取りつけた回転整流器と回転電機子形交流励磁機が回転する。

図 21 (b)は，ブラシレス励磁方式の結線図である。回転電機子形交流励磁機の出力は回転整流器で直流電圧に変換され，発電機の界磁巻線に供給される。交流励磁機の界磁巻線は，自動電圧調整器（AVR）により制御され，発電機の界磁電流を調節し，出力電圧を一定に保つ。

この方式は，図 20 のサイリスタ励磁方式のように，スリップリングやブラシなどの摺動❶部分がないので，ブラシレス励磁方式とよばれる。ブラシの保守が不要であるという特徴がある。

❶滑らせながら動かすこと。

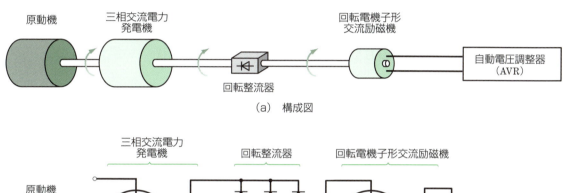

▲図 21　ブラシレス励磁方式

同期発電機の励磁方式のまとめ

励磁方式	特　徴
サイリスタ 励磁方式	・発電機に直結した励磁用変圧器の出力をサイリスタで整流する。 ・自動電圧調整器でサイリスタを制御する。 ・ブラシやスリップリングが必要。
ブラシレス 励磁方式	・交流励磁機と回転整流器が発電機の回転軸上にある。 ・自動電圧調整器で交流励磁機を制御する。 ・ブラシやスリップリングがないので保守が容易。

4 三相同期発電機の出力と並行運転

1 出力

同期インピーダンスは，$\dot{Z}_s = r_a + jx_s$ であるが，一般に $r_a\,[\Omega]$ は $x_s\,[\Omega]$ に比べてひじょうに小さいので，r_a を無視することができる。そのときの三相同期発電機1相分の等価回路を図22(a)に示し，そのベクトル図を図22(b)に示す。

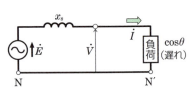
(a) 同期発電機の等価回路

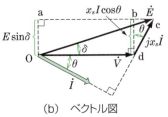
(b) ベクトル図

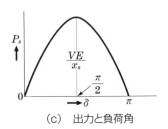
(c) 出力と負荷角

▲図22　同期発電機の等価回路とベクトル図

三相同期発電機の1相分の出力を $P_s\,[\mathrm{W}]$ とすると，次式で表される。

$$P_s = VI\cos\theta \tag{15}$$

図22(b)より，$x_s I\cos\theta = E\sin\delta$ となる。この式の両辺に $\dfrac{V}{x_s}$ を掛けると，$P_s = VI\cos\theta = \dfrac{VE}{x_s}\sin\delta$ ❶ となる。したがって，3相の合計出力 $P\,[\mathrm{W}]$ は次のようになる。

$$P = 3P_s = \frac{3VE}{x_s}\sin\delta \tag{16}$$

すなわち，供給電圧 $\dot{V}$，誘導起電力 $\dot{E}$ および同期リアクタンス x_s が一定ならば，図22(c)に示すように出力 P_s は V に対する E の位相角 δ の正弦関数で表される。この δ を **負荷角** ❷ という。

なお，発電機が負荷に電力を送るには，δ は正，すなわち $\dot{E}$ は $\dot{V}$ より位相が進んでいなくてはならない。しかし，$\dot{E}$ の大きさは必ずしも V より大きくなくてもよい。

問 11　定格端子電圧が $V_n\,[\mathrm{V}]$，定格電流が $I_n\,[\mathrm{A}]$ のとき，三相同期発電機の定格容量 $P\,[\mathrm{V\cdot A}]$ を求めよ。

2 並行運転

2台以上の同期発電機を，一つの **母線** ❸ に並列に接続して運転することを **並行運転** という。図23は母線 R, S, T に2台の発電機 A, B が共通に接続されており，並行運転を行う接続図である。

❶一般に，発電機では，$\delta = 90°$ のとき最大出力となる。

❷ load angle；内部位相差または内部相差角ともいう。

❸複数の電源と接続されている共通の導体をいう。

a 並列接続 図23に示すように，すでに同期発電機AがスイッチS_1を閉じて母線に接続して運転しているとき，同じ母線に同期発電機Bを並列に接続するには，次の条件が必要である。

1) A，Bの**起電力の周波数が等しい**。
2) A，Bの**起電力の大きさが等しい**。
3) A，Bの**位相が一致している**。
4) 起電力の波形が等しい。
5) **相順が一致している**。❶

このうち1)～3)の三つの条件を満たすには，次の操作を行う。

1) 周波数を等しくするには，原動機Bの回転速度を調整する。
2) 起電力の大きさを等しくするには，発電機Bの界磁抵抗R_{f2} [Ω]を加減し，磁極の励磁を調整する。
3) 起電力の位相を一致させるためには，原動機Bの回転速度を調整する。❷ 起電力の位相が一致しているかどうかは，図23のように接続された同期検定灯❸のランプの明るさから判断する。位相を一致させると，図24(a)のようにランプL_1が消え，L_2, L_3は同じ程度の明るさになる。図25はこのときのベクトル図である。

このようにして，三つの条件が整ったとき，図23のスイッチS_2を閉じると，発電機Bが発電機Aに並列に接続され，並行運転ができる。

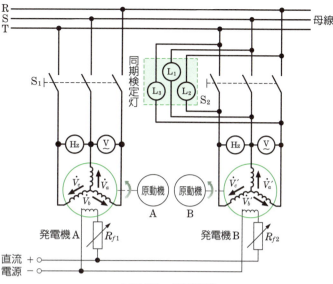

▲図23　並列接続

❶第4章 p.132 側注❸参照。

❷位相を一致させることを「同期をとる」ともいう。

❸同期検定灯のほかに，同期検定器や自動同期投入装置がある(図24(b), (c))。

(a) 同期検定灯

(b) 同期検定器

(c) 自動同期投入装置

▲図24　同期検定に使用する装置

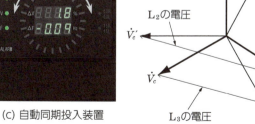

▲図25　同期検定灯に加わる電圧

1　三相同期発電機

b 無効横流 図26のように，起電力 $\dot{E}_1$ [V], $\dot{E}_2$ [V] をもつ同期発電機 A・B が母線に接続され，並行運転をする場合を考える。

発電機 A・B の同期インピーダンス $\dot{Z}_s$ [Ω] が等しい場合は，通常，起電力が等しく，$\dot{E}_1 = \dot{E}_2$ で運転されている。

しかし，発電機の励磁が変化し，$\dot{E}_1 > \dot{E}_2$ となると，$\dot{E}_1 - \dot{E}_2 = \dot{E}_{12}$ の電圧によって，

$$\dot{I}_L = \frac{\dot{E}_{12}}{2\dot{Z}_s} = \frac{\dot{E}_{12}}{2(r_a + jx_s)} \text{[A]} \quad (17)$$

の電流が図26のように，両発電機間に循環する。

同期インピーダンス $\dot{Z}_s$ [Ω] はほとんどが同期リアクタンスであり，図27のベクトル図のように，発電機 A から流出する $\dot{I}_L$ は $\dot{E}_1$ に対して $\frac{\pi}{2}$ rad 遅れた電流になり，$\dot{E}_2$ に対しては流入する電流になって，$-\dot{I}_L$ となり，$\frac{\pi}{2}$ rad 進んだ電流になる。その結果，発電機 A では電機子反作用の減磁作用が生じて $\dot{E}_1$ を低下させ，発電機 B では増磁作用が生じて $\dot{E}_2$ を上昇させ，両発電機の起電力が等しくなるように作用する。

$\dot{I}_L$ は両発電機間を循環し，$\dot{E}_1$, $\dot{E}_2$ に対して位相差がほぼ $\frac{\pi}{2}$ rad なので，**無効横流**❸とよぶ。これは出力には無関係で，両発電機の力率を変化させたり，電機子巻線に抵抗損を発生させたりするので巻線を加熱する原因になっている。

c 有効横流 同期発電機 A, B が並行運転をしているとき，発電機 A を駆動している原動機の出力を上げると，図28のベクトル図のように，発電機 B より早く回転しようとして $\dot{E}_1$ の位相が $\dot{E}_2$ の位相よりも δ [rad] 進む。そのため，$\dot{E}_1 - \dot{E}_2 = \dot{E}_{12}$ の電圧が発生し，両発電機の同期インピーダンス $\dot{Z}_s$ [Ω] が等しいとすると，$\dot{I}_C = \frac{\dot{E}_{12}}{2\dot{Z}_s}$ [A] の電流が発電機 A より流れ出る。

この $\dot{I}_C$ [A] は $\dot{E}_{12}$ より $\frac{\pi}{2}$ rad 遅れ，$\dot{E}_1$ とほぼ同相になって，発電機 A は $\dot{E}_1 \cdot \dot{I}_C$ の出力を増やし，回転の上昇が抑制される。また，発電機 B の $-\dot{I}_C$ は $\dot{E}_2$ より約 π rad の位相差があり，$\dot{E}_1 \cdot (-\dot{I}_C)$ の出力を

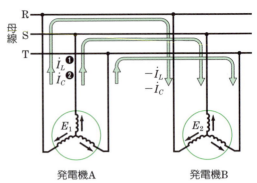

▲図26　並行運転

❶ $\dot{I}_L$; 無効横流
❷ $\dot{I}_C$; 有効横流

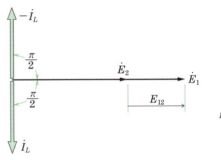

▲図27　$E_1 > E_2$ の場合

❸ reactive cross current
無効循環電流ともよばれる。

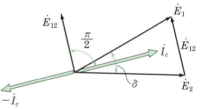

▲図28　E_1 の位相が E_2 より進んだ場合

減らし，回転が上昇するため，自動的に $\dot{E}_1$ と $\dot{E}_2$ が同位相になるように働く。

この電流 $\dot{I}_c$ を **有効横流**❶ とよび，位相が進んだ発電機から位相の遅れた発電機へ電力を供給する作用を行っている。

❶ effective cross current
同期化電流ともよばれる。

d 負荷分担 同期発電機 A から同期発電機 B へ負荷電流の分担を変えるには，次のような操作を行う。

1) A の励磁を弱め，B の励磁を強めて，しだいに無効横流の分担を B に移す。
2) A の回転速度を遅くし，B の回転速度を速めると，負荷の有効横流の分担はしだいに B に移る。
3) 1) と 2) の操作を交互に行って，負荷を移動させ，分担を変える。

問 12 一般に，負荷電流には，電圧に対して有効分と無効分がある。いま，同期発電機 A，B が平等に負荷電流を分担しているとき，負荷電流の分担をすべて発電機 A へ移すには，どうすればよいか。

問 13 図 23 で，同期発電機 A，B の同期がとれているとき，三つのランプのそれぞれの明暗の状態は変わらない。もし，同期発電機 B の回転速度を遅くすれば，しばらくしてランプ L_2 は最も明るくなり，L_1 もしだいに明るくなり，L_3 は暗くなる。したがって，L_2-L_1-L_3 の順に明るさが回転する。同期発電機 B の回転速度が速くなると，ランプの明るさの回転順序はどうなるか。

■節末問題■

1 次の文章の①〜⑥に当てはまる語句を語群から選べ。

三相同期発電機では一般的に，小容量のものを除き電機子巻線は ① に設けて，導体の絶縁が容易であり，かつ，大きな電流が取り出せるようにしている。界磁巻線は ② に設けて，直流の励磁電流が供給されている。

比較的 ③ の水車を原動機とした水車発電機は，50 Hz または 60 Hz の商用周波数を発生させるために磁極数が多く，回転子の直径が軸方向に比べて大きくつくられている。回転子の形状から ④ とよばれている。

蒸気タービン等を原動機としたタービン発電機は，⑤ で運転されるため，回転子の直径を小さく，軸方向に長くした横軸形としてつくられている。回転子の形状は ⑥ である。

語群 ア．低速度　イ．高速度　ウ．固定子　エ．回転子
オ．突極形　カ．円筒形

2. 図29は三相同期発電機の電機子と磁極の図である。電機子には力率が1の電流が流れている。N極の磁極について，次の(1)〜(3)は正しい語句を選べ。(4)は作用名を答えよ。

(1) 電機子電流によって生じる電機子の磁束は（時計回り・反時計回り）になる。

(2) 磁極の左側の磁界の強さは（強く・弱く）なる。

(3) 磁極の右側での磁界の強さは（強く・弱く）なる。

(4) このような作用は何とよばれているか。

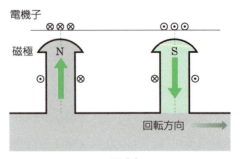

▲図29

3. 図30は，三相同期発電機1相分の等価回路である。次の名称を述べよ。

(1) x_s
(2) r_a
(3) $r_a + jx_s$

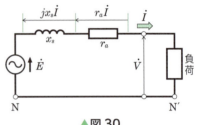

▲図30

4. 図31は，220 V，20 kV·A の三相同期発電機の無負荷飽和曲線と短絡曲線である。この発電機の同期インピーダンス Z_s [Ω]，短絡比 S，百分率同期インピーダンス z_s [%] を求めよ。

5. 定格電圧・定格電流が等しい2台の三相同期発電機がある。同期インピーダンスが異なる場合，それらの構造や特性を比較せよ。

6. 次の文章の①〜③に当てはまる語句を語群から選べ。

三相同期発電機の短絡比を小さくすると，発電機の外形寸法は ① なる。また，発電機の安定度は ② なる。短絡比が小さい発電機は，同期インピーダンスが ③ 。

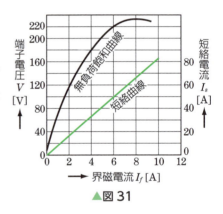

▲図31

語群　ア．小さく　イ．大きく　ウ．よく
　　　エ．悪く　オ．小さい　カ．大きい

7. 並行運転中のA，B 2台の三相同期発電機があり，その1相分を図32に示す。各発電機の1相分についての負荷分担が 2432 kW であって，相電圧が 3800 V，$I_1 = 1000$ A，$I_2 = 800$ A のとき，次の値を求めよ。

(1) 各発電機の力率 [%]

(2) 各発電機に流れる電流 $\dot{I}_1$, $\dot{I}_2$, および負荷電流 $\dot{I}$ の有効分 [A]，無効分 [A]

(3) 負荷電流 [A] および力率 [%]

(4) 1相分の負荷電力 [kW]

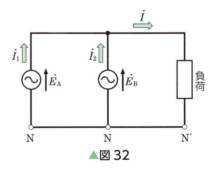

▲図32

2節 三相同期電動機

この節で学ぶこと 誘導電動機は，ある滑りで回転するが，同期電動機は，周波数と極数で決まる一定の速度，すなわち同期速度で回転するので，誘導電動機とは異なった特性をもっている。ここでは，同期電動機の回転原理を理解し，電気回路としての考え方やその取り扱いについて調べよう。また，その特性をよく理解し，それを生かした使用法などについて学ぼう。

1 三相同期電動機の原理

1 回転の原理

三相同期電動機の構造は，三相同期発電機と同じである。図1(a)は，三相同期電動機の原理図である。固定子の三相巻線に三相交流電流 i_a, i_b, i_c [A] が流れると，図1(b)に示すように，回転磁界が発生する。図1(b)で，固定子鉄心から磁束の出る部分N極をⓃで表し，磁束が固定子鉄心に入る部分S極をⓈで表すと，Ⓝ，Ⓢは，同期速度で相回転の向きに回転する。❶このとき，図(a)の回転子S極は，Ⓝに引きつけられて回転する。

❶図1(b)では，A-B-Cの時計まわりに回転する。

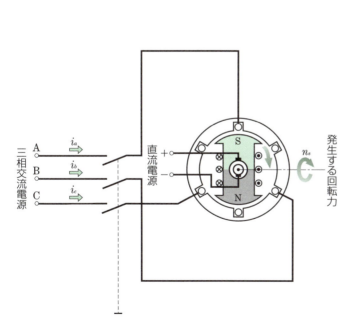

(a) 三相同期電動機の原理　　(b) 三相交流電流と回転磁界

▲図1　回転磁界と回転の向き

2　三相同期電動機　199

同期電動機が負荷を担って回転しているときは，図2(a)のように，回転子磁極 N，S と回転磁界Ⓢ，Ⓝが δ [rad] の角度をへだてた位置関係を保って同期速度で回転している。このときSとⓃ，およびNとⓈとの吸引力によって，回転子に時計まわりのトルク T_1 [N·m] が生じ，T_1 に対して逆方向に働く負荷のトルク T_1' [N·m] とつり合って回転する。

次に電動機の負荷が軽くなって，T_1' [N·m] が小さくなると，δ [rad] も小さくなる。電動機が無負荷になれば，図2(b)のように δ は 0 rad になって，T_1'，T_1 も 0 N·m になり，トルクは発生しない。

このように，回転子磁極は，電機子電流による回転磁界と等しい同期速度で回転し，負荷の増減によって，回転子磁極軸と回転磁界軸との位置関係 δ が変わる。この δ を **負荷角**❶ とよぶ。

❶ δ は負荷の大きさによって決まり，トルク角ともいう。なお，$\delta < \pi$ である。

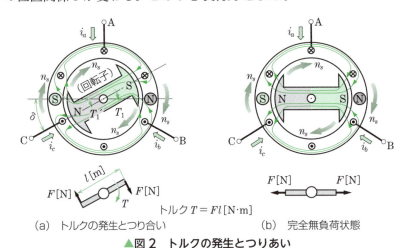

(a) トルクの発生とつり合い　　(b) 完全無負荷状態

▲図2　トルクの発生とつりあい

問 1　三相同期電動機は，同期速度以外では回転できない。なぜか。

Let's Try 回転磁界と回転子の関係をみてみよう

<準備>　プラスチックコップ，方位磁石，磁石2個，両面テープ
<方法>　①磁石と磁針が引き合うようにして，プラスチックコップに磁石を貼り付ける（右図）。
　　　　②方位磁石をかぶせたプラスチックコップを回転させる。
<考察>　①プラスチックコップを回転させると，中の方位磁石はどうなるか。
　　　　②二つの磁石は，電動機のどの部分にあたるか。
　　　　③方位磁石は，電動機のどの部分にあたるか。

2 発電機と電動機の等価回路

図3(a)は，三相同期発電機の1相分を示す等価回路である。この図において，各電圧の間には，次の関係がなりたつ。

$$\dot{V} = \dot{E} - r_a\dot{I}_G - jx_s\dot{I}_G = \dot{E} - (r_a + jx_s)\dot{I}_G$$

ゆえに，

$$\dot{E} = \dot{V} + (r_a + jx_s)\dot{I}_G \tag{1}$$

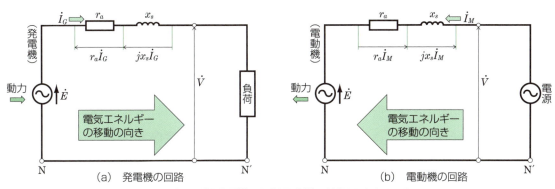

▲図3 同期発電機と同期電動機の等価回路（1相分）

　三相同期電動機は，構造的に同期発電機と同じであるから，その1相分についての等価回路は図3(b)となる。$\dot{V}$ [V] は1相分の供給電圧であり，$\dot{E}$ [V] は，回転する磁極によって誘導される電機子巻線1相分の起電力である。電動機電流 $\dot{I}_M$ [A] の向きを図のように定めると，この回路では，同期電動機として，各電圧の間には，次の関係がなりたつ。

$$\dot{V} = \dot{E} + r_a\dot{I}_M + jx_s\dot{I}_M = \dot{E} + (r_a + jx_s)\dot{I}_M$$

ゆえに，

$$\dot{E} = \dot{V} - (r_a + jx_s)\dot{I}_M \tag{2}$$

　したがって，式(1)より，三相同期発電機の起電力は供給電圧とインピーダンス降下のベクトル和になり，式(2)より，三相同期電動機の起電力は供給電圧とインピーダンス降下のベクトル差になる。

問 2 図3(b)で，電機子巻線1相分の起電力 $\dot{E}$ [V]，電動機電流 $\dot{I}_M$ [A] 間の電力と，電機子巻線1相分の電圧 $\dot{V}$ [V]，$\dot{I}_M$ [A] 間の電力とでは，どちらがどれだけ大きいか。

3 電機子反作用

図4(a)は，三相同期電動機1相分の等価回路である。電流 $\dot{I}_G$ [A] の向きを図のように考えると，$\dot{I}_M = -\dot{I}_G$ であり，$\dot{E}$ [V] に対し，$\frac{\pi}{2}$ rad の位相差をもつ場合のベクトル図は，図4(b)，(c)となる。

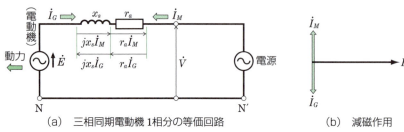

(a) 三相同期電動機1相分の等価回路　　(b) 減磁作用　　(c) 増磁作用

▲図4　電機子反作用における減磁作用と増磁作用

$\dot{E}$ [V] と $\dot{I}_G$ [A] は，図3(a)の同期発電機の回路と同じである。$\dot{E}$ [V] と $\dot{I}_G$ [A] の関係が，図4(b)のときは，電機子反作用は減磁作用として働き，図4(c)のときは，増磁作用として働く。

ここで，電機子電流を $\dot{I}_M$ [A] で表せば，同期電動機における電機子反作用は，$\dot{E}$ [V] に対し，$\frac{\pi}{2}$ rad だけ進んだ電流によって減磁作用（図4(b)）となり，$\frac{\pi}{2}$ rad だけ遅れた電流によって増磁作用（図4(c)）となる。また，$\dot{E}$ [V] に対し，同相の電流 $\dot{I}_M$ [A] は，交差磁化作用となる。❶

これらの作用は，回路的にはリアクタンスであり，同期発電機の場合と同じように，漏れリアクタンスとあわせて同期リアクタンスとよぶ。図3(b)と図4(a)の x_s [Ω] は同期リアクタンスである。

❶発電機の場合とは逆になる。

例題 1　図4(a)に示す回路で，電動機の励磁を調整して，遅れ力率を $\cos\theta = 0.6$ にしたとき，$\dot{V}$ を基準ベクトルにして $\dot{I}_M$，$\dot{E}$，$jx_s\dot{I}_M$ のベクトルをかけ。ただし，r_a は x_s よりひじょうに小さいものとする。

解答

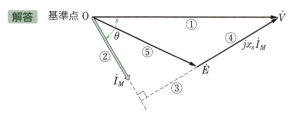

▲図5　遅れ力率0.6のときのベクトル図

式(2)より，$V > E$ として
① 単位長さあたりの電圧の大きさを決めて，基準ベクトル $\dot{V}$ を描く。
② $\dot{V}$ より時計まわりに $\theta ≒ 53°$ だけずらし，$\dot{I}_M$ を任意の大きさで描く。
③ 次に $r_a < x_s$ の条件より $\dot{I}_M$ と垂直に $\dot{V}$ の先端がぶつかるように，補助線を引く。
④ 補助線上に，長さが $jx_s\dot{I}_M$ となるように，$\dot{V}$ の先端から線分をとり，端の点を $\dot{E}$ とする。$jx_s\dot{I}_M = \dot{V} - \dot{E}$ である。
⑤ 基準点から $\dot{E}$ までのベクトルを描く。

問 3　電機子反作用について，同期発電機と同期電動機を比較せよ。

2 三相同期電動機の特性

1 入力・出力・トルク

ふつう同期電動機では，電機子巻線の抵抗 r_a [Ω] は同期リアクタンス x_s [Ω] に比べてひじょうに小さいので，r_a [Ω] を無視して考えると，三相同期電動機の1相分の等価回路は図6(a)となり，そのベクトル図は図6(b)となる。ここで，δ [rad] は，$\dot{V}$ [V] に対する $\dot{E}$ [V] の位相差で負荷角であり，θ [rad] は，$\dot{V}$ [V] に対する $\dot{I}_M$ [A] の位相差である。

a 入力

図6(b)のベクトル図からわかるように，電動機の力率は $\cos\theta$ であるから，三相同期電動機の1相分の入力 P_1 [W] は，次式で表される。

$$P_1 = VI_M\cos\theta \tag{3}$$

b 出力

図6の $\dot{E}$ と $\dot{I}_M$ の関係は，回路図ではその向きがたがいに逆であるから，発生電力ではなく，消費電力，すなわち出力を表す。そこで，三相同期電動機1相分の出力 P_o [W] は，次の式で表される。

$$P_o = EI_M\cos(\delta - \theta) = \frac{VE}{x_s}\sin\delta \tag{4}$$

❶図6(b)より，
$x_s I_M \cos(\delta - \theta) = V\sin\delta$
の両辺に $\dfrac{E}{x_s}$ を掛けると，式(4)になる。

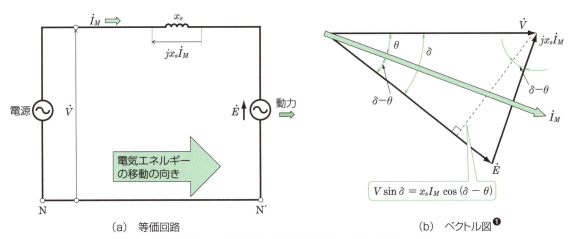

▲図6 同期電動機の等価回路とベクトル図

C トルク 式(4)から，三相同期発電機の全出力 P [W] は $3P_o$ [W] である。このときの発電機の角速度を ω_s [rad/s]，トルクを T [N·m]，同期速度を n_s [min^{-1}] とすると，P [W] は次式で表される。

$$P = 3P_o = \omega_s T = 2\pi \frac{n_s}{60} T \tag{5}$$

よってトルク T [N·m] は，次式で表される。

$$T = \frac{60}{2\pi n_s} \cdot 3P_o = \frac{60}{2\pi n_s} \cdot \frac{3VE}{x_s} \sin\delta \tag{6}$$

以上のことから，図7に示すように，負荷角 δ が大きくなるに従ってトルク T [N·m] は大きくなり，δ が $\frac{\pi}{2}$ [rad] のとき最大値 T_m [N·m] となる。負荷のトルクが T_m [N·m] より大きいと，さらに δ は増加し，トルクは減少して，電動機はついに停止する。これを **同期外れ**❶ といい，同期外れをしない最大トルク T_m [N·m] を **脱出トルク**❷ という。脱出トルクは，実際には δ が 50〜60° の範囲にあって，電動機が定格周波数・定格電圧および通常の励磁において，同期運転ができる最大トルクのことである。

同期電動機において，負荷が急変すると，負荷角 δ が変化し，新しい負荷角 δ' に落ちつこうとしても，回転子の慣性のために，負荷角 δ' を中心として周期的に変動する。この現象を **乱調** といい，電源の起電力や周波数などが周期的に変動した場合にも生じる。乱調が激しくなると，電源との同期が外れて電動機は停止する。乱調を防ぐには，回転の変化を抑え，始動巻線も兼ねる **制動巻線**❸ を設けたり，はずみ車❹ を取りつけたりする。

❶ step out
❷ pull-out torque

❸ 第5章 p.207 図12(b) 参照。
❹ 回転部分の慣性モーメント mr^2 [kg·m^2] を増やす目的で軸に取り付ける鉄の輪。

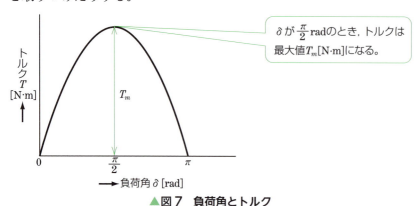

▲図7 負荷角とトルク

問 4 負荷が一定であるとき，図6(b)から，$P_o = \frac{VE}{x_s}\sin\delta$ になることを証明せよ。

2 位相特性

三相同期電動機が,供給電圧 $\dot{V}$ [V],電機子電流 $\dot{I}_M$ [A],力率1で運転している場合,ベクトル図は図8(a)となる。ここで,x_s [Ω] を界磁電流に無関係に一定と考えると,$\dot{V}$ [V] と電動機の1相分の出力 P_o [W] が一定であれば,式(4)からわかるように,$E\sin\delta$ も一定となる。したがって,界磁電流の変化によって増減する誘導起電力 $\dot{E}$ [V] のベクトルの先端は,XX′ 上を移動することになる。そこで,界磁電流を図8(a)の状態から変化させた場合の $\dot{I}_M$ [A] の位相について考える。

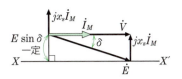

(a) 電動機力率1($\theta=0$)

a 界磁電流 I_f の増加 I_f [A] を大きくすると,図8(b)からわかるように,$\dot{E}$ [V] が大きくなり,$\dot{E}_1$ [V] となれば,δ [rad] が δ_1 [rad] まで減少し,$\dot{I}_M$ [A] の大きさが増して $\dot{V}$ [V] より位相が進んだ電流 $\dot{I}_{M1}$ [A] になる。

b 界磁電流 I_f の減少 I_f [A] を小さくすると,図8(c)からわかるように,$\dot{E}$ [V] が小さくなり,$\dot{E}_2$ [V] となれば,δ [rad] が δ_2 [rad] まで増加し,$\dot{I}_M$ [A] の大きさが増して $\dot{V}$ [V] より位相が遅れた電流 $\dot{I}_{M2}$ [A] になる。

これらのことから,界磁電流 I_f の大きさによって力率が変化することがわかる。

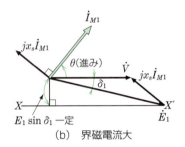

(b) 界磁電流大

(c) 界磁電流小

▲図8 一定負荷のときの位相特性

c V 曲線 図9に示すように,三相同期電動機は,界磁電流を変えると,電機子電流の供給電圧に対する位相が変わり,さらに,電機子電流の大きさも変わる。そこで,電機子電流 I_M [A] を縦軸に,界磁電流 I_f [A] を横軸にとってグラフをかくと,図9に示すように V 形の曲線となる。これを同期電動機の **位相特性曲線** または **V 曲線** ❶ という。

❶ V-curve;力率1のときは,電機子電流と端子電圧は同相で,電機子電流は最小になる。

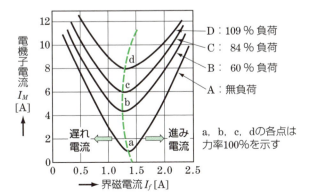

▲図9 三相同期電動機の V 曲線の例

電動機定格

定格出力	2.2 kW	定格電流	7.2 A
相　　数	3	力　　率	1
極　　数	4	周 波 数	50 Hz
定格電圧	200 V	定格回転速度	1 500 min⁻¹

曲線 A は無負荷の場合，曲線 B, C, D はしだいに負荷を大きくした場合である。これらの曲線の最低点は力率が 1 に当たる点で，図の破線で示す部分の右側は進み電流，左側は遅れ電流の範囲となる。

例題 2

端子電圧 V が 210 V，電機子電流 I_M が 10 A，力率 $\cos\theta$ が 100 % で運転している三相同期電動機がある。この電動機の 1 相の誘導起電力 E [V]，負荷角 δ，三相出力 P [kW] を求めよ。また，同一出力で界磁電流を 1.5 倍に増したときの，1 相の誘導起電力 E_1 [V]，電機子電流 I_{M1} [A]，力率 $\cos\theta_1$ [%] を求めよ。ただし，電動機は Y 結線で，1 相の同期リアクタンス x_s は 7 Ω とし，電機子巻線抵抗・損失・磁気飽和は無視する。

解答 図 8(a), (b) における諸量を計算し，ベクトル図 (図 10, 11) をかいて求める。

① 力率 $\cos\theta$ が 100 % の場合 (図 10)

相電圧　$V = \dfrac{210}{\sqrt{3}}$ V

同期リアクタンス降下　$x_s I_M = 7 \times 10 = 70$ V

1 相の誘導起電力　$E = \sqrt{\left(\dfrac{210}{\sqrt{3}}\right)^2 + 70^2} = \mathbf{140\ V}$

負荷角　$\delta = \sin^{-1}\dfrac{70}{140} = \mathbf{30°}$

出　力　$P = \dfrac{3VE\sin\delta}{x_s} = \dfrac{3 \times \dfrac{210}{\sqrt{3}} \times 140 \times \sin 30°}{7} = \mathbf{3.64\ kW}$

② 界磁電流 1.5 倍の場合 (図 11)

磁気飽和を無視すれば，誘導起電力は界磁電流に比例するから，

1 相の誘導起電力　$E_1 = E \times 1.5 = 140 \times 1.5 = \mathbf{210\ V}$

$\overline{bc} = \overline{ac} - \overline{ab} = \sqrt{210^2 - 70^2} - \dfrac{210}{\sqrt{3}} = 70\sqrt{8} - 70\sqrt{3} = 76.7$ V

電機子電流　$I_{M1} = \dfrac{x_s I_{M1}}{x_s} = \dfrac{\sqrt{70^2 + 76.7^2}}{7} = \dfrac{104}{7} = \mathbf{14.9\ A}$

力　率　$\cos\theta_1 = \dfrac{I_M}{I_{M1}} \times 100 = \dfrac{x_s I_M}{x_s I_{M1}} \times 100 = \dfrac{70}{104} \times 100 = \mathbf{67.3\ \%}$

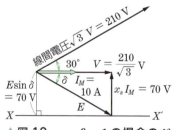

▲ 図 10　$\cos\theta = 1$ の場合のベクトル図

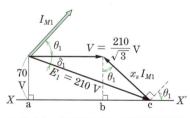

▲ 図 11　界磁電流 1.5 倍の場合のベクトル図

問 5

界磁電流の増減と電機子電流の関係を図 9 をもとに説明せよ。

3 三相同期電動機の始動とその利用

1 始動法

図12(a)に示すように，回転子磁極が停止し，回転磁界がⓃ，Ⓢの状態になった瞬間を考えると，ⓈとN，ⓃとSの間の吸引力によって，磁極は反時計まわりのトルクを受ける。ところが，回転磁界は速く回るが，回転子は慣性があるため，回転磁界に即応して回転できない。それで，たとえば，回転磁界が回転してⓈ，Ⓝのようになった瞬間には，磁極は破線で示すように，時計まわりのトルクを受ける。このことから，回転子磁極が受ける平均のトルクは0となり，そのままでは始動できない。そこで始動のとき，次に示す方法で回転子を同期速度付近まで回転させる必要がある。

a 自己始動法 回転子の磁極面に，図12(b)に示す制動巻線を施すと，これは三相誘導電動機におけるかご形回転子と同じになる。この場合，全電圧を加えると始動電流が大きくなるので，図13のような始動補償器を用いて電圧を適当に下げ，始動電流を抑制して始動する。

図14は，始動補償器を用いた場合で，S_3 を1側に閉じて界磁巻線 F と r を接続し，S_2 を始動側(ア)に閉じ，S_1 を閉じて固定子巻線に三相電源を加えて始動する。

回転子の回転速度が同期速度近くになったとき，S_3 を2側に切り換えて，界磁巻線と抵抗を切り離し，直流電源で励磁すると，回転子は同期速度に引き込まれ，以後は同期速度で回転を続ける。そこで，S_2 を運転側(イ)に切り換え，全電圧を供給して運転状態にする。

(a) 自分自身では始動不能

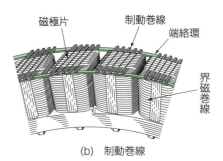

(b) 制動巻線

▲図12 同期電動機の始動

(a) 手動式始動補償器

(b) 自動式始動補償器

▲図13 始動補償器

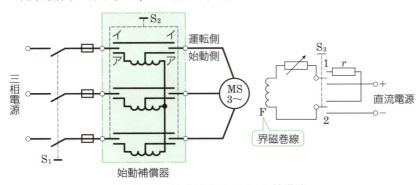

▲図14 始動補償器を用いた始動法

b 始動電動機法 始動用電動機として,誘導電動機や直流電動機を用い,これを直結した三相同期電動機を無負荷で運転する。回転速度が同期速度近くになったとき,同期電動機の界磁巻線を励磁して,同期発電機として運転し,電源に並列に接続したのち,始動用電動機の電源を遮断して,同期電動機として運転する。

問 6 自己始動法で,界磁巻線を抵抗で短絡する理由を二つあげよ。

2 三相同期電動機の利用

三相同期電動機は,回転速度が同期速度で一定であり,力率をつねに1にすることも,任意の値にすることもできる利点がある。しかし,始動トルクが小さく,直流電源を必要とするなどの欠点もある。これらの欠点はいろいろくふう改善され,この電動機の利点を生かして,同期調相機・各種圧縮機・製紙用砕木機(さいぼくき)・送風機・プロペラポンプなどに用いられている。

a 同期調相機 負荷と並列に三相同期電動機を接続して無負荷で運転する。負荷が誘導性の場合には,p.205図9のV曲線より,三相同期電動機の界磁を過励磁にして,必要な進み電流を流し,また,負荷が容量性の場合には,三相同期電動機の励磁を弱めることにより,必要な遅れ電流を流し,負荷の端子電圧を一定にできる。このような目的で用いる三相同期電動機を **同期調相機**❶ という。図15は,同期調相機の外観を示す。

同期調相機と同様の働きをするものとして,分路リアクトルや電力用コンデンサを負荷と並列に入れてもよく,リアクトルやコンデンサの容量を高速で制御する **静止形無効電力補償装置 (SVC)**❷ もある。

❶ synchronous capacitor
❷ static var compensator(SVC);サイリスタ制御のリアクトルと並列にコンデンサを接続した回路構成をいう。

▲図15 同期調相機の外観

▲図16 静止形無効電力補償装置

b 永久磁石形同期電動機

永久磁石形同期電動機[1]は，回転子に永久磁石を用いて界磁巻線を必要としない電動機である。この電動機は，回転子の位置を検出するためのセンサが設けられ，インバータ装置との組み合わせにより磁極の位置を検出しながら電機子巻線に電流を流して速度制御することができる。インバータ装置を用いることで，直流電源によって駆動できるため，電気自動車などの動力として用いられている。また，省エネルギーに配慮したエアコンやエレベータ，産業用機器などにも用いられてきている。

[1] permanent magnet synchronous motor, PMSM

(a) 電気自動車の高出力モータ

(b) エレベータの巻上機

▲図17 永久磁石形同期電動機の例

■ 節末問題 ■

1 図18は，三相同期電動機1相分の等価回路である。電動機の励磁を調整して，その力率を100％，80％（容量性）にしたときの$\dot{V}$, $\dot{E}_0$, $\dot{I}_M$, $jx_s\dot{I}_M$, $r_a\dot{I}_M$のベクトル図を描け。

2 図19は，三相同期電動機の1相分の等価回路で，電機子抵抗は無視してある。供給電圧$\dot{V} = 200\varepsilon^{j0}$ [V]，電機子電流$\dot{I}_M = 10\varepsilon^{j0}$ [A]，$x_s = 7\,\Omega$のとき，誘導起電力$\dot{E}_0$ [V] および負荷角の大きさδ [rad] を求めよ。

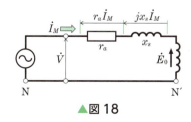
▲図18

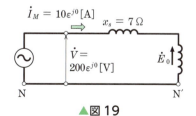
▲図19

この章のまとめ

1節

① 回転界磁形同期発電機は，磁極を回転させる形になっており，スリップリングが2個でよい。電機子巻線が静止しているので絶縁が容易で，しかも大きな電流を取り出せるので大容量機に適する。▶ p.178

② 三相同期発電機の1相分の誘導起電力の実効値は，$E = 4.44\,k_w f \Phi w$ で表される。▶ p.179

③ 電機子反作用 ▶ p.184～185, 202

電機子反作用	同期発電機	同期電動機
起電力と同相	交差磁化作用	交差磁化作用
起電力より遅れ	減磁作用	増磁作用
起電力より進み	増磁作用	減磁作用

④ 同期インピーダンスは，$Z_s = \sqrt{r_a{}^2 + x_s{}^2} = \dfrac{V_n}{\sqrt{3}\,I_s}$ で表される。▶ p.187～189

⑤ 百分率同期インピーダンスは，$z_s = \dfrac{Z_s I_n}{\dfrac{V_n}{\sqrt{3}}} \times 100 = \dfrac{I_n}{I_s} \times 100$ で表される。▶ p.190

⑥ 三相同期発電機の短絡比は，$S = \dfrac{I_{fs}}{I_{fn}} = \dfrac{I_s}{I_n} = \dfrac{100}{z_s}$ で表される。▶ p.190

⑦ 三相同期発電機の出力(1相分)は，$P_s = \dfrac{VE}{x_s}\sin\delta$ で表され，端子電圧 V に対する誘導起電力 E の位相角 δ の正弦関数になり，δ を負荷角という。▶ p.194

⑧ 三相同期発電機の並行運転(並列接続)の条件 ▶ p.194～195
 (1) 起電力の周波数が等しい。 (2) 起電力の大きさが等しい。
 (3) 起電力が同位相である。 (4) 起電力の波形が等しい。
 (5) 相順が一致している。

2節

⑨ 三相同期発電機の起電力 $\dot{E}$ [V](1相分) は $\dot{E} = \dot{V} + (r_a + jx_s)\dot{I}_G$ となり，三相同期電動機では $\dot{E} = \dot{V} - (r_a + jx_s)\dot{I}_M$ となる。▶ p.201

⑩ 三相同期電動機の出力(1相分)は，$P_o = \dfrac{VE}{x_s}\sin\delta$ で表される。▶ p.203

⑪ トルクは，$T = \dfrac{60}{2\pi n_s} \cdot \dfrac{3VE}{x_s}\sin\delta$ で表される。▶ p.204

⑫ 三相同期電動機の電機子電流と界磁電流との関係はV曲線となる。V曲線の最低点が力率1であり，それより界磁電流の大きいほうは進み力率，反対に小さいほうは遅れ力率の範囲である。▶ p.205～206

⑬ 三相同期電動機の始動法には，自己始動法と始動電動機法とがある。▶ p.207～208

⑭ 三相同期電動機の位相特性(V曲線)を利用して，負荷の力率改善をはかる目的で使用する同期調相機がある。▶ p.208

章末問題

A

1. 極数16，回転速度375 min⁻¹の同期発電機で発生する周波数f[Hz]を求めよ。

2. 同期速度3 000 min⁻¹，周波数50 Hzの同期発電機の磁極数pを求めよ。

3. 極数が12極，誘導起電力の周波数が60 Hzの同期発電機の回転速度n[min⁻¹]を求めよ。

4. 次の文章の①〜⑤に当てはまる語句を語群から選べ。

   短絡比は ① に対する ② の比である。短絡比は無負荷飽和曲線と三相短絡曲線のグラフから求めることができる。 ③ は三相同期電動機を無負荷で運転し，界磁電流と端子電圧の変化を表した曲線である。界磁電流が増えると磁極鉄心による ④ を示す。 ⑤ は三相同期発電機の端子を短絡して運転したときに流れる電流と，界磁電流の関係を表したものである。界磁電流と短絡電流は比例するのでグラフは直線になる。

   語群　ア．短絡電流　　イ．三相短絡曲線　　ウ．無負荷飽和曲線　　エ．飽和特性
   　　　オ．定格電流

5. 定格電圧6 600 V，容量800 kV·Aの三相同期発電機において，界磁電流28 Aに相当する無負荷端子電圧は6 600 V，短絡電流は84 Aであるという。この三相同期発電機の次の各値を求めよ。

   (1) 定格電流I_n[A]　　(2) 短絡比S
   (3) 同期インピーダンスZ_s[Ω]　　(4) 百分率同期インピーダンスz_s[%]

6. 図1は三相同期電動機のV曲線の例である。①〜⑦に当てはまる語句を語群から選べ。

   語群　ア．界磁電流　　イ．電機子電流
   　　　ウ．進み電流　　エ．遅れ電流
   　　　オ．負荷あり　　カ．無負荷
   　　　キ．力率100 %

   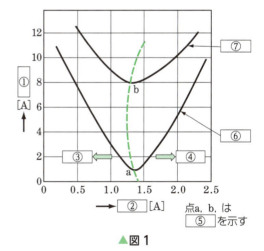

   点a，bは ⑤ を示す

   ▲図1

7. 同期発電機と同期電動機は，構造的には同じであるが，どのような点で異なるか。図に描いて説明せよ。

B

1. 周波数50 Hz，4極の同期発電機の回転子の直径が1.35 mであるとき，この回転子の周速度u[m/s]を求めよ。

2. 極数36，回転数200 min⁻¹の三相同期発電機がある。1相の巻数が120，1極あたりの有効磁束は0.21 Wb，巻線係数は0.95である。端子間の誘導起電力E[V]を求めよ。ただし，結線はY結線とする。

3 定格出力 10 MV・A, 定格電圧 6 kV の三相同期発電機の同期インピーダンス Z_s [Ω] を求めよ。ただし, 短絡比は 1.2 とする。

4 定格電圧 6000 V, 定格出力 5000 kV・A の三相同期発電機を定格回転速度で運転したとき, 励磁電流 200 A に相当する無負荷端子電圧および短絡電流がそれぞれ 6000 V および 600 A であった。この発電機の短絡比 S を求めよ。

5 定格電圧 6600 V, 定格出力 10000 kV・A の三相同期発電機の同期インピーダンスが 3.6 Ω であった。この発電機の短絡比 S を求めよ。

6 1 相の誘導起電力が 6350 V の同期発電機の, 1 相の巻数が 105 であるとき, 界磁磁極の磁束 Φ [Wb] を求めよ。ただし, 周波数は 60 Hz, 巻線係数は 0.93 とする。

7 負荷角 45° で, 1000 kW の出力で運転している同期電動機がある。負荷角が 60° になるときの出力 P [kW] を求めよ。ただし, 端子電圧および界磁電流は変わらないものとする。

8 極数 4, 周波数 50 Hz の三相同期電動機がトルク 950 N・m を発生している場合の出力 P [kW] を求めよ。

9 次の文章の①~⑤に当てはまる語句を語群から選べ。

同期電動機は, 始動時に回転子を同期速度付近まで回転させる必要がある。

一つの方法として, 回転子の磁極面に施した ① を利用して, 始動トルクを発生させる方法があり, ① は誘導電動機の ② と同じ働きをする。この方法を ③ 法という。

この場合, ④ に全電圧を直接加えると大きな始動電流が流れるので, 始動補償器などを用い, 低い電圧にして始動する。

ほかには, 誘導電動機や直流電動機を用い, これに直結した三相同期電動機を回転させ, 回転子が同期速度付近になったとき同期電動機の界磁巻線を励磁し電源に接続する方法がある。これを ⑤ 法という。この方法はおもに大容量機に採用されている。

語群 ア. 自己始動　イ. かご形回転子　ウ. 固定子巻線　エ. 始動電動機
オ. 制動巻線

第6章 小形モータと電動機の活用

家庭用電化製品や電動工具，ディジタルカメラや電動模型など，多くの身近な製品には，小形の電動機（小形モータ）が組み込まれている。

また，制御性にすぐれた小形モータは，マイコンなどの制御装置と組み合わせて産業用ロボットやコンピュータなどの情報機器に広く利用されている。

この章では，小形モータの種類やそれぞれの原理・構造などについて学ぼう。また，電動機を活用するときの機種の選定や所要出力の算出などについても学ぼう。

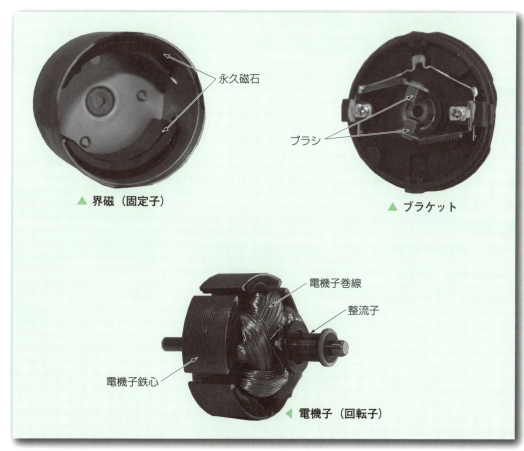

◆定格電圧 12 V，定格トルク 9.8 mN·m，定格電流 550 mA，定格回転速度 4250 min^{-1}
▲永久磁石形直流モータの例

1 小形モータ
2 電動機の活用

Topic　小形モータの活躍

▶ 自動車で利用されている小形モータ

現在生産されている乗用車には，およそ50〜100個の小形の永久磁石形直流モータやブラシレスDCモータなどが搭載されている。ここでは，普通自動車を例に，小形モータが使われている装置の一部を紹介する。

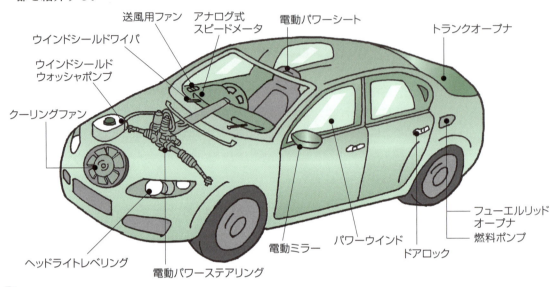

▶ 協働ロボット

近年，人が近づくと速度を下げたり，停止したりするなどの安全性を高め，人と作業領域を共有して働くことができる協働ロボット[*]（COBOT：Collaborative robot）が開発・利用されている。

小形の協働ロボットは，各関節を駆動するために小形モータが使われ，さらに，それらの関節には角度センサや力を検出する力覚センサが組み込まれており，複雑な動きができるようになった。

今後，協働ロボットは，工業分野のほかにも，福祉，医療，食品加工，衣料，農業，水産業など，幅広い分野への導入が期待されており，制御が容易で高性能，かつインテリジェントな小形モータの重要性は，ますます高まると予想されている。

▲協働ロボット用駆動ユニット例

モータ，減速機，駆動回路，ブレーキ，エンコーダがパッケージ化されている

▲協働ロボット例

6軸，可搬質量10 kg，可動範囲（1240 mm，2480 mm）本体質量48 kg

[*] 協働ロボットの安全性については，国際標準化機構（ISO），日本産業規格（JIS）で標準化されている。

1節 小形モータ

この節で学ぶこと わたしたちが日常利用している情報機器や家電製品には，小形モータが組み込まれており，小形で軽量，高トルク，さらに制御のしやすさが求められる。各種モータがあるなかで，ここでは，小形直流モータ・小形交流モータおよび制御用モータについて学ぼう。

1 小形直流モータ

小形直流モータ❶は，第1章で学んだ大形の直流電動機と回転のしくみや基本的な構造は同じである。しかし，電子機器に組み込まれる場合が多いので小形であり，しかも機能や性能に応じて多くの種類がある。小形直流モータには，永久磁石形直流モータやコアレスDCモータ，ブラシレスDCモータなどがある。

❶小形の場合，電動機をモータとよぶことが多いので，以降，本章では，電動機のことをモータと表現する。原理については，第1章 p.23, 37 参照。

1 永久磁石形直流モータ

界磁に永久磁石が用いられる直流モータを，**永久磁石形直流モータ**❷という。

❷ permanent magnet type DC motor

a 電機子鉄心を持つ永久磁石形直流モータ このモータに用いられる永久磁石材料❸には，フェライト磁石・アルニコ磁石❹・ネオジム−鉄−ホウ素系磁石❺などがある。

❸第2章 p.63 参照。
❹フェライト磁石に比べ，残留磁気が大きい磁石。
❺フェライト磁石に比べ，保磁力，残留磁気がともに大きい希土類系磁石。高価である。

◆**構造**◆ 図1(a)は，永久磁石形直流モータの構造例である。電機子鉄心には，図1(b)に示すように，有溝鉄心形と無溝鉄心形がある。図1(c)に永久磁石形直流モータの図記号を示す。

有溝鉄心形の電機子は，巻線がスロットの中に巻き込まれるので，その構造は丈夫である。しかし，電機子鉄心が突極構造になるため脈動トルク❻が生じ，回転むらを起こす欠点がある。

❻ cogging torque

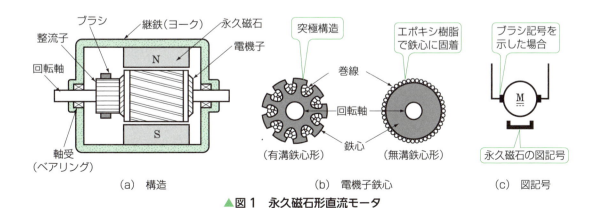

▲図1 永久磁石形直流モータ

無溝鉄心の電機子は，円筒形の積層鉄心の上に巻線を固着させたものである。鉄心には突極がないので，回転むらが生じない。しかし，この構造では，界磁と回転子鉄心との間のエアギャップが大きくなるので，残留磁気および保磁力の強い永久磁石が必要になる。

❶第2章 p.63 参照。

問1 永久磁石形直流モータの電機子鉄心において，有溝鉄心形と無溝鉄心形の特徴を説明せよ。

◆**特性**◆　永久磁石形直流モータのトルクは，第1章で学んだ直流電動機のトルクの式から誘導できる。すなわち，p.39 式(5)と p.40 式(8)，(9)から，トルク $T\,[\mathrm{N\cdot m}]$ は，次式で表される。

$$T = K_2\Phi I_a = \frac{K_2\Phi}{R_a}(V-E) = \frac{K_2\Phi}{R_a}(V-K_1\Phi n) \quad (1)$$

式(1)の磁束 Φ は，永久磁石を利用しているので一定の値となる。そこで，トルク定数を K_T，逆起電力定数を K_E とすると，式(1)は次式で表される。

$$T = \frac{K_T}{R_a}(V - K_E n) \quad (2)$$

式(2)より，電機子電圧 $V\,[\mathrm{V}]$ を一定にすると，トルク T と回転速度 $n\,[\mathrm{min}^{-1}]$ の関係は，図2のようになり，トルクが回転速度の増加とともに直線的に減少することを示している。また，その傾きは，電機子電圧にも回転速度にも無関係に一定である。この特性は，速度制御や位置決め制御にとって，つごうがよい。このため，永久磁石形直流モータは，制御性の高いサーボモータに適している。

❷ p.39 式(5)より
$T = K_2\Phi I_a$
p.40 式(8)，(9)より
$I_a = \dfrac{V-E}{R_a}$
$E = K_1\Phi n$

❸ $K_T = K_2\Phi$

❹ $K_E = K_1\Phi$

❺ 図2のトルク-回転速度特性の傾きは，式(2)より
$$傾き = -\frac{K_T K_E}{R_a}$$
となる。

❻ 第6章 p.224 参照。

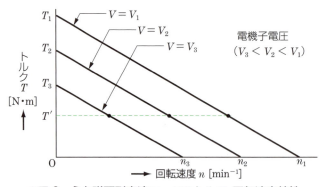

▲図2　永久磁石形直流モータのトルク-回転速度特性

問2 図2の特性より，負荷トルク $T'\,[\mathrm{N\cdot m}]$ が一定のとき，電機子電圧 $V\,[\mathrm{V}]$ と回転速度 $n\,[\mathrm{min}^{-1}]$ の関係を説明せよ。

2 コアレス DC モータ

コアレス DC モータ[1]は，電機子に鉄心を使用しない，永久磁石形直流モータである。

[1] coreless DC motor

◆**構造**◆ 図3は，カップ形コアレス DC モータ[2]の構造例である。電機子巻線は，カップ状に巻かれ，巻線をエポキシ樹脂とガラス繊維で固めた構造になっている。

電機子巻線には，図3に示すカップ形のほかに，円板状のディスク形がある。ディスク形の一例としては，図4に示す**プリント配線モータ**がある。

[2] カップ形コアレス DC モータの電機子の例。

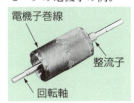

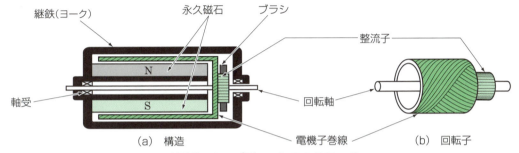

▲図3 カップ形コアレス DC モータ

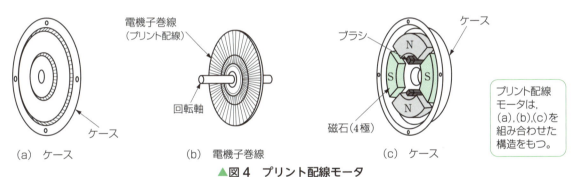

▲図4 プリント配線モータ

プリント配線モータは，(a),(b),(c)を組み合わせた構造をもつ。

◆**特徴**◆ コアレス DC モータには，鉄心を用いないため，次のような特徴がある。

1) 回転子の慣性モーメントが小さい。
2) 回転むらが生じない。
3) 電機子巻線の自己インダクタンスが小さく，整流作用がすぐれている。

コアレス DC モータは，始動・停止の性能が優れており，メカトロ機器やロボット競技会用のロボットの動力などとして利用されている。また，小形化が容易で，スマートフォンの振動モータ，小形ドローンの動力用に，直径が 1 cm 以下のモータ[3]もつくられている。

[3] 小形コアレス DC モータの例

1 小形モータ 217

3 ブラシレスDCモータ

これまで学んだように永久磁石形直流モータは，制御性にすぐれたモータであるが，ブラシと整流子が機械的に接触するため接触面が摩耗したり，摩擦音や火花による **電気雑音**❶ が発生したりするなどの欠点がある。そこで，この欠点を改善するために，機械的な整流の機構を電子的な機構に置き換えた直流モータが，**ブラシレスDCモータ**❷ である。

ブラシレスDCモータは，回転子には永久磁石を用いているので，分類上，永久磁石形直流モータに含まれる。

◆**構造**◆　図5は，ブラシレスDCモータの構造例である。120°の角度で複数の突極に巻線が施された電機子を固定子として配置し，各固定子間にホール素子❸を配置する。ブラシレスDCモータの特徴であるホール素子は，回転子の磁極の位置を検出するためのセンサである。この検出信号により，固定子巻線に流れる電流を制御することで，ブラシレスDCモータは回転トルクを発生させている。

❶火花放電によって発生するパルス状の高周波雑音。

❷ brushless DC motor

❸ホール効果を利用して磁束の向きや磁束密度に応じた電圧を発生させるセンサ。

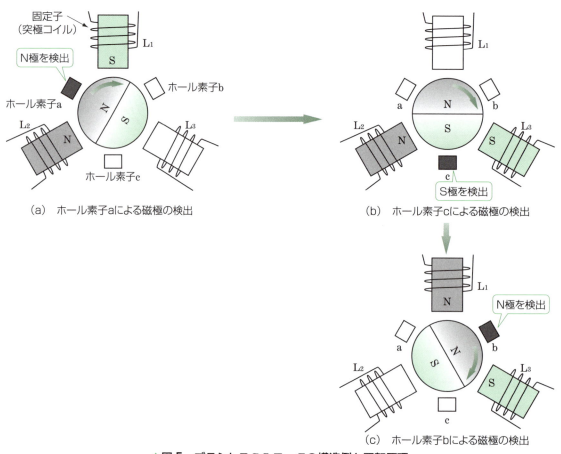

▲図5　ブラシレスDCモータの構造例と回転原理

◆**回転原理**◆ 図5(a)の位置に回転子がある場合を考える。ホール素子 a が回転子の N 極を検出して，図5(a)のように固定子巻線 L_1，L_2 に通電して突極を励磁する。すると，回転子は右へ回転をはじめる。図5(b)の位置でホール素子 c が回転子の S 極を検出したとき，固定子巻線 L_2，L_3 に通電し突極を励磁すると，回転子はさらに右に回転する。同様に，図5(c)の位置に達したとき，ホール素子 b が回転子の N 極を検出し，このとき L_1，L_3 を励磁することで回転子は右へ回転し続ける。このように，各ホール素子が，回転子の磁極を検出したときに励磁する巻線を切り替えることで，連続した回転が得られる。

　図6にブラシレス DC モータの制御回路の構成例を示す。また，図7はブラシレス DC モータの実例である。図7(a)は電子・情報機器のケースに取りつけられる冷却用ファンである。回転するファンに永久磁石が取りつけられ回転子としてはたらき，内側に固定子コイルが配置されている。図7(b)は模型玩具用の3相ブラシレス DC モータである。

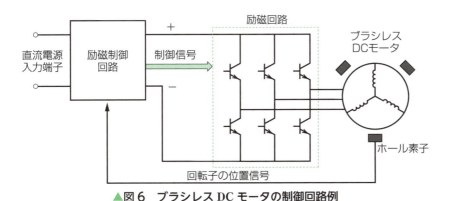

▲図6　ブラシレス DC モータの制御回路例

(a) 冷却用ファン　　　　　　　　　(b) 模型玩具用モータ
▲図7　ブラシレス DC モータの実利用例

1　小形モータ　**219**

2　小形交流モータ

　小形交流モータの構造は，すでに学んだ同期機や誘導機と同じである。回転原理も同様であり，固定子に巻いたコイルで回転磁界をつくり，その磁界中に置かれた回転子が同期速度，または非同期速度で回転する。同期モータには，**永久磁石形同期モータ** と **リラクタンスモータ** などがあり，非同期モータには，**誘導モータ，交流整流子モータ** がある。このほか，直線運動するモータとして，**リニアモータ** がある。

1　同期モータ

a　永久磁石形同期モータ　回転子に永久磁石を用いた同期モータを，**永久磁石形同期モータ** という。

◆**原理**◆　永久磁石形同期モータは，固定子がつくる回転磁界中に永久磁石付きの回転子を入れると，回転磁界に引き付けられた磁石が，磁界と同じ速度 (同期速度) で回転する。これが回転の原理である。

◆**種類**◆　永久磁石形同期モータは，**表面磁石形同期モータ** (SPMSM)❶と **埋込磁石形同期モータ** (IPMSM)❸に分けられる。

　図8(a)の表面磁石形同期モータは，ネオジムなどの強磁性体磁石を回転子表面に接着剤で貼り付けた構造で，高速回転するとはがれやすいので，ステンレスカバーを付けている。

　図8(b)の埋込磁石形同期モータは，永久磁石を電磁鋼板の回転子の中に埋め込むことでリラクタンストルクが利用でき，小形化，高速化できる。リラクタンストルクとは，回転磁界の磁極と回転子の電磁鋼板との間に働く回転力のことである。これらのモータは，エアコンのコンプレッサモータや電気自動車に用いられている。

❶ permanent magnet synchronous motor；PMSM と略される。
❷ surface permanent magnet synchronous motor
❸ interior permanent magnet synchronous motor

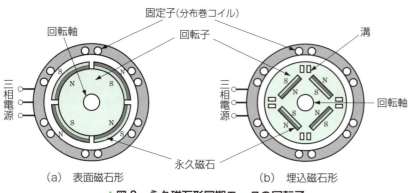

(a) 表面磁石形　　(b) 埋込磁石形
▲図8　永久磁石形同期モータの回転子

b リラクタンスモータ

回転子に強磁性体の鉄心のみを用いて，永久磁石を使用しないモータを，**リラクタンスモータ** という。

◆**原理**◆ リラクタンスモータは，固定子がつくる回転磁界の磁極に回転子の電磁鋼板が引き付けられる力により，リラクタンストルクが生じて回転する。

◆**種類**◆ リラクタンスモータには，**同期リラクタンスモータ**（SynRM）❶ と，**スイッチトリラクタンスモータ**（SRM）❷ がある。

❶ synchronous reluctance motor
❷ switched reluctance motor；SR モータともよばれる。
❸ 空気を圧縮する装置

同期リラクタンスモータ SynRM は，図9のように回転子の電磁鋼板にすきま（スリット）を設け，磁束の通りやすさに方向性をもたせている。これにより，磁束の通りやすい極が固定子の回転磁界に吸い寄せられ，回転子が同期回転する。

このモータは，磁石を使わないので安価で，また遠心力に強く，高速回転が可能で，コンプレッサ❸などの動力に利用されている。

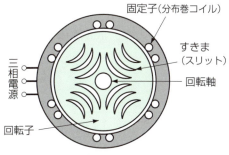
▲図9 同期リラクタンスモータ

スイッチトリラクタンスモータ SRM は，図10のように固定子と回転子の構造が突極である。固定子巻線に流す電流をスイッチでA，B，Cの順に切り換えると，電磁石になる磁極が移り，突極の回転子は回転磁極に引き付けられて同期回転する。

このモータは，回転子の構造が簡単で強固なため，高速回転に適している。また，高価な希土類磁石を使わないモータの特徴から，近年，電気自動車用モータへの利用が期待されている。

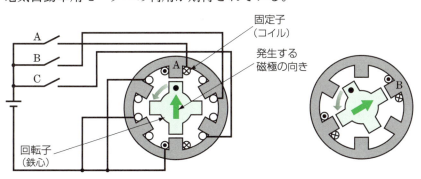

(a) コイルAを励磁　　(b) コイルBを励磁　　(c) コイルCを励磁
▲図10 スイッチトリラクタンスモータの動作原理

1 小形モータ　**221**

2 非同期モータ

非同期モータとして身近に用いられるモータに，**誘導モータ**❶や**交流整流子モータ**がある。誘導モータは第4章で学んでいるので，ここでは交流整流子モータを取り上げる。

❶第4章 p.131 参照。

a 交流整流子モータ

◆**原理**◆ 交流整流子モータは，直流直巻電動機❷と同様に，界磁巻線が整流子付き電機子の巻線と直列に接続された電動機である。図11(a)の状態から電源の極性を逆にすると，図11(b)のように磁極のNとSが逆転する。このとき，電機子電流の向きも変わるので，トルクの向きはそのまま変わらず，モータは継続して回転する。

❷交流整流子モータとの区別を明確にするために，ここでは，直巻電動機を直流直巻電動機と称する。第1章 p.43 参照。

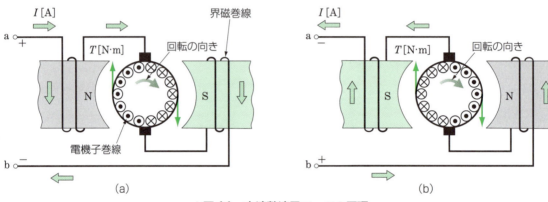

▲図11 交流整流子モータの原理

◆**特徴**◆ 交流整流子モータには，次のような特徴がある。

1) 磁気回路の磁束が交番するので，界磁鉄心，および継鉄に積層鉄心を使用して鉄損を減らしている。
2) 界磁巻線のリアクタンスによりモータの力率が低下するので，界磁巻線の巻数を少なくしている。
3) 界磁巻線の巻数を少なくすると，トルクが減少するので，電機子巻線の巻数を多くしている。
4) 電機子反作用を打ち消すために，きわめて小出力のもののほかは，直流機で学んだ補償巻線❸を設けている。

❸第1章 p.31，41 参照。

◆**用途**◆ 交流整流子モータは，始動トルクが大きく，回転速度が高速なので，電気ドリル・電気かんな，電気掃除機，小形ミキサなどの動力として用いられる。なお，補償巻線を設けない小容量のものは，交流と直流の両方に使用できるので，交直両用モータまたは**ユニバーサルモータ**❹とよばれる。

❹ universal motor

3 リニアモータ

電磁力を利用して直線的な運動をさせる力を与える駆動装置を **リニアモータ** といい，回転形モータを直線状に展開した構造をしている。

◆**原理**◆ 図12は，リニア誘導モータの原理図で，一次側に三相交流電流を流すと二次側に直線的な推力が発生する。

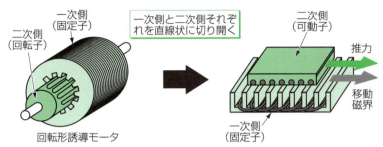

▲図12 リニア誘導モータの原理図

◆**種類**◆ リニアモータには，**リニア誘導モータ**[❶] (LIM)，**リニア同期モータ**[❷] (LSM)，**リニア直流モータ**[❸] (LDM)，**リニアパルスモータ**[❹] (LPM)，などがある。

◆**用途**◆ リニア誘導モータは，高出力を生かして地下鉄などで利用され，車両の小形化に貢献している。

リニア同期モータは，強力な磁石を二次側（可動子）に利用することで，高推力・高速移動が可能である。さらに，パワーエレクトロニクス技術の進展により高精度な位置決めが実現され，制御用のモータとしてNC工作機械や搬送機器，位置決め装置などに利用されている。

表1に，リニアモータの種類と特徴を示す。

❶ linear induction motor
❷ linear synchronous motor
❸ linear direct-current motor
❹ linear pulse motor

▼表1 リニアモータの種類と特徴

名称	展開する回転形モータ	特徴・用途
リニア誘導モータ (LIM)	誘導モータ	高出力。搬送装置，工作機械，地下鉄
リニア同期モータ (LSM)	同期モータ	高効率。NC工作機械，ロボット，リニアモータカー
リニア直流モータ (LDM)	永久磁石形直流モータ DCブラシレスモータ	高分解能。磁気ディスク，光学機器，搬送装置，カーテン，自動ドア
リニアパルスモータ (LPM)	ステッピングモータ	センサを使わずに位置決め制御が可能。プリンタ，X-Yテーブル

1 小形モータ

3 制御用モータ

1 サーボモータ

回転速度や位置決め制御を正確に行うサーボ機構❶の駆動用モータを **サーボモータ**❷ という。

❶ servomechanism
対象の位置，速度，姿勢などを制御量として，それらの目標値の変化に追従させる制御をする機構。
❷ servomotor
❸ 次ページ表2参照。

a サーボ機構 図13は，モータの速度を制御量としたサーボ機構のブロック図の例である。検出部の速度計用発電機❸はモータの軸に直結されており，モータの回転速度に比例した電圧（速度検出電圧）を発生する。

図13において，サーボアンプは，目標値の変化に追従するようにサーボモータを駆動する装置である。サーボアンプでは，目標値に対応した速度設定電圧 v_s と，速度検出電圧 v_f を比較し，その差である偏差電圧 $v_s - v_f$ が制御部へ出力される。制御部は偏差電圧が0になるように制御対象を駆動する。

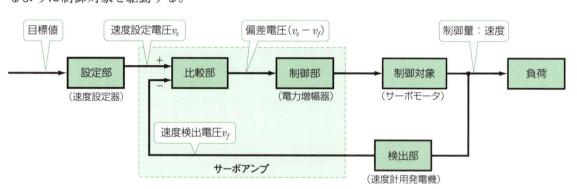

▲図13 サーボ機構のブロック図の例

b サーボモータ ◆特徴◆ サーボモータには，次のような特徴がある。

1) 応答性がよい。
2) 広い速度範囲で安定した動作をする。
3) トルクむらがない。
4) 過負荷に強い。

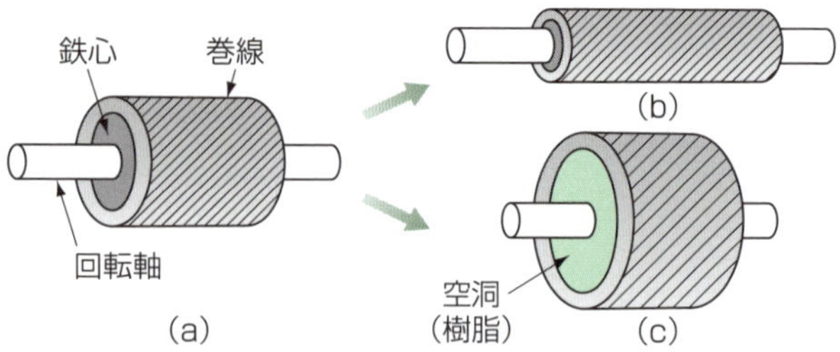

▲図14 サーボモータの回転子

回転子の慣性モーメントを小さくするため，図14(b)のように直径を小さくして軸方向に長くしたり，図14(c)のように回転子に鉄心を用いないコアレス化にしたりするなど，くふうがされている。さらに，界磁に強力な希土類系磁石を用いるなどして，出力トルクを大きくして追従性を高めている。

◆**種類**◆ サーボモータは，直流電圧で動作する**直流（DC）サーボモータ**と，三相交流電圧で動作する**交流（AC）サーボモータ**に分けられる。

◆**用途**◆ 直流サーボモータでは，コアレスDCモータやブラシレスDCモータが，小形・小容量の用途で利用されている。

交流サーボモータでは，三相永久磁石同期モータが小・中容量のモータに，また，三相かご形誘導モータが高速度，高出力用のモータに利用されている。産業界では，半導体デバイスの進歩によって交流モータの制御技術が向上し，長寿命で信頼性の高い交流サーボモータが多く利用されている。

C　サーボモータの回転センサ　サーボ機構では，目標値と制御量を比較するので，制御量を知るために，種々のセンサが利用される。そのためサーボモータには，あらかじめ回転センサが組み込まれているものも多い。表2にサーボモータで利用される回転センサを示す。

▼表2 サーボモータに利用される回転センサ

センサ名	働き・特徴	信号形式
光学式インクリメンタルエンコーダ	・決まった角度ごとにパルス信号が出力される。 ・構造が簡単。 ・雑音に強い。	2相パルス信号
光学式アブソリュートエンコーダ	・角度に対応した数値が出力される。 ・雑音に強い。 ・構造が複雑となり小形化が難しい。	ディジタル信号
磁気式エンコーダ	・磁気センサを利用しており分解能が高い。 ・外部磁気の影響を受ける。	2相パルス信号
リゾルバ	・丈夫な構造をもつ。 ・振動や雑音に強い。	2相アナログ電圧
速度計用発電機	・回転速度に比例した電圧を出力する。 ・電源が不要。	アナログ電圧
ポテンショメータ	・角度に比例して抵抗値が変化する。	アナログ電圧

問 3　サーボモータには，どのような性能が求められるか。

2 ステッピングモータ

パルス電圧で一定角度ごとに回転子を駆動するモータを**ステッピングモータ**[1]，または**パルスモータ**という。ステッピングモータを回転させるためには，駆動回路が必要となる。

❶ stepping motor
下の写真はステッピングモータと駆動回路（モータドライバ）の製品例である。

◆**構造**◆　ステッピングモータの駆動には，パルス発生回路，励磁相制御回路，コイル励磁回路が必要である。図 15 は動作原理図である。固定子には，90°ごとに配置された4個の突極があり，それぞれに巻線が設けてある。回転子は，円筒形をした2極の永久磁石である。コイル励磁回路の各トランジスタ $Tr_1 \sim Tr_4$ は，コイルに流れる電流のオン・オフを繰り返すスイッチング動作をする。励磁相制御回路は，入力パルスに同期して，励磁するコイルを順次切り換える信号を出力する回路である。

◆**原理**◆　入力端子にパルスが入力されると，励磁相制御回路は Tr_1 をオンにする。すると，コイル L_1 には励磁電流が流れて突極に S 極が生じ，回転子の N 極が引きつけられる。ふたたびパルスが入力されると，次は Tr_2 がオンになり，L_2 の突極に S 極が生じ，回転子が反時計まわりに 90°回転する。同様に，パルスが入力されるたびに，トランジスタの Tr_3，Tr_4 が順にオンに切り換えられて，回転子が 90°ずつ回転する。

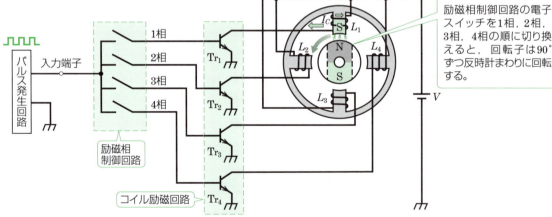

▲図 15　ステッピングモータの動作原理図

◆**ステップ角と回転速度**◆　ステッピングモータは，パルス電圧が送られるたびに，定められた角度 θ [°] を 1 ステップとして回転する。この θ を**ステップ角**[2]という。ステッピングモータが，1 回転するために必要なステップ数を S とすれば，S と θ には次の関係がある。

❷ step angle

$$S = \frac{360}{\theta} \quad (3)$$

したがって，ステップ角 θ [°] のステッピングモータに，**パルス周波数**[1] f [pps] のパルス電圧を加えて駆動すれば，1分あたりの回転速度 n [min^{-1}] は，次式で示される。

$$n = \frac{60 \times f}{S} \quad (4)$$

[1] パルスレートともよばれる。単位は pulse per second（パルス／秒）の略である。

例題 1

ステップ角 θ が 1.8° のステッピングモータがある。このモータを 1500 pps のパルス電圧で駆動したとき，モータの回転速度 n [min^{-1}] を求めよ。

解答 回転速度 n は式(3), (4)より，

$$S = \frac{360}{\theta} = \frac{360}{1.8} = 200$$

$$n = \frac{60 \times f}{S} = \frac{60 \times 1500}{200} = 450 \text{ min}^{-1}$$

問 4 ステップ角 7.5° のステッピングモータを 1 回転させるためのステップ数はいくらか。また，毎分 500 回転の速度で回したい。このとき，パルス周波数 f [pps] はいくらにすればよいか。

◆**種類**◆　ステッピングモータには，回転子の構造によって**永久磁石形**(PM形)[2]，**可変リラクタンス形**(VR形)[3]，**ハイブリッド形**(HB形)[4] の3種類がある。各ステッピングモータの回転子の構造，および特徴を表3に示す。

◆**特徴**◆　ステッピングモータの一般的な特徴は次のとおりである。

1) ステッピングモータの回転角[5]は，入力パルス数に比例し，回転速度はパルス周波数に比例する。このため，入力パルス数やパルス周波数を制御することで位置決めや速度制御が正確にできる。

2) 始動時のトルクが最も大きく，回転速度の上昇にともないトルクは低下する。

3) 通電中，入力パルスが加わらない状態では，回転子を固定する力（ブレーキ）が働く。

4) 低速度の回転で，振動が生じる。また，パルス周波数を急激に変化させると入力パルスに追従できなくなること（脱調）がある。

[2] PM；permanent magnet
[3] VR；variable relutance
[4] HB；hybrid

[5] ステップ角 θ [°] のモータに N 個の入力パルスが加わったときの回転角 α [°] は，次式で求められる。
$$\alpha = N \times \theta$$

1 小形モータ

▼表3 ステッピングモータの種類・特徴

種類	回転子の構造	特徴
永久磁石形（PM形）	非磁性体／永久磁石／N S N S／回転軸	回転子の磁極は固定子の励磁極に吸引され，回転する。無励磁でも保持力が働き，回転軸を拘束する力がある。また，安価である。多極着磁により，ステップ角が7.5°や15°のものが多い。
可変リラクタンス形（VR形）	高透磁率鉄心／突極／回転軸	回転子の突極は固定子の励磁極に吸引され，回転する。励磁電流によって生じる駆動トルクは大きいが，無励磁では保持力が働かない。現在，ステッピングモータとしては製造されていない。同じ原理で動力用のスイッチトリラクタンスモータがつくられている。
ハイブリッド形（HB形）	突極／（断面図）／永久磁石／N S／回転軸／積層鉄心	PM型とVR型を一体構造化したもので，駆動トルクが大きく，始動特性・停止特性がすぐれている。無励磁での保持力があり，微小ステップ角（1°以下）のものをつくることができるので，高精度位置決め用として使われる。

3　制御用モータの分類

現在，半導体デバイスやコンピュータ制御の進歩によって，種々のモータが制御用として利用されている。おもな制御用モータの特徴と用途を表4に示す。

▼表4　制御用モータの特徴と用途

種類		特徴	おもな用途
直流モータ	永久磁石形直流モータ	・応答性がよい。 ・小形・軽量で大出力が得られる。 ・整流子まわりの保守が必要。	事務機，コンピュータ周辺機器，音響・映像機器，ロボット，サーボモータ，自動車用電動機器
直流モータ	ブラシレスDCモータ	・整流子とブラシを電子化した速度制御用モータ。 ・回転子の磁極位置の検出器が必要。	コンピュータ周辺機器，音響・映像機器，冷却ファン，電動工具，サーボモータ，自動車用電動機器
同期モータ	永久磁石形同期モータ	・小形で高出力，高効率。 ・交流サーボモータとして利用される。	サーボモータ，NC工作機械，産業用ロボット，エアコン，洗濯機，電気自動車
同期モータ	同期リラクタンスモータ	・回転子にすきま（スリット）を設ける。	工作機械
同期モータ	スイッチトリラクタンスモータ	・高速回転，高出力。	掃除機，油圧ポンプ
ステッピングモータ		・回転速度がパルス周波数に同期する。 ・おもに位置制御に利用される。	コンピュータ周辺装置，事務機，光学機器
非同期モータ	三相かご形誘導モータ	・構造が簡単。 ・三相電源が必要。	サーボモータ，送風機，ポンプ，コンベア
非同期モータ	交流整流子モータ（ユニバーサルモータ）	・始動トルクが大きく，高速な回転速度が得られる。 ・整流子まわりの保守が必要。 ・交流・直流両用機が実現できる。	電動工具，フードプロセッサ，掃除機
リニアモータ		・電気エネルギーを直線運動に変換。	NC工作機械，事務機，搬送・組立機械，カーテン，自動ドア，地下鉄

手動でステッピングモータを回してみよう

ステッピングモータは，各相のコイルを正しい順序で励磁すれば，手動でも回すことができる。回転するか確認しよう。

<準備❶> 直流安定化電源装置，配線用電線，2相バイポーラステッピングモータ（リード線が4本），押しボタンスイッチ4個

<配線> 下図のように，配線する。このとき，スイッチは固定し，はんだ付けをするなど確実に結線する。

❶モータやスイッチは定格のわかるものを用意すること。スイッチの定格電流は1A以上が望ましい。

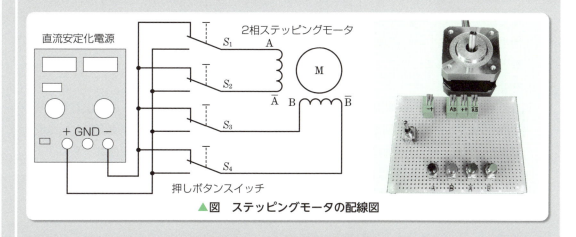

▲図　ステッピングモータの配線図

<手順>
① 電源は，モータ，スイッチの定格電流❷以下に制限する。
② A相のスイッチS_1をオンにし，電源の電圧を0Vから徐々に上げる。モータの軸に制動トルク❸が生じたら，電圧を固定し，スイッチS_1をオフにする。
③ コイルが$A→B→\overline{A}→\overline{B}→A→$…の順に励磁されるように，スイッチ$S_1$，$S_2$，$S_3$，$S_4$を順に押す。
④ ③と逆の順番でスイッチを押して，コイルを励磁させる。
　$\overline{B}→\overline{A}→B→A→\overline{B}→$…
⑤ 1回転させるには何回スイッチを押せばよいか，予想してから，試す。

<まとめ> 次のことを確認しよう。
①実験結果の説明を図や文章でまとめよう。
②ステッピングモータを実際に回してみて，理解が深まったか，確認しよう。
③このモータを使って，どのようなものがつくれそうか考えよう。

❷無負荷での実験なので，定格以下の励磁電流でもモータは回転するため，モータまたはスイッチのうち，小さい定格電流以下の電流にする。

❸軸を指で回しにくい状態にする。制動トルクが生じない場合は，配線，電源スイッチ，モータの断線などを確認する。

■節末問題■

1 次の各文は，小形モータについて説明したものである。①～⑭に当てはまるものを下の語群から選べ。

(1) ある小形直流モータは，N極用とS極用の2個の永久磁石，回転子に収められた3個のコイル，3個の整流子片で構成されていた。一般に ① にスロットがあると，脈動トルクが生じる。そこで，希土類系永久磁石の大きな ② を生かし，溝をなくしてエアギャップにコイルを設け，トルクの脈動の低減をめざしたモータがつくられている。

(2) ブラシレスDCモータは， ③ が回転子側に， ④ が固定子側に取りつけられた構造になっており，一般的な直流モータにあるブラシと整流子がない。このため， ④ の電流を切り換えるために磁極の位置を検出する ⑤ とトランジスタで構成された駆動回路などが用いられる。ブラシレスDCモータは半導体素子の発達とともに発展してきたモータである。

(3) 小形の ⑥ モータには，永久磁石を回転子の表面に設けた ⑦ ，永久磁石を回転子に埋め込んだ ⑧ ，回転子に強磁性体の鉄心のみを用い，永久磁石を使用しない同期リラクタンスモータという種類がある。小形直流モータは，電池だけで運転されるものが多いが， ⑥ モータは，円滑な ⑨ が困難なために制御回路が必要になる。

(4) ステッピングモータは ⑩ モータともよばれ，駆動回路に与えられた ⑪ に比例する ⑫ だけ回転する。したがって，このモータはパルスを周期的に与えると，そのパルスの ⑬ に比例する回転速度で回転する。ステッピングモータには，回転子の特徴によって可変リラクタンス形，永久磁石形， ⑭ 形がある。

語群 ア．永久磁石　イ．始動　ウ．同期　エ．回転角度
オ．電機子鉄心　カ．残留磁気　キ．周波数　ク．パルス
ケ．電機子巻線　コ．ホール素子　サ．ハイブリッド
シ．パルス数　ス．IPMSM　セ．SPMSM

2 永久磁石形直流モータがある。電源電圧が12V，回転を始める前の静止状態での始動電流は3A，定格回転速度における定格電流は1.2Aであった。定格運転時の効率 η は何パーセントか。ただし，静止状態の直流モータの電圧降下は，電機子巻線抵抗によるものとし，効率 η は
$$\eta = \frac{入力電力 - 電機子抵抗による消費電力}{入力電力} \times 100$$ で求めること。

3 ステッピングモータに加わるパルス周波数が480ppsのとき，回転速度が1200 min⁻¹だった。このモータのステップ角 θ [°] を求めよ。

2節 電動機の活用

この節で学ぶこと いままで学んだように，電動機には同期電動機や誘導電動機，直流電動機などがあり，それぞれの特徴を生かし，多くの場面で利用されている。ここでは，利用するさいの，電動機の選定方法や使用条件，また，正常に使用するための基本的な保守方法を学ぼう。

1 電動機の利用

1 電動機の選定

電動機を動力として使用する場合，一般的に，次の点を考慮して，使用する電動機の種類を決める。

1) 負荷に最も適したトルク−速度特性をもっていること。
2) 使用場所の気温や通風に適した冷却方式のものであること。
3) 使用場所に応じた構造，保護形式のものであること。
4) 負荷に応じた連結方式・制御方式のものであること。

このほか，設備費や保守の費用など経済的な条件を考慮することや，信頼性が高く，互換性や省エネルギーに配慮した電動機を選ぶようにすることなど，細部にわたっても検討する必要がある。表1に，負荷の種類とそれに適合する電動機の例を示す。

▼表1 負荷の種類と電動機の特性

負荷の種類	負荷の特徴	利用される電動機の種類
低速エレベータ（12階建て以下）	速度 30〜105 m/min，可変速運転	永久磁石形同期電動機，三相誘導電動機　3.7〜37 kW
高速エレベータ（13階建て以上）	速度 120〜1010 m/min，可変速運転	永久磁石形同期電動機，三相誘導電動機　22〜210 kW
エスカレータ	勾配 8〜30°（45 m/min），勾配 30〜35°（30 m/min）	三相かご形誘導電動機，永久磁石形同期電動機
ポンプ	始動トルク小，定速運転	三相かご形誘導電動機
送風機，圧縮機	始動トルク小，可変速運転	三相誘導電動機，単相誘導電動機，同期電動機
電気鉄道	始動トルク大，可変速運転	直流直巻電動機，三相誘導電動機，永久磁石形同期電動機，リニア誘導モータ
工作機械	高速・高精度，保守の容易さ，小形・高出力	主　軸　三相かご形誘導電動機 送り軸　交流サーボモータ，リニアモータ

問 1 家庭で使われる交流電動機の種類をあげ，その特徴をまとめよ。

2 負荷と電動機のトルク

各種機器などの負荷を始動させ稼働するために、次の点を考慮して、電動機の始動トルクや出力を決める。

1) 負荷を始動させるために必要なトルク。
2) 継続的に運転するための回転速度および出力。
3) 電動機と負荷をつなぐ減速機やベルトなどの伝達効率、および負荷変動などを考慮した余裕率。

負荷の特性は、一般に回転速度に対するトルクの変化で表される。安定した運転をするためには、この特性に適した電動機を選択する必要がある。

図1(a)は、誘導電動機、および負荷のトルク特性を表している。①は巻取機などの負荷、②はエレベータやクレーンなどの負荷、③はポンプや送風機などの負荷の特徴を示した特性曲線の例である。

誘導電動機は、停動トルク時より回転速度が速い領域では、図1(b)のように、回転速度が上昇するとトルクが減少する特性をもつため、図1(a)の点 a, b, c で各負荷の速度は安定となる。

次に、停動トルク時よりも回転速度が遅い領域では、図1(c)のように、負荷トルクが変動すると電動機が急停止したり回転速度が急上昇したりするため、不安定となる。このため、電動機を安定に運転し続けるためには、図1(b)の特性をもつ速度領域で利用する必要がある。

❶トルクが速度に反比例（出力は一定）する特性で、これを**定出力負荷**という。
❷トルクが速度によらず一定（出力は速度に比例）する特性で、これを**定トルク負荷**という。
❸トルクが速度の2乗に比例（出力は速度の3乗に比例）する特性で、**二乗トルク負荷**という。
❹第4章 p.146 参照。

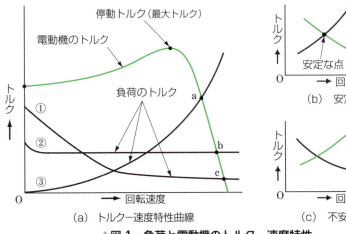

(a) トルクー速度特性曲線　(b) 安定な場合　(c) 不安定な場合

▲図1　負荷と電動機のトルクー速度特性

2 電動機の所要出力

電動機は，クレーン・巻上機・エレベータなどの荷物を運搬する機器や，工作機械・粉砕機・ポンプ・圧縮機・送風機などの生産機械に使用されるが，電動機の出力(所要出力)の計算方法は異なる。ここでは，例として，クレーン・エレベータ・ポンプ・送風機に使用される電動機の出力を求める計算式を示す。

1 クレーン

図2のような天井クレーン❶がある。巻上用(フック)電動機の出力 P_1 [W]，横行用(トロリ)電動機の出力 P_2 [W]，走行用(けた)電動機の出力 P_3 [W] は，それぞれ次式で計算される。

$$\text{巻上用電動機} \quad P_1 = \frac{9.8 m_1 v_1}{60} \cdot \frac{100}{\eta_1} \quad (1)$$

❶クレーンには，天井クレーン・ジブクレーン・橋形クレーンなどがある。

❷係数 9.8 は重力加速度 g [m/s²] で，$F = mg$ より $9.8m$ は荷重 [N] を表す。

m_1；巻上質量 [kg]，v_1；巻上速度 [m/min]
η_1；巻上装置の全効率 [%] (通常 70〜85 %)

$$\text{横行用電動機} \quad P_2 = \frac{9.8(m_1 + m_2)v_2 r_2}{60} \cdot \frac{100}{\eta_2} \quad (2)$$

m_2；トロリの質量 [kg]，v_2；横行速度 [m/min]
r_2；横行の走行抵抗❸
η_2；横行装置の機械効率 [%] (通常 75〜80 %)

❸走行の抵抗となる車輪や車軸の摩擦などによるもの。

$$\text{走行用電動機} \quad P_3 = \frac{9.8(m_1 + m_2 + m_3)v_3 r_3}{60} \cdot \frac{100}{\eta_3} \quad (3)$$

m_3；けたの質量❹ [kg]，v_3；走行速度 [m/min]
r_3；走行の走行抵抗
η_3；走行装置の機械効率 [%] (通常 67〜75 %)

❹けたの質量には，運転室の質量を含む。

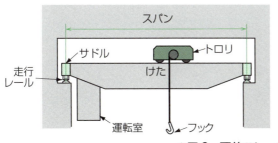

▲図2 天井クレーンの例

例題 1 巻上質量 5000 kg(5 t)の物体を毎分 12 m の速度で巻き上げる場合の巻上用電動機の出力 P_1 [kW] を求めよ。ただし，巻上装置全体の効率 η_1 を 80 % とする。

解答
$$P_1 = \frac{9.8 \times m_1 v_1}{60} \cdot \frac{100}{\eta_1} = \frac{9.8 \times 5000 \times 12}{60} \cdot \frac{100}{80} = 12250 \text{ W}$$
$$P_1 = 12.3 \text{ kW}$$

❶実際の天井クレーン設備は規模が大きいので，質量は[t]，速度は[m/min]，出力は [kW] の単位が用いられることが多い。ただし，1 t = 1000 kg である。

問 2 $m_1 = 10$ t，$v_1 = 8$ m/min として，巻上用電動機の出力 P_1 [kW] を求めよ。ただし，巻上装置の全効率 η_1 は 70 % とする。

2 エレベータ

図3のようなエレベータ❷がある。かごに定格積載質量の 40〜50 % を載せたときの重力が，釣合おもりにかかる重力と等しくなるように構成されている。エレベータの電動機の出力 P [W] は，次式で計算されている。

$$P = \frac{9.8(m_1 - m_2)v}{60} \cdot \frac{100}{\eta_W} \quad (4)$$

❷エレベータの駆動方式には，ロープ式と油圧式とがある。

v；エレベータの速度 [m/min]
m_1；かごの質量 + 定格積載質量 [kg]
m_2；釣合おもりの質量 [kg]
η_W；巻上機の効率 [%]

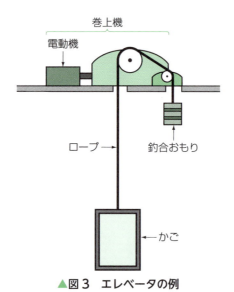

▲図3　エレベータの例

問 3 積載質量を含めたかご全体の質量が 1000 kg，釣合おもりの質量が 800 kg のエレベータを毎分 30 m の速度で運転したときの電動機の出力 P [kW] を求めよ。ただし，巻上機の効率を 70 % とする。

3 ポンプ

図4のようなポンプに用いられる電動機の出力 P [kW] は，次式で計算される。

$$P = \frac{9.8\alpha_P QH}{60} \cdot \frac{100}{\eta_P} \qquad (5)$$

Q；揚水量 [m³/min]，H；全揚程 [m]

η_P；ポンプの効率 [%]

α_P；ポンプの設計・工作上の誤差を見込んで余裕をもたせる係数（通常 1.1〜1.2）

❶揚水量が1〜100m³/minのポンプでは，効率が65〜80 %程度である。

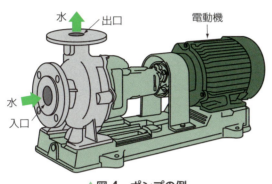

▲図4　ポンプの例

問 4　$Q = 4 \text{ m}^3/\text{min}$, $H = 10 \text{ m}$, $\alpha_P = 1.1$ の場合，ポンプの電動機出力 P [kW] を求めよ。ただし，ポンプの効率 η_P は 75 % とする。

4 送風機

図5のような送風機に用いられる電動機の出力 P [kW] は，次式で計算される。

❷ blower

$$P = \frac{\alpha_B Q p_B}{60} \cdot \frac{100}{\eta_B} \qquad (6)$$

Q；風量 [m³/min]，p_B：風圧 [kPa]

η_B；送風機の効率 [%]

α_B；余裕をもたせる係数（通常 1.05〜1.2）

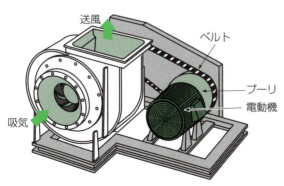

▲図5　送風機の例

2　電動機の活用　235

3 電動機の保守

電動機を正常な状態で運転し，故障を未然に防ぐには，日常の点検や定期点検を正しく行う必要がある。

1 日常の点検

毎日行う点検には，次のような事項がある。

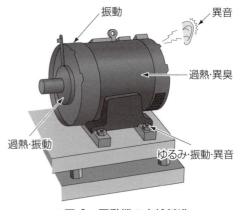

▲図6　電動機の点検基準

1) スイッチ投入前に軸を手で回してひっかかりの有無を確かめ，すえ付けボルト・カップリングの緩み，配線の緩みなどを手で触れたり，目視したりして点検する。
2) 始動時または運転中に，異常な振動や音が発生していないか注意する（振動は，ケースを手で触れて確かめるとよい）。
3) 運転中に異臭はないか確認する。
4) 運転中に電動機のケースを手で触れて，温度上昇の程度を確認する。

2 定期点検

ある期間を決めて定期的に行う点検は，次に示すように，日常の点検よりもさらに詳しく行う必要がある。

1) 動力機器では，絶縁抵抗の測定（メガーテスト）を行う。
2) ブラシの摩耗を点検し，必要ならば交換する。
3) 軸受（ベアリングなど）を点検し，必要ならばグリースを補給する。
4) 通風孔などのほこりや油よごれを清掃する。

このほか，電動機を更新や新規導入したときには，ボルトや配線のゆるみなどによる不具合を生じやすいことにも留意し，点検を行う。

■ 節末問題 ■

1 次の各用途に用いられる電動機の種類を調べよ。
　(1) エレベータに用いられる電動機
　(2) 工作機械に用いられる電動機
　(3) ポンプに用いられる電動機

2 電動機の出力 5 kW，全揚程 10 m のポンプを 1 分間運転したときの揚水量 $Q\,[\mathrm{m^3/min}]$ を求めよ。ただし，ポンプの効率は 72 % で，余裕をもたせる係数 α_P は 1.1 とする。

この章の まとめ

1節

① 永久磁石形直流モータは，界磁に強力な永久磁石が用いられており，小形で高トルク，しかも制御性のよいモータである。 ▶p.215～216

② ブラシレスDCモータは，ブラシと整流子を電子的整流機構に置き換えたモータである。回転子の磁極の位置検出にホール素子が用いられている。 ▶p.218～219

③ 小形同期モータには，永久磁石形同期モータ，リラクタンスモータがある。 ▶p.220～221

④ 小形非同期モータには，誘導モータ・交流整流子モータがある。 ▶p.222

⑤ リニアモータは，回転形モータを直線状に展開した構造をしており，リニア誘導モータ，リニア同期モータ，リニア直流モータ，リニアパルスモータなどの種類がある。 ▶p.223

⑥ サーボ機構に用いられるモータは，サーボモータとよばれる。サーボモータには，直流（DC）サーボモータと交流（AC）サーボモータがある。 ▶p.224～225

⑦ ステッピングモータは，パルス電圧で回転子が駆動され，入力パルス数に比例する回転角が得られるモータである。 ▶p.226

2節

⑧ 電動機の選定では，負荷の回転速度・トルク特性，伝達機構の効率，負荷変動やその他の損失などのための余裕率を調べ，考慮する必要がある。 ▶p.231～232

⑨ 電動機を安定運転させるには，回転速度が増加，トルクが減少する領域で運転する。 ▶p.232

⑩ クレーンに使用される電動機の出力はそれぞれ次式で表される。 ▶p.233

(1) 巻上用電動機　$P_1 = \dfrac{9.8 m_1 v_1}{60} \cdot \dfrac{100}{\eta_1}$ [W]

(2) 横行用電動機　$P_2 = \dfrac{9.8 (m_1 + m_2) v_2 r_2}{60} \cdot \dfrac{100}{\eta_2}$ [W]

(3) 走行用電動機　$P_3 = \dfrac{9.8 (m_1 + m_2 + m_3) v_3 r_3}{60} \cdot \dfrac{100}{\eta_3}$ [W]

⑪ エレベータに使用される電動機の出力は，$P = \dfrac{9.8 (m_1 - m_2) v}{60} \cdot \dfrac{100}{\eta_W}$ [W] で表される。 ▶p.234

⑫ ポンプに使用される電動機の出力は，$P = \dfrac{9.8 \alpha_P Q H}{60} \cdot \dfrac{100}{\eta_P}$ [kW] で表される。 ▶p.235

⑬ 送風機に使用される電動機の出力は，$P = \dfrac{\alpha_B Q p_B}{60} \cdot \dfrac{100}{\eta_B}$ [kW] で表される。 ▶p.235

⑭ 電動機の保守点検は，安全と確実な運転を確保するために不可欠であり，日常の点検・定期点検を正しく行う必要がある。 ▶p.236

章末問題

1 ブラシレスDCモータにおいて，回転子の位置を検出するために，何が使われているか。また，その理由を述べよ。

2 ステッピングモータは制御用モータであるが，サーボモータではない。その理由を述べよ。

3 次の(1)〜(5)のモータに最も関係の深いものを語群から選べ。
  (1) 交流整流子モータ　　(2) コアレスモータ　　(3) ステッピングモータ
  (4) 永久磁石形直流モータ　(5) ブラシレスDCモータ

  語群　ア．アルニコ磁石　イ．プリント配線モータ　ウ．単相交流電源
  　　　エ．ホール素子　オ．ハイブリッド形回転子

4 リニアモータには，どのような種類があるか。

5 次の負荷の特性(1)〜(3)に最も関係の深いものを語群から選べ。
  (1) 定トルク負荷　　(2) 二乗トルク負荷　　(3) 定出力負荷

  語群　ア．巻取機　イ．送風機　ウ．巻上機　エ．ポンプ　オ．エレベータ

6 図1は3スロットの永久磁石形直流モータである。このモータに，図1のように電圧を加えると時計方向に回転する。コイルにはどのような方向の電流が流れるか。○の中にドットとクロスを用いて記入せよ。また，三つの突極の極性を調べよ。

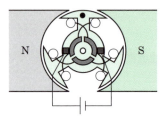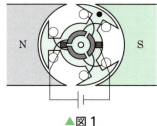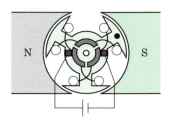

▲図1

B

1 p.233 図2のような，巻上質量が 1500 kg，トロリの質量が 300 kg，けたの質量が 400 kg の天井クレーンがある。また，巻き上げ速度 6 m/min，横行および走行速度 15 m/min，横行および走行の走行抵抗 0.03，巻上機械，横行および走行機械の効率は 75 % である。このクレーンの巻上電動機，横行電動機，走行電動機のそれぞれの出力 P_1 [kW]，P_2 [kW]，P_3 [kW] を求めよ。

2 かごの質量が 180 kg，定格積載質量が 850 kg のロープ式エレベータにおいて，釣合おもりの質量を，かごの質量に定格積載質量の 40 % を加えた値とする。このエレベータで定格積載質量を搭載したかごを一定速度 90 m/min で上昇させるときの電動機の出力を求めよ。ただし，エレベータの機械効率を 70 % とする。

3 毎分 1.5 m³ の水を揚水したい。全揚程を 5 m，ポンプ効率を 70 %，余裕を持たせる係数を 1.2 とするときの電動機の出力 P [kW] を求めよ。

4 揚水量が毎分 2.0 m³，全揚程が 11.2 m，効率が 78 % の給水ポンプがある。ポンプに余裕を持たせる係数を 1.1 としたとき，電動機の出力 P [kW] を求めよ。

5 送風機を，風量 15 m³/min，風圧 1.58 kPa で運転するとき，必要な電動機の出力 P [kW] を求めよ。ただし，送風機の効率を 63 %，余裕を持たせる係数 α_B を 1.1 とする。

第7章 パワーエレクトロニクス

　21世紀に入り，地球温暖化や環境汚染などの対策として，電力機器の省エネルギー化の推進，二酸化炭素（CO_2）を排出しない太陽光発電や風力発電などクリーンエネルギーを電力源とする発電システムの開発，環境にやさしい電気自動車などの利用が求められている。電力変換・電力制御を高効率・高精度に行うためのパワーエレクトロニクス技術は，省エネルギーに大きく貢献でき，地球環境・エネルギーの問題解決にとって重要な技術である。

　この章では，パワー半導体デバイスの種類や，これらを用いた電力変換の原理と利用例について学ぼう。

◀ 太陽電池モジュール

〈セル〉
セルとは，太陽光を受け，発電を行うパーツのこと。

▲ 電気自動車・ハイブリッド式自動車の
　モータ駆動用パワーモジュール

▲ フル SiC パワーモジュール適用
　鉄道車両用インバータ装置

◆太陽電池モジュール：モジュール変換効率 16.2 %，
　　　　　　　　　　　公称最大出力 230 W
◆鉄道車両用インバータ装置：定格電圧 3 300 V，
　　　　　　　　　　　　　　定格電流 1 500 A
　　　　　　　▲パワー半導体応用製品

1 パワーエレクトロニクスとパワー半導体デバイス
2 整流回路と交流電力調整回路
3 直流チョッパ
4 インバータとその他の変換装置

Topic　パワーエレクトロニクスは省エネ・省メンテナンス

パワー半導体デバイスによって，電力を変換し，制御する技術が，パワーエレクトロニクスである。近年のパワー半導体デバイスの高性能化により，電力損失が少ない高効率のインバータなどが開発され，パワーエレクトロニクスは省エネルギー効果に大きく貢献している。

▶ 電力変換装置　―回転形から静止形へ―

パワーエレクトロニクスの発展以前は，図1のように，電動機と発電機を組み合わせた回転形の電力変換装置が活躍した。エネルギー変換（電気→回転→電気）での損失が大きく，部品の交換などのメンテナンスが必要な課題にあるが，現在でも鉄道用周波数変換所の一部で稼働している。

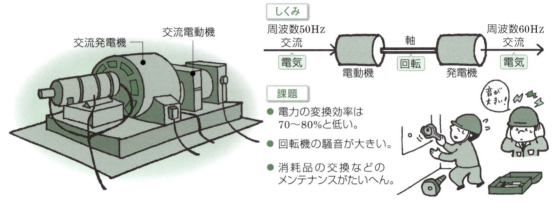

▲図1　回転形の電力変換装置の例*

＊東海道新幹線の開業当時は，60Hz電源で統一するため，図1のようなしくみで周波数変換を行っていた。

電力変換装置は，パワーエレクトロニクスのめざましい進歩により，パワー半導体デバイスを活用した機械的動作のない静止形の変換装置にバトンタッチされている。

回転形から図2の静止形に置き換えると，機械の回転によるエネルギー損失がないので電力の変換効率にすぐれ，また，電動機が稼働し続けることがないため，待機電力を大幅に抑制できる。さらに，静音，省スペースでコンパクト化されているので，メンテナンスを大幅に低減することができる。

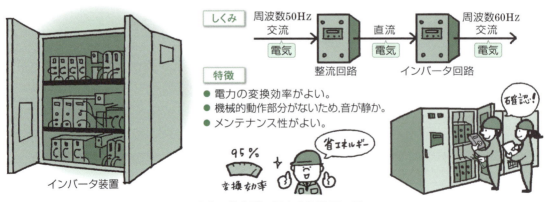

▲図2　静止形の電力変換装置の例

240　第7章　パワーエレクトロニクス

1節 パワーエレクトロニクスとパワー半導体デバイス

この節で学ぶこと 近年，高耐圧・大電流容量のパワー半導体デバイスの進歩により，電力を変換し制御する技術であるパワーエレクトロニクスが発展した。ここでは，電力の変換方式と，電力変換の中心的な働きをしているパワー半導体デバイスについて学ぼう。

1 パワーエレクトロニクス

パワーエレクトロニクス❶とは，**パワー半導体デバイス**❷を用いて，電気特性（電圧，電流，周波数（直流を含む），波形など）を効率よく変換・制御する技術である。

パワーエレクトロニクスの技術は，図1に示すように，発電・送電などの電力分野から，通信システムや工場などの制御用電源装置，電車の駆動や **HV**❸・**EV**❹ などの交通分野，工作機械，クレーンなどの産業分野に使われている。また，エアコンや冷蔵庫などの家庭用電化製品の省エネルギー・省電力化をはじめ，太陽光発電，風力発電，燃料電池などの新エネルギーの分野でも必要不可欠な技術である。

❶ power electronics；電力・電子および制御の技術を総合した，電力変換および電力開閉に関する技術分野。
❷ power semiconductor device；半導体のキャリヤの動きを利用して，電力変換や電力開閉に用いられる電力制御用の半導体素子。
❸ hybrid vehicle；内燃機関とモータを動力源として備えた車輌。
❹ electric vehicle；モータを動力源とする車両。

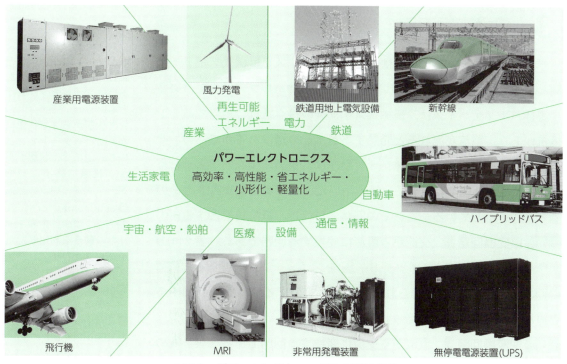

▲図1 パワーエレクトロニクスの利用分野

2 電力変換

　交流から直流への電力変換を **順変換**❶ といい，その変換装置を **整流装置**❷ という。逆に直流から交流への電力変換を **逆変換**❸ といい，その変換装置を **インバータ**❹ という。電力変換にはこのほかに，直流電力を別の直流電力に変換する **直流変換**❺，交流電力を別の交流電力に変換する **交流変換**❻ の各電力変換がある。電力変換の方式とおもな変換装置を表1に示す。

❶ rectification
❷ rectifier
❸ inversion
❹ inverter
❺ DC conversion
❻ AC conversion

▼表1　電力の変換方式

電力変換	おもな変換装置	利用例
順変換 （交流→直流）	整流装置（整流器）	電子機器・通信機器用電源，電気化学用電源装置，蓄電池充電器，直流電気鉄道用電源装置
逆変換 （直流→交流）	インバータ	無停電電源装置（UPS），定電圧定周波（CVCF）電源装置，可変電圧可変周波数（VVVF）電源装置，高周波電源
直流変換 （直流→直流）	直流チョッパ（直接変換式） スイッチングレギュレータ（間接変換式）	直流電動機用電源装置，電気自動車電源装置，電子機器・通信機器用電源
交流変換 （交流→交流）	サイクロコンバータ マトリックスコンバータ 交流電力調整装置	航空機用定周波電源装置，交流電動機用電源装置，電気炉，調光装置，周波数変換装置

3 電力変換回路

　パワーエレクトロニクスでは，半導体デバイスを機械式スイッチと同じように **オンオフ動作**❼ に用いるので，**半導体バルブデバイス**❽ という。半導体バルブデバイスは，機械式スイッチの接点抵抗に相当するオン抵抗があり，電流が流れると発熱するが，この量はわずかである。そのため，半導体デバイスのオンオフ動作は，電力変換を効率よく行うことができる。表2は，スイッチを用いた四つの **電力変換回路**❾ とその基本動作を示している。ここでの回路の負荷は，抵抗負荷とする。

ⓐ 順変換回路　交流から直流に変換する回路である。表2(a)のようなタイミングで，スイッチ S_1, S_2 をスイッチングさせると，負荷の両端に出力電圧 v_o が得られる。スイッチのタイミングを制御すると直流電圧の大きさが変えられる。

ⓑ 逆変換回路　直流から交流に変換する回路である。表2(b)のようなタイミングで，スイッチ S_1, S_2 をスイッチングさせると，負荷

❼ ON-OFF control action；オンオフ制御あるいはスイッチング動作ともいう。
オフ状態からオン状態に移ることをターンオンという。逆にオン状態からオフ状態に移ることをターンオフという。

❽ semiconductor valve device；半導体中のキャリヤの動きを利用した電子バルブデバイス。整流ダイオード・サイリスタ・GTO・パワートランジスタなどの総称。

❾ electric power conversion circuit

の両端に出力電圧 v_o が得られる。オンオフの時間の比率と繰り返し周期を変えることで，交流電圧の大きさと周波数が変えられる。

c 直流変換回路

直流から電圧の異なる直流への電力変換回路である。直流電源に直列接続されたスイッチ S を表 2(c) のタイミングでスイッチングさせると，負荷の両端に出力電圧 v_o が得られる。スイッチング周期 T に対するスイッチ S のオン時間の比率を変えることで，平均出力電圧の大きさが変えられる。

d 交流変換回路

交流から電圧や周波数の異なる交流への電力変換回路である。交流電源に直列接続されたスイッチ S を表 2(d) のタイミングでスイッチングさせると，負荷の両端に出力電圧 v_o が得られる。スイッチングの調整で連続的に交流電圧の大きさが変えられる。

▼表 2 電力変換回路の基本動作

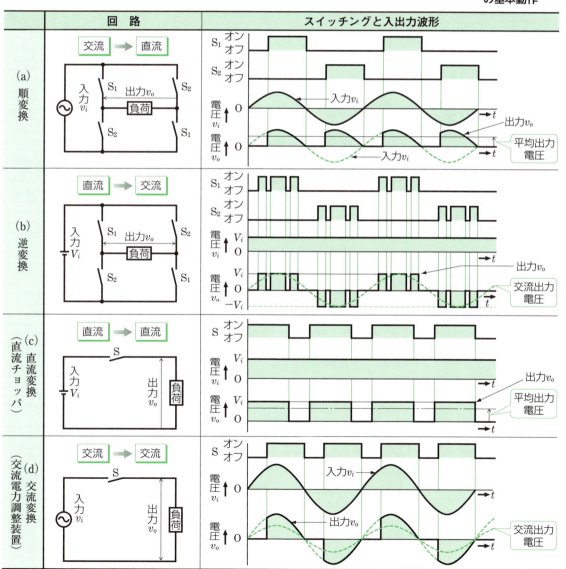

1 パワーエレクトロニクスとパワー半導体デバイス

4 半導体バルブデバイスとその性質

パワーエレクトロニクス装置に使われている半導体バルブデバイスには，**整流ダイオード**❶，**サイリスタ**❷，**GTO**❸，**パワートランジスタ**❹ などがあり，これらをリアクトルや平滑用コンデンサなどと組み合わせて電力変換回路を構成する。

半導体バルブデバイスのスイッチング機能は，表3のように非可制御バルブデバイス❺，オン制御バルブデバイス❻，オンオフ制御バルブデバイス❼の3種類に分けられる。

▼表3 半導体バルブデバイスとスイッチング機能

スイッチング機能	制御の可否	非可制御	可制御		
	信号切替		オン制御	オンオフ制御	
	切替後の状態		ラッチ型❽	ラッチ型	非ラッチ型❾
半導体バルブデバイスの種類		ダイオード	サイリスタ	GTO	パワートランジスタ，MOSFET，IGBT

1 整流ダイオード

整流ダイオードには，交流を直流に変換する装置に用いられる一般整流ダイオードと，高周波数でスイッチングに用いられる**ファストリカバリダイオード**❿（FRD）や**ショットキーバリアダイオード**⓫（SBD）などがある。

a 一般整流ダイオード

ダイオードの基本構造は，図2(a)のように **p形半導体**⓬ と **n形半導体**⓭ を接合した **pn接合**⓮ である。図2(b)に図記号を示す。図2(c)電圧電流特性に示すように，電流は，**アノード**⓯ A から **カソード**⓰ K への順方向に電圧を加えたときに流れる。この状態を **オン状態**⓱（導通）という。また，K から A への逆方向に電圧を加えたときには，**オフ状態**⓲（非導通）となり，ほとんど電流は流れない。

❶ rectifier diode
❷ thyristor
❸ gate turn-off thyristor；ゲートターンオフサイリスタ
❹ power transistor
❺ non-controllable valve device
❻ switched-on valve device
❼ switched valve device
❽ latcing valve device；ターンオンした後，制御信号を取り去ってもオン状態を持続する可制御バルブデバイス。
❾ non-latcing valve device；ターンオンした後のオン状態を持続するために制御信号を継続する必要があり，取り去るとターンオフする可制御バルブデバイス。
❿ fast recovery diode
⓫ schottky barrier diode
⓬ p-type semiconductor；多数キャリアが正孔（ホール）である半導体。
⓭ n-type semiconductor；多数キャリアが電子である半導体。
⓮ pn junction
⓯ anode；陽極
⓰ cathode；陰極
⓱ ON state
⓲ OFF state
⓳ leakage current；逆方向の電圧を加えたときに流れる電流。

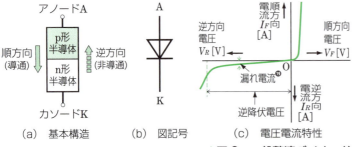

(a) 基本構造　(b) 図記号　(c) 電圧電流特性

送電圧の最大許容電圧ピーク値$V_{RM}=5\,000$ V
最大出力電流平均値$I_F=5\,000$ A
順電流を流したときの電圧降下$V_F=1.6$ V（最大）
逆電流$I_R=200$ mA
(d) 高耐圧・大電流の平形ダイオードの外観例と定格

▲図2 一般整流ダイオード

b ファストリカバリダイオード（FRD）

FRD は，整流ダイオードと同じ pn 接合形半導体であり，図 3(a)のような基本構造をもつ。また，図 3(c)に示すように，一般整流ダイオードと比べ，**逆回復時間** t_{rr} が短くなるよう改善されたことにより，電力損失も小さくなり，高速でのスイッチングも可能になった。よって，高速整流素子である FRD は，数 kHz～数百 kHz の高周波を整流できるので，スイッチング電源装置やインバータ装置などに使用されている。

❶ reverse recovery time t_{rr}；ダイオードがオン状態から完全なオフ状態になるまでにかかる時間。

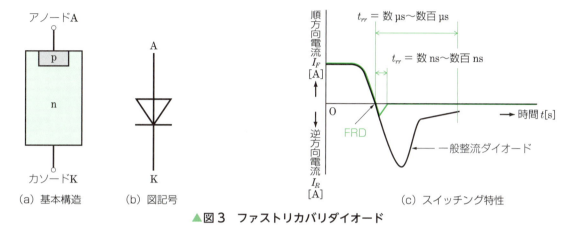

▲図 3　ファストリカバリダイオード

c ショットキーバリアダイオード（SBD）

SBD の基本構造は pn 接合ではなく，図 4(a)のように，**バリアメタル**と n 形半導体とを接合したダイオードである。この接合を**ショットキー接合**といい，整流ダイオードと同様な整流特性の働きをする。図 4(c)に示すように，pn 接合のダイオードと比べて順方向電圧が低く，逆回復時間が短いことから，高速スイッチング動作に適している。一般に，耐電圧は 20～150 V 程度，定格の順方向電圧は 0.4～0.7 V 程度である。

❷ barrier metal；バリアメタルとしてチタン，モリブデン，プラチナが利用されている。
❸ schottky junction

▲図 4　ショットキーバリアダイオード

1　パワーエレクトロニクスとパワー半導体デバイス

2　サイリスタ

サイリスタとは，3層以上のpn接合をもつ，半導体バルブデバイスの総称である。

サイリスタには，単にサイリスタともよばれる**逆阻止3端子サイリスタ**のほかに，**ゲートターンオフサイリスタ（GTO）**，**双方向性3端子サイリスタ（トライアック）**❶，**光トリガサイリスタ**❷などがある。

❶ triac
❷ light triggered thyristor；光トリガサイリスタは，直流送電等の大電力用に用いられている。
❸ gate

a　逆阻止3端子サイリスタ（SCR）

サイリスタは，シリコン半導体のpnpnの4層構造をもち，アノードA，カソードKに**ゲートG**❸を加えた三つの端子が設けられている。図5(a)にサイリスタの基本構造，図5(b)に等価回路，図5(c)に図記号，図5(d)に電力用サイリスタの外観例を示す。

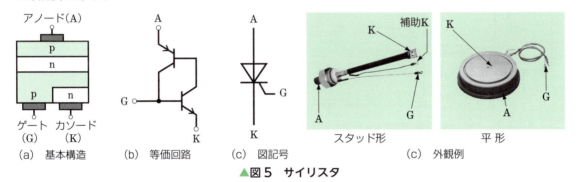

▲図5　サイリスタ

図6(a)に示すサイリスタの電圧・電流特性より，ゲート電流I_Gを流さずに，A-K間の順方向電圧を上げていくと，ある電圧値以上になると，順方向電流が流れることがわかる。サイリスタがオフ状態からオン状態（ターンオン）になる，この現象を**ブレークオーバ**❹といい，その電圧を**ブレークオーバ電圧**❺とよぶ。また，逆方向電圧を加えた状態ではほとんど電流が阻止された状態になる。この状態を**逆阻止状態**❻という。

❹ breakover
❺ breakover voltage
❻ reverse-blocking state

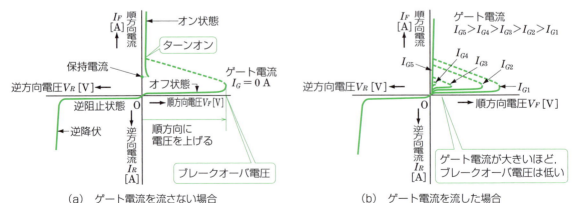

▲図6　サイリスタの電圧・電流特性

ゲート電流を流すと，図6(b)のように，サイリスタはオン状態になる。ゲート電流I_Gが大きいほどブレークオーバ電圧は低くなる。

図7は，直流電源で動作するサイリスタの動作回路である。図7の状態でスイッチS_1を閉じても，アノード電流I_A [A]はほとんど流れず，サイリスタはオフ状態にある。この状態から，S_2を閉じて，ゲートGに正のゲート電流I_G [A]を流すとサイリスタにはI_A [A]が流れ，ターンオンする。このように，サイリスタはI_G [A]を流すことによってターンオンし，ひとたびI_A [A]が流れると，S_2を開いてもI_A [A]は流れ続ける。

❶ holding current
❷ commutation circuit

サイリスタをターンオフするには，オン状態を持続できる最小のアノード電流（**保持電流**❶）以下にするか，A-K間の電源電圧Vを一瞬逆に接続してターンオフさせる**転流回路**❷が必要となる。

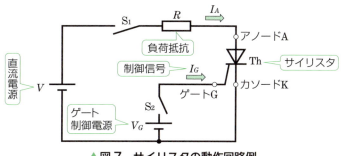

▲図7　サイリスタの動作回路例

b ゲートターンオフサイリスタ（GTO）

ゲートGに正の電流I_Gを流すとターンオンし，負の電流I_Gを流すとターンオフするサイリスタである。よって，GTOは，ゲート信号操作だけでオン・オフの制御ができる，オンオフ制御バルブデバイスである。

図8(a)に基本構造，図8(b)に図記号を示す。

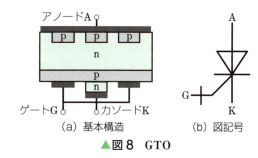

▲図8　GTO

c 双方向性3端子サイリスタ（トライアック）

ゲートGに正または負の電流を流すと，ターンオンするサイリスタである。また，サイリスタのようにA-K間の順方向だけでなく，逆方向電圧でも，ゲートGによりターンオンするので，双方向に電流を流すことができる。

図9(a)に基本構造，図9(b)に図記号を示す。

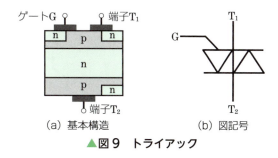

▲図9　トライアック

d 光トリガサイリスタ
光信号によってターンオンさせるサイリスタを**光トリガサイリスタ**という。制御回路と電力回路とを完全に絶縁できるので，ノイズによる誤動作を減らすことができる。

1　パワーエレクトロニクスとパワー半導体デバイス　**247**

3 パワートランジスタ

pnp 接合と npn 接合をもち，電流を増幅させたり，スイッチングさせたりする半導体デバイスを **トランジスタ** といい，大きな電力を扱うものを **パワートランジスタ** という。パワートランジスタを大別すると，**電流駆動形**❶ の **バイポーラパワートランジスタ**❷ や **電圧駆動形**❸ の **パワーMOSFET**❹，**絶縁ゲートバイポーラトランジスタ（IGBT）**❺ に分けられる。

a バイポーラパワートランジスタ

バイポーラパワートランジスタは，大電力用に高耐圧化・大電流化した半導体バルブデバイスで，一般に図 10(a)のように，npn 形が用いられる。ベース B に信号電流を流すと，コレクタ C-エミッタ E 間がターンオンする電流駆動形の半導体バルブデバイスである。パワーエレクトロニクスでは，電流の増幅だけでなく，電力スイッチの働きをするオンオフ制御用として用いられる。

バイポーラパワートランジスタを実際に使用する場合には，オンオフ時の電力損失，ベース信号に対する動作の遅れ，扱いたい電圧・電流の大きさの範囲などから，耐電圧・ターンオン時間・ターンオフ時間・**飽和電圧**❻・電流増幅率・**安全動作領域**❼ などが重要な要素になる。また，バイポーラパワートランジスタは，逆方向阻止電圧が低いという特徴があるので，破損を防ぐには，図 10(d)のように C-E 間にダイオードを逆並列に接続することで，逆方向電圧が加わらないようにしなくてはならない。

大容量のパワートランジスタを駆動させるには，大きなベース電流が必要となる。小さなベース電流で大容量のパワートランジスタを駆動する方法として，図 10(e)に示す **ダーリントン接続**❽ が用いられる。

❶ current driven
❷ bipolar power transistor
❸ voltage driven
❹ power metal oxide semiconductor field effect transistor
❺ insulated gate bipolar transistor

❻ saturation voltage；トランジスタがオン状態のとき，実際には，エミッタ-コレクタ間にわずかに電圧が現れる。この電圧を飽和電圧という。

❼ safety operating area；トランジスタを破損することなく使用できる電圧・電流の範囲をいう。

❽ darlington connection；図 10(b)のシングル形に比べ，ターンオン時の電力損失が大きく，ターンオフ時間が長いという欠点があるが，電流増幅率を大きくできる利点がある。

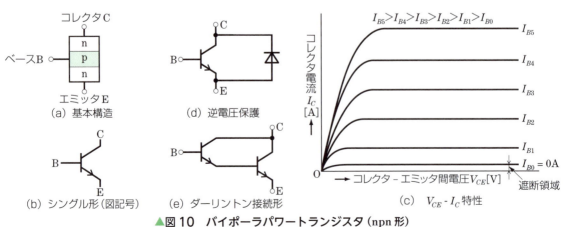

▲図 10　バイポーラパワートランジスタ（npn 形）

b パワー MOSFET

図11(a)は，nチャネル形パワーMOSFETの基本構造である。パワーMOSFETのゲート電極は，半導体との間にある薄い絶縁膜で絶縁されている。ゲートGに正の電圧 V_{GS} を加えると，p層の中の電子がゲート側に引き寄せられ，nチャネルが形成される。ドレインDとソースS間に電圧 V_{DS} を加えると，**キャリヤ**❶である電子が移動して，図11(c)に示すように，ドレイン電流 I_D が流れる。このように，パワーMOSFETは，電圧駆動形のデバイスで，バイポーラ形トランジスタのような**少数キャリヤ**❷の**蓄積効果**❸がないため，スイッチング動作が速いという長所がある。しかし，このデバイスは，高耐圧にするとオン状態の抵抗値が大きくなり，損失が増加するため，おもに高周波のスイッチングに用いられる。図11(b)に図記号，図11(c)に特性，図11(d)に外観例を示す。

❶ carrier；半導体中の電流（電荷）の担い手。電子と正孔（ホール）を総称してキャリヤとよぶ。

❷ minority carrier；n形半導体中の正孔とp形半導体中の電子のことを指す。

❸ accumulation effect ベース信号が0になっても，すでにベースに入り込んでいる少数キャリヤが消えるまでトランジスタはオンの状態が続く現象をいう。

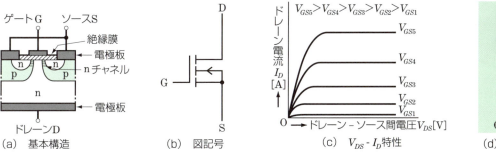

▲図11　パワー MOSFET (nチャネル形)

c 絶縁ゲートバイポーラトランジスタ (IGBT)

IGBTは，図12(a)のように，バイポーラトランジスタと**MOSFET**❹を一つのチップ上に複合した構造をもつ。このデバイスは，バイポーラトランジスタのオン状態での低電圧特性とMOSFETの高速スイッチング特性のそれぞれの長所をあわせもつため，パワーエレクトロニクスでの用途が広がっている。図12(b)に図記号，図12(c)に近似等価回路，図12(d)に特性，図12(e)に外観例を示す。

❹ metal oxide semiconductor field effect transistor

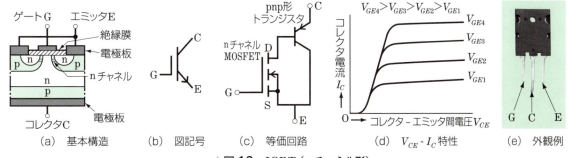

▲図12　IGBT (nチャネル形)

1　パワーエレクトロニクスとパワー半導体デバイス　249

4　パワーモジュール

複数個のパワー半導体デバイスを用途・目的に合わせて一つのパッケージに組み込んだものを **パワーモジュール**（PM）という。また，ダイオード，サイリスタ，パワー MOSFET，IGBT などのパワー半導体デバイスや，制御回路，駆動回路，保護回路を一つのパッケージに組み込んだものを **インテリジェントパワーモジュール**（IPM）という。

図 13 (a) は，大電力スイッチング用 IGBT パワーモジュールの例で，図 13 (b) のように，IGBT とダイオードが各 2 個内蔵されており，3 台一組として三相インバータ回路を構成する。おもな用途として，汎用インバータ，CVCF，太陽光発電，誘導加熱応用機器などがある。

❶ power module
❷ intelligent power module
❸ 第 7 章 p.271 で学ぶ。
❹ wide band gap semiconductor power module；バンドギャップが大きい半導体の総称。Si より大きなバンドギャップをもつ半導体。
❺ band gap；電子やホールが価電子帯から伝導帯に遷移するために必要なエネルギー。
❻ silicon carbide；ケイ素 (Si) と炭素 (C) 化合物。バンドギャップは 3.3 eV（電子ボルト）。
❼ gallium nitride；ガリウム (Ga) と窒素 (N) の化合物。3.4 eV。
❽ gallium oxide；ガリウム (Ga) と酸素 (O) の化合物。4.8-4.9 eV。
❾ aluminum nitride；アルミニウム (Al) と窒素 (N) の化合物。6.3 eV。
❿ diamond；炭素 (C)。5.5 eV。

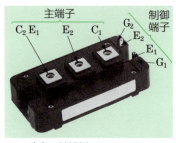
(a)　外観例（2 素子入り）

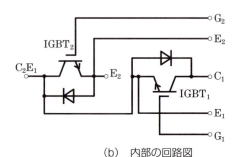
(b)　内部の回路図

▲図 13　IGBT パワーモジュール

深掘り！　次世代ワイドバンドギャップ半導体

ワイドバンドギャップ半導体は，シリコン (Si) より大きなバンドギャップをもつ半導体で，次世代パワー半導体の材料として研究開発が進められている。次世代パワー半導体の材料として，シリコンカーバイド (SiC)，窒化ガリウム (GaN)，酸化ガリウム (Ga_2O_3) などがあげられる。また，SiC や GaN よりバンドギャップの高い窒化アルミニウム (AlN) やダイヤモンド (C) の研究も進められている。

大きなバンドギャップをもつ半導体は，Si に比べ高耐圧，高出力，低損失などの特性をもち，より大幅な機器の小形化・高効率化が実現できる。これらの半導体をパワーエレクトロニクス技術に応用することにより，発電・送電，産業，鉄道，自動車，情報，民生機器などの各分野で，大幅な省エネルギー化と二酸化炭素排出量の削減が期待されている。

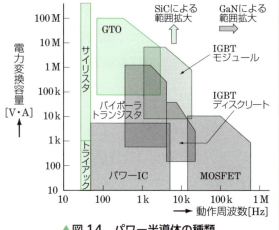

▲図 14　パワー半導体の種類

■ 節末問題

1. パワーエレクトロニクスにおける電力の変換方式とそのおもな変換装置についてまとめよ。
2. ダイオードの内部抵抗は，流れる電流の向きと大きさによって変わる。順方向電流が 500 A のとき，順方向電圧は 1.2 V である。このときの抵抗 R_1 [Ω] を求めよ。また，逆方向電圧 1 200 V のとき，逆方向電流は 50 mA である。このときの抵抗 R_2 [Ω] を求めよ。
3. 半導体バルブデバイスには，どのような電力損失があるか調べよ。
4. パワートランジスタのターンオン時間，ターンオフ時間とは，どのような動作時間のことか調べよ。
5. 逆阻止 3 端子サイリスタと GTO の共通点と相違点を述べよ。
6. パワーモジュールを使うことによって，どのような利点があるか調べよ。
7. パワーエレクトロニクスでは，整流ダイオード，サイリスタ，パワートランジスタ(バイポーラパワートランジスタ)，パワー MOSFET，IGBT などのパワー半導体デバイスがバルブデバイスとして用いられている。バルブデバイスに関する記述として，誤っているものを次の(1)～(5)のうちから一つ選べ。
   (1) ダイオードの導通，非導通は，そのダイオードに加える電圧の極性で決まり，導通時は回路電圧と負荷などで決まる順方向電流が流れる。
   (2) サイリスタは，正のゲート電流を与えるとターンオンとなり，順方向の電流が流れる。この状態で，ゲート電流を取り去っても，順方向の電流は流れ続ける。
   (3) バイポーラパワートランジスタは，逆方向阻止電圧が低いので，C-E 間にダイオードを逆並列に接続することで，逆電圧が加わらないようにする。
   (4) パワー MOSFET は，バイポーラ形トランジスタのような少数キャリアの蓄積効果がないので，高い周波数でのスイッチングが可能である。さらに電流で駆動できるので駆動電力が小さいという特徴がある。
   (5) IGBT は，バイポーラトランジスタのオン状態での低電圧特性と MOSFET の高速スイッチング特性のそれぞれの長所をあわせもつ。
8. IGBT の応用分野を調べよ。
9. オフからオン，オンからオフも制御できるパワーデバイスを可制御デバイスという。可制御が可能なパワーデバイスを四つ答えよ。
10. SiC のほかに研究開発が進められている次世代パワー半導体の材料と特徴を調べよ。

2節 整流回路と交流電力調整回路

この節で学ぶこと　直流電動機や電気化学など，直流電力を必要とする設備では，交流電力を効率よく直流電力に変換する半導体バルブデバイスを用いた整流装置が広く使われている。ここでは，整流の基本回路として，単相半波整流回路・単相全波整流回路・三相全波整流回路などの特性，および交流変換の交流電力調整回路について学ぼう。

1 単相半波整流回路

1 ダイオード整流回路

図1(a)はダイオードを用いた単相半波整流回路，図1(b)はその入出力波形である。図1(b)において，交流電源電圧 v が，$0 \sim \pi$ rad の範囲ではダイオードに順方向の電圧が加わるので，オン状態（導通）になる。また，$\pi \sim 2\pi$ rad の範囲ではダイオードに逆方向の電圧が加わるので，電流はほとんど流れない。負荷が抵抗の場合，直流電圧 v_d [V]，直流電流 i_d [A] の波形は図1(b)のようになる。負荷に生じる直流平均電圧 V_d [V] は，交流電源電圧を $v = \sqrt{2}V\sin\omega t$ [V] とすると，次式で表される。

$$V_d ≒ 0.45V \tag{1}$$

❶
$$\begin{aligned}
V_d &= \frac{1}{2\pi}\int_0^\pi \sqrt{2}V\sin\theta\, d\theta \\
&= \frac{\sqrt{2}V}{2\pi}[-\cos\theta]_0^\pi \\
&= \frac{\sqrt{2}}{\pi}V \\
&≒ 0.45V
\end{aligned}$$

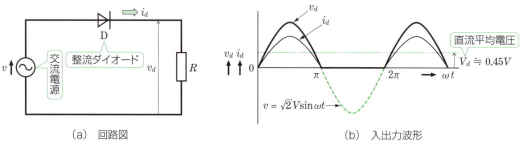

(a) 回路図　　　(b) 入出力波形

▲図1　単相半波整流回路（抵抗負荷の場合）

例題 1　図1(a)において，電源電圧の実効値 V が 100 V，抵抗が 10 Ω のときの直流平均電圧を求めよ。

解答　$V_d = 0.45V = 0.45 \times 100 = 45$ **V**

2 サイリスタ整流回路

図2(a)は，バルブデバイスとしてサイリスタを用いた単相半波整流回路である。

図2(a)に示すように負荷が抵抗のみの場合，図2(b)のように電源電圧 $v = \sqrt{2} V \sin\omega t$ [V] の位相 ωt が $0 \sim \pi$ rad の間において，位相角 α rad のときサイリスタのゲート G にゲート信号 v_g を与えて，ターンオンさせると，電流 i_d [A] が流れる。ωt が $\pi \sim 2\pi$ rad では，サイリスタには逆方向電圧が加わるので，ターンオフし，i_d は 0 A となる。したがって，直流平均電圧 V_d [V] は次式で表される。

$$V_d \fallingdotseq 0.45 V \frac{1+\cos\alpha}{2} \qquad (2)$$

❶ $V_d = \dfrac{1}{2\pi}\int_{\alpha}^{\pi}\sqrt{2}V\sin\theta d\theta$
$= \dfrac{\sqrt{2}}{\pi}V\dfrac{1+\cos\alpha}{2}$
$\fallingdotseq 0.45V\dfrac{1+\cos\alpha}{2}$

❷ phase-control angle

この位相角 α を **制御角**❷ という。$\alpha = 0$ rad のとき，V_d は最大で，$V_d \fallingdotseq 0.45V$ [V] となり，$\alpha = \pi$ rad のとき，$V_d = 0$ V となる。

よって，制御角 $\alpha = 0 \sim \pi$ rad の間で変化させれば，直流平均電圧 V_d の大きさを制御することができる。

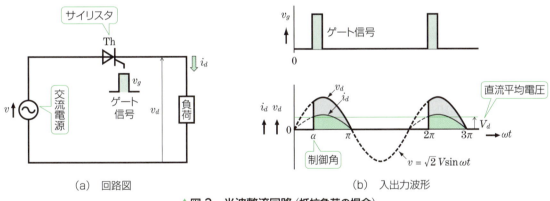

▲図2 半波整流回路（抵抗負荷の場合）

例題 2

図2(a)において，電源電圧の実効値 v が $v = 100\sqrt{2}\sin\omega t$ [V]，制御角 α が $\dfrac{\pi}{6}$ rad のときの直流平均電圧 V_d [V] を求めよ。

解答 $V_d = 0.45 V \dfrac{1+\cos\alpha}{2}$
$= 0.45 \times 100 \times \dfrac{1+\cos\dfrac{\pi}{6}}{2} \fallingdotseq \mathbf{42\ V}$

2 整流回路と交流電力調整回路　253

3　環流ダイオードの挿入

図3(a)は誘導性の負荷が接続された単相半波整流回路である。図3(b)に示すように，負荷のインダクタンスL[H]のために，電流i_d[A]の立ち上がりが遅れ，電圧v_d[V]の位相がπ rad を超えて，負の半サイクルに入ってもi_dは流れ続け，$\omega t = \pi + \beta$ rad の時点で0 A になる。この角度$\pi + \beta$を**消弧角**という。このときの電圧v_dの波形は負の部分が生じ，直流平均電圧v_d[V]は抵抗負荷の場合より低下してしまう。

❶ βはLの大きさによって変わる。
❷ extinction angle

そこで電圧v_dに負の電圧が生じないようにするために，図4(a)のように，負荷と並列にダイオードD_Fを接続する。

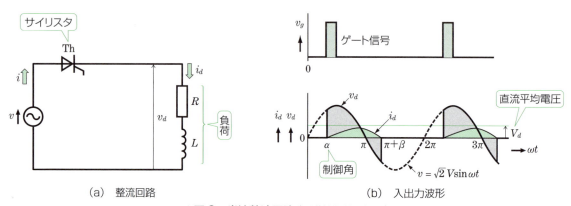

▲図3　半波整流回路（誘導性負荷の場合）

図4(a)の回路では，電源電圧vが正のときは，負荷に流れる電流i_d[A]は電源電流i[A]であるが，電源電圧vが負になると，ダイオードD_Fを通って負荷に環流する電流i_0[A]が生じ，この電流が負荷を流れる電流i_d[A]となる。このため，図4(b)のように，電源電圧vが

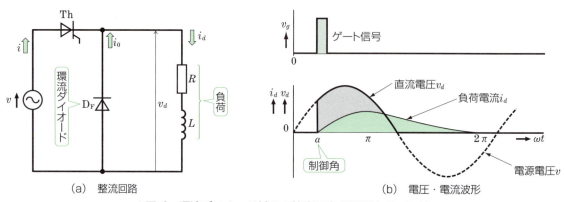

▲図4　環流ダイオード付きの整流回路（誘導性負荷の場合）

負の半サイクルになっても，電圧 v_d は負の電圧にならないため，整流特性もよくなる。このダイオードを **環流ダイオード**❶（フリーホイーリングダイオード）といい，インダクタンスに蓄えられたエネルギーを電流として負荷に環流させ，出力電流の脈動を少なくするように働く。

❶ free-wheeling diode

2 単相全波整流回路（単相ブリッジ整流回路）

図 5(a) は，制御角 α [rad] でターンオンするサイリスタの単相全波整流回路（単相ブリッジ整流回路）である。

1 抵抗負荷の場合

図 5(b) は，負荷が抵抗の場合で，制御角 α [rad] でターンオンしたときの電圧と電流の波形である。単相半波整流回路と違い，電源電圧 $v = \sqrt{2} V \sin \omega t$ [V] の位相が $\pi \sim 2\pi$ rad の間でも，制御角 $\pi + \alpha \sim 2\pi$ rad まで，Th_3，Th_2 によって電流 i_d が流れるため，単相半波整流回路の 2 倍の出力電圧が得られる。

すなわち，直流平均電圧 V_d [V] は次式で表される。

$$V_d \fallingdotseq 0.9V \frac{1+\cos\alpha}{2} \quad (3)$$

❷ $V_d = \frac{1}{\pi} \int_\alpha^\pi \sqrt{2} V \sin\theta d\theta$
$= \frac{2\sqrt{2}}{\pi} V \frac{1+\cos\alpha}{2}$
$\fallingdotseq 0.9V \frac{1+\cos\alpha}{2}$

なお整流素子用バルブデバイスとして整流ダイオードを使用した場合，直流平均電圧 V_d [V] は，式(3)で制御角 $\alpha = 0$ rad としたときの V_d に等しくなる。

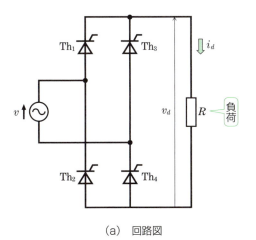
(a) 回路図

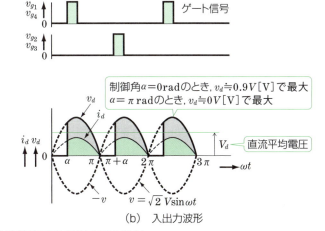
(b) 入出力波形

▲ 図 5 単相全波整流回路（抵抗負荷の場合）

2 誘導性負荷の場合

負荷のインダクタンス L [H] が大きく，制御角 α が小さいと，図6(b)の波形のように，L の影響を受けて i_d は連続して流れる。このときの直流平均電圧 V_d' [V] は，次式で表される。

$$V_d' \fallingdotseq 0.9V\cos\alpha \quad (4)$$

❶
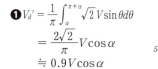

$$\begin{aligned}❶V_d' &= \frac{1}{\pi}\int_{\alpha}^{\pi+\alpha}\sqrt{2}V\sin\theta d\theta \\ &= \frac{2\sqrt{2}}{\pi}V\cos\alpha \\ &\fallingdotseq 0.9V\cos\alpha\end{aligned}$$

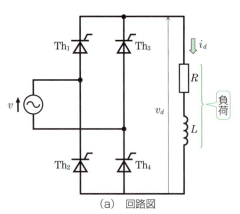
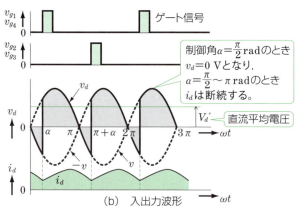

▲図6 単相全波整流回路（誘導性負荷の場合）

例題 3

電源電圧 220 V，サイリスタを用いた単相全波整流回路がある。制御角 60° における抵抗負荷の直流平均電圧 V_d [V] および誘導性負荷の直流平均電圧 V_d' [V] を求めよ。ただし，誘導性負荷時には，直流側電流は連続して流れていることとする。

解答 抵抗負荷の場合

$$\begin{aligned}V_d &= 0.9V\frac{1+\cos\alpha}{2} = 0.9\times 220\times\frac{1+\cos 60°}{2} \\ &= 0.9\times 220\times\frac{1.5}{2} = \mathbf{148.5\ V}\end{aligned}$$

誘導性負荷の場合

$$\begin{aligned}V_d' &= 0.9V\cos\alpha = 0.9\times 220\times\cos 60° \\ &= 0.9\times 220\times 0.5 = \mathbf{99\ V}\end{aligned}$$

3 三相全波整流回路（三相ブリッジ整流回路）

図7(a)は，6個のサイリスタを用いて，三相交流を全波整流する三相全波整流回路（Y結線）で，図7(b)はその電圧波形である。三相電源の線間電圧 $v = \sqrt{2}V\sin\omega t$ [V]，線間電圧の実効値を V [V] とす

ると，図7(b)のように，制御角 α が $0 \leq \alpha \leq \dfrac{\pi}{3}$ rad の範囲では，直流平均電圧 V_d [V] は，次式で表される。

$$V_d \fallingdotseq 1.35 V \cos \alpha \qquad (5)^{❶}$$

❶ $V_d = \dfrac{3}{\pi} \displaystyle\int_{\frac{\pi}{3}+\alpha}^{\frac{2\pi}{3}+\alpha} \sqrt{2}\, V \sin\theta\, d\theta$
$\quad = \dfrac{3\sqrt{2}}{\pi} V \cos\alpha$
$\quad \fallingdotseq 1.35 V \cos\alpha$

サイリスタのかわりに6個の整流ダイオードを使用した三相全波整流回路の直流平均電圧 V_d [V] は，式(5)で $\alpha = 0$ rad より，$V_d = 1.35V$ と求められる。

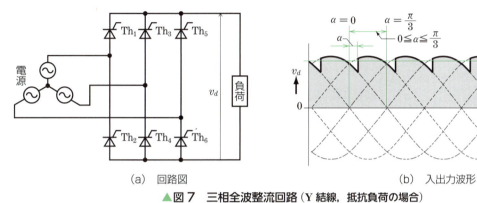

(a) 回路図　　(b) 入出力波形

▲図7　三相全波整流回路（Y結線，抵抗負荷の場合）

また，図8(a)に示すように，三相電源が △ 結線の場合は，線間電圧の実効値 V [V] は，相電圧と等しくなる。

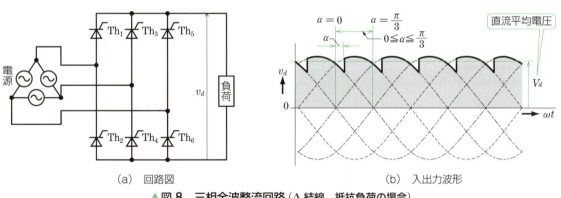

(a) 回路図　　(b) 入出力波形

▲図8　三相全波整流回路（△ 結線，抵抗負荷の場合）

4 交流電力調整回路

図9(a)は，サイリスタを用いた交流電力調整回路の例である。この回路では，図9(c)のようにサイリスタをターンオンする制御角 α を $0 \sim \pi$ rad の間で変化させることによって，交流電力を最大出力から0 W まで連続的に制御することができる。このような制御方法を **位相制御**❷ といい，装置を **交流電力調整器**❸ という。

❷ phase control
❸ APR；ac power regulator

交流電力調整器では，大電力用に図9(a)のようなサイリスタが，中・小電力用に図9(b)のようなトライアックがそれぞれ使用される。これらを利用した交流電力調整器は，照明制御(調光装置)，電動機の速度制御，電力設備の静止形調相設備の無効電力制御などに用いられている。

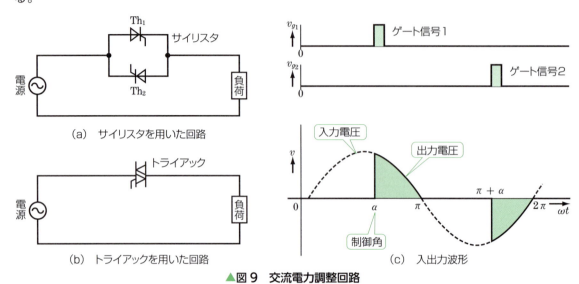

▲図9 交流電力調整回路

■節末問題■

1. 変圧器1台，整流ダイオード1個，抵抗 R [Ω] 1個を使って，単相半波整流回路をかいてみよ。また，この回路における電源電圧 V [V](実効値)と直流平均電圧 V_d [V] との関係を式で示せ。

2. 図2(a)の回路において，交流電源電圧 $v = 283\sin\omega t$ [V] が抵抗負荷に加わっているとき，負荷の直流平均電圧 V_d [V] はいくらか。ただし，制御角を60°とする。

3. 図4(a)の回路において，電源電圧 v [V] が負であっても，負荷電流 i_d [A] が流れるのはなぜか説明せよ。

4. 整流ダイオードを使用した単相全波整流回路において，直流平均電圧 V_d [V] の値を600 V にするためには，電源電圧の実効値 V を何ボルトにすればよいか。ただし，負荷は抵抗回路とする。

5. サイリスタを使用し，抵抗負荷を接続した単相全波整流回路において，制御角 α が $\frac{\pi}{6}$ rad，$\frac{\pi}{4}$ rad，$\frac{\pi}{3}$ rad におけるそれぞれの直流平均電圧 V_d [V] を求めよ。ただし，電源電圧の実効値 V は200 V とする。

6. 図7(a)の三相全波整流回路において，三相交流電圧の実効値が200 V，制御角が30°における直流平均電圧 V_d [V] を求めよ。

3節 直流チョッパ

この節で学ぶこと 直流チョッパは，直流電力の電圧の大きさを可変する変換装置である。この装置を用いると，各種直流電動機の速度制御を効率よく行うことができ，省エネルギー運転ができる。ここでは，直流チョッパの原理とその利用例について学ぼう。

1 直流チョッパの基本

交流電力の電圧の大きさを効率よく昇降圧させるには，変圧器を用いるが，直流電力の電圧調整には，**直流変換装置**❶を用いることで可能になる。この直流変換装置を**直流チョッパ**❷といい，半導体スイッチのオンとオフの時間を変えることによって，出力電圧の制御ができる。直流チョッパには，**直流降圧チョッパ**❸，**直流昇圧チョッパ**❹，**直流昇降圧チョッパ**❺がある。

1 直流降圧チョッパ

出力電圧を0Vから電源電圧まで変えることのできる直流チョッパを**直流降圧チョッパ**という。

a 構成 図1(a)は，直流降圧チョッパの回路図である。回路は，オンオフ動作を行う半導体スイッチのチョップ部，負荷Rに加わる電圧v_dや流れる電流i_dの**リプル**❻を小さくするための**リアクトル**❼L，チョップ部がオフのときの電流通路となる環流ダイオードD_Fで構成されている。図1(a)のチョップ部にはバイポーラトランジスタTrを用いているが，オンオフする周期や電流の大きさに応じてパワーMOSFETやIGBT，GTOなどが用いられる。

❶ direct-current converter
❷ DC chopper；中間に交流を介さない直流変換装置。直接直流変換装置ともいう。なお，chopperの動詞はchopで，「切り刻む」という意味がある。
❸ step-down converter, buck converter
❹ step-up converter, boost converter
❺ buck-boost converter

❻ ripple；リプルともいい，脈流のことで，直流波形に含まれる交流成分。
❼ reactor；リプルを減らすためのインダクタンス。電流を平滑化する作用がある。高調波成分に対して大きなリアクタンスとなるので，交流電流の流れを抑制する。

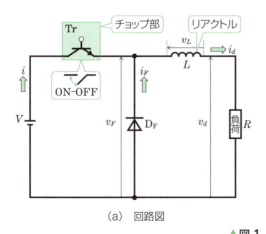
(a) 回路図

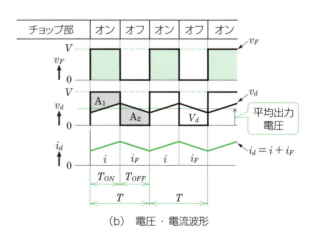
(b) 電圧・電流波形

▲図1 直流降圧チョッパ

b 動作

回路の動作は，図1(b)に示すように，チョップ部がオンの期間 T_{ON} [s] では，負荷には電源電流 i [A] が流れ，リアクトル L には電圧 v_L [V]，負荷 R には電圧 v_d [V] が生じる。

次に，チョップ部がオフの期間 T_{OFF} [s] では，リアクトル L に蓄えられたエネルギーが電流 i_F [A] となって環流ダイオード D_F を通り，負荷に環流する。このため，負荷電流 i_d [A] は，図1(b)に示すように，連続した脈動電流になる。

なお，負荷電圧 v_d [V] は，チョップ部がオンのとき，電源電圧 V [V] と，リアクトル L に生じる電圧 v_L [V] との差となる。チョップ部がオフのときには，リアクトル L に蓄えられたエネルギーが放出電流 i_F [A] として抵抗 R に流れ，負荷電圧 v_d [V] が生じる。ゆえに，定常状態ではリアクトル L に蓄えられたエネルギーと放出エネルギーは等しいので，図1(b)の面積 A_1，❶A_2 は同じ大きさになる。

❶ 面積 A_1 はリアクトルの磁束の増加量を，A_2 は減少量をそれぞれ表している。

図1(b)の周期 T [s] でオンオフ動作を繰り返すときの出力電圧 v_d [V] の平均値，すなわち平均出力電圧 V_d [V] は，次式で表される。

$$V_d = \frac{T_{ON}}{T_{ON}+T_{OFF}}V = \frac{T_{ON}}{T}V = \alpha V \qquad (1)$$

式(1)において $\frac{T_{ON}}{T}$ は1より小さいので，平均出力電圧 V_d [V] は，電源電圧 V より小さくなる。なお，オン期間 T_{ON} の周期 T [s] に対する比 α を**通流率**❷という。

❷ conduction ratio；デューティ比ともいい，スイッチング周期 T に対するスイッチのオン時間 T_{ON} の比。
$$\alpha = \frac{T_{ON}}{T}$$

例題 1

図1において，電源電圧 V が 200 V，周波数 1 kHz でオン・オフするとき，平均出力電圧 V_d を 150 V にするための T_{ON} と T_{OFF} の時間 [ms] をそれぞれ求めよ。

解答
$T_{ON} + T_{OFF} = T = \frac{1}{f} = \frac{1}{10^3} = 10^{-3}\text{s} = 1\text{ ms}$

$V_d = \frac{T_{ON}}{T_{ON}+T_{OFF}}V$ より，

$T_{ON} = \frac{V_d}{V}(T_{ON}+T_{OFF})$

$\quad = \frac{150}{200} \times 10^{-3}\text{s} = 0.75 \times 10^{-3}\text{s} = \textbf{0.75 ms}$

$T_{OFF} = T - T_{ON} = 1 - 0.75 = \textbf{0.25 ms}$

問 1

電源電圧が 200 V，T_{ON} が 60 ms，T_{OFF} が 40 ms であるとき，降圧チョッパの平均電圧 V_d [V] を求めよ。

2 直流昇圧チョッパ

電源電圧より高い出力電圧に変換する装置を **直流昇圧チョッパ** という。

a 構成
図2(a)は，直流昇圧チョッパの回路図である。チョップ部にIGBTを用いた直流昇圧チョッパの回路で，負荷側に平滑用のコンデンサ C が接続されている。

b 動作
回路の動作は，図2(b)に示すように，チョップ部がオンの期間 T_{ON} [s] では，リアクトル L に電流 i_t [A] が流れてエネルギーが蓄積される。次に，チョップ部がオフの期間 T_{OFF} [s] では，リアクトル L に蓄積されたエネルギーは電流 i_d [A] として放出され，ダイオードDを通ってコンデンサ C と負荷抵抗 R に流れる。

リアクトル L をじゅうぶんに大きな値としたとき，出力電圧 v_d [V] の平均出力電圧を V_d [V] とすると，$VT_{ON} = (V_d - V)T_{OFF}$ の関係より，V_d [V] は次式で表される。

$$V_d = \frac{T_{ON} + T_{OFF}}{T_{OFF}}V = \frac{T}{T_{OFF}}V = \frac{1}{1-\alpha}V \quad (2)$$

式(2)が示すとおり，$\frac{T_{ON} + T_{OFF}}{T_{OFF}}$ は1より大きいので，平均出力電圧 V_d [V] は電源電圧 V [V] より大きくなり，昇圧する。

❶ $\begin{aligned}V_d &= \frac{T}{T_{OFF}}V \\ &= \frac{T}{T - T_{ON}}V \\ &= \frac{1}{1 - \frac{T_{ON}}{T}}V \\ &= \frac{1}{1-\alpha}V\end{aligned}$

❷ snubber circuit；スイッチング動作時にバルブデバイスに加わる過電圧や突入電流の抑制，スイッチング損失などを低減するために設けられる回路。抵抗とコンデンサで構成されるRCスナバ回路や抵抗，コンデンサ，ダイオードで構成されるRCDスナバ回路等がある。

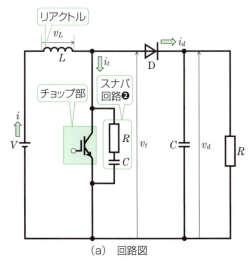

(a) 回路図

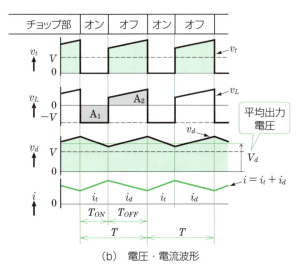

(b) 電圧・電流波形

▲図2 直流昇圧チョッパ

例題 2
図2(a)において，直流電源電圧 V を100 Vで一定，通流率 α を0.7としたとき，負荷抵抗 R の電圧 V_d [V] を求めよ。

解答 $V_d = \frac{T_{ON} + T_{OFF}}{T_{OFF}}V = \frac{1}{1-\alpha}V = \frac{1}{1-0.7} \times 100 = 333 \text{ V}$

3 直流昇降圧チョッパ

直流昇圧チョッパと直流降圧チョッパの機能をあわせもつ直流変換装置を **直流昇降圧チョッパ** という。

a 構成 図3(a)は，直流昇降圧チョッパの回路図である。リプルを小さくするリアクトル L と，平滑用のコンデンサ C，電源と負荷の短絡を防ぐダイオード D が接続されている。

b 動作 回路の動作は，図3(b)に示すように，チョップ部がオンの期間 T_{ON} [s] では，リアクトル L に，電源電圧 V [V] が加わり，電流 i [A] が流れてエネルギーが蓄えられる。このとき流れる電流 i [A] は i_L [A] に等しい。次に，チョップ部がオフの期間 T_{OFF} [s] では，リアクトル L に蓄えられたエネルギーは i_1 [A] として負荷抵抗 R とコンデンサ C に流れる。このときの電流 i_1 [A] は i_L [A] に等しい。これによりコンデンサ C が充電されるため，出力電圧 v_d [V] は，電源電圧 V [V] の極性と逆になる。

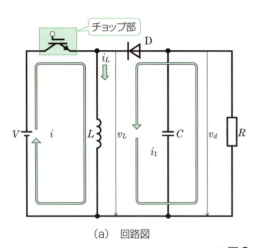
(a) 回路図

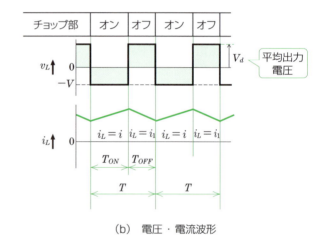
(b) 電圧・電流波形

▲図3 直流昇降圧チョッパ

リアクトル L の磁束の増加量 VT_{ON} と減少量 $V_d T_{OFF}$ は，定常状態では等しくなければならないから，平均出力電圧 V_d [V] は，次式で表される。

$$V_d = \frac{T_{ON}}{T_{OFF}} V = \frac{\alpha}{1-\alpha} V \qquad (3)$$

❶ $VT_{ON} = V_d T_{OFF}$

$$V_d = \frac{T_{ON}}{T_{OFF}} V$$

$$= \frac{\frac{T_{ON}}{T}}{1 - \frac{T_{ON}}{T}} V$$

$$= \frac{\alpha}{1-\alpha} V$$

式(3)より，通流率 α を変えることによって，平均出力電圧 V_d [V] は，電源電圧 V [V] より小さくも大きくも調整できる。

2 直流チョッパの利用

　直流チョッパは効率よく電圧制御ができるので，小・中容量の直流電源として，通信機器・電子機器・コンピュータ用電源などに用いられる。また，中・大容量の直流電源として，直流電動機の電源やメッキ・アルミニウム精錬などの電気化学用に用いられる。

1　直流電動機制御

直流チョッパは，直流電動機の速度制御や制動に利用される。

　たとえば，直流チョッパを利用し，電動機の電機子電圧を変える電圧制御を行うと，回転速度を制御することができる。また，電動機の回転速度を減速させるときに電動機を発電機として動作させ，発生した電力を電源に回生して制動力を得ている。❶この方法は，電力を電源に戻すので，省エネルギー化に効果がある。

a　構成　図4(a)は，降圧形・昇圧形の二つのチョッパを組み合わせた直流昇降圧チョッパの回路で，負荷が直流電動機の場合に用いられる。

b　動作　◆**直流電動機の加速・駆動時**◆　図4(b)のように，IGBT₂をオフ状態に保って，IGBT₁をオンオフ動作させる。このときは，図1の直流降圧チョッパの回路と同じ構成になり，IGBT₁のオンオフ動作の比率を変えることで電機子電流 i_d [A] が制御できる。

◆**直流電動機の減速時**◆　図4(c)のようにIGBT₁をオフ状態に保って，IGBT₂をオンオフ動作させると，図2の直流昇圧チョッパの回路と同じ構成になる。よって，負荷の直流電動機が，起電力 E_G [V] を発生する直流発電機として働き，直流機側から昇圧チョッパを通って電源側に電流 i [A] が流れると，電力が電源に回生され，制動力が発生して減速する。

❶回生制動といい，制動と発電が同時に行える。
　直流電動機の制動時に，電動機を発電機として動作させると，電動機に逆方向の電流が流れ，回転に抵抗する力が発生し制動がかかる。このとき発電した電力を電源に回収する。

❷Ⓖは図4(a)の電動機Ⓜであるが，この場合，発電機として作用していることを示している。

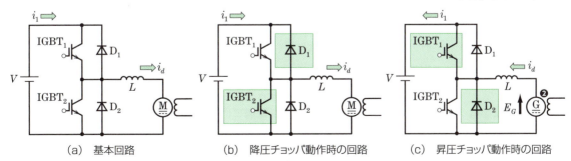

(a)　基本回路　　(b)　降圧チョッパ動作時の回路　　(c)　昇圧チョッパ動作時の回路

▲図4　直流昇降圧チョッパの基本回路と各動作時の回路

2 スイッチングレギュレータ

直流チョッパと同じように，小・中容量の直流電力を変換する電源装置として，**スイッチングレギュレータ**❶が使われている。

a 構成
図5(a)は，スイッチングレギュレータの原理図である。直流を交流に変換する**インバータ**❷，電圧を高くする高周波トランス，交流を直流に変換する整流回路などで構成される。

b 動作
インバータによって，直流をいったん 50〜120 kHz 程度の交流に変換する。これを高周波トランスによって変圧し，整流回路，平滑コンデンサによってふたたび平滑な直流出力をつくっている。スイッチングレギュレータは安定した出力が得られるので，数 100 mW〜数 10 kW の幅広い出力の装置が多く製造されている。図5(b)は，組込用電源の例である。

❶ switching regulator；中間に交流を介した直流変換装置をいい，間接直流変換装置 (indirect DC converter) ともいう。

❷ 次の第4節で学ぶ。

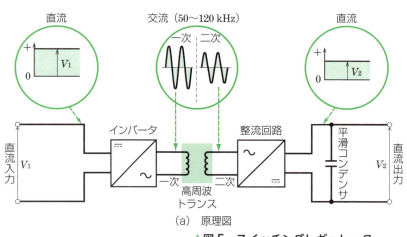
(a) 原理図

(b) 組込用電源の例

▲図5 スイッチングレギュレータ

■ 節末問題 ■

1. 図1において，電源電圧 V が 400 V，平滑リアクトル L が 1 mH，負荷抵抗 R が 10 Ω，スイッチ S の動作周波数 10 kHz，通流率 α が 0.6 で回路が定常状態になっている。このとき負荷抵抗に流れる電流の平均値 I_d [A] を求めよ。

2. 直流チョッパによって制御されている電車にはどのような利点があるか述べよ。

3. 図4において，電源電圧 E が 200 V 一定，直流機の電機子電圧 V，IGBT$_1$ および IGBT$_2$ を周波数 10 kHz でオンオフするとき，次の問いに答えよ。
    (a) 直流電動機として駆動する場合，IGBT$_2$ をオフ，IGBT$_1$ をオンオフ動作する。平均出力電圧が 150 V のとき，1周期中で IGBT$_1$ がオンになっている時間 T_{ON} [ms] を求めよ。
    (b) 直流電動機を直流発電機として運転させ電力を電源に回生制動をする場合，IGBT$_1$ をオフして IGBT$_2$ をオンオフ動作する。この制御において，スイッチングの1周期中で IGBT$_2$ がオンになっている時間 T_{ON} が 0.03 ms のとき，この直流機の電機子電圧 V_d [V] を求めよ。

4節 インバータとその他の変換装置

この節で学ぶこと 半導体バルブデバイスを使ったインバータは，直流電力を効率よく交流電力に変換することができる装置であり，省エネルギーに大きな効果を発揮している。ここでは，インバータの原理と利用例，および交流電源から交流出力へ直接に電力変換する装置について学ぼう。

1 インバータの原理

直流電力を交流電力に変換することを **逆変換** といい，これを行うための装置を **インバータ装置**，または **インバータ** という。

1 インバータの基本回路

図1は，直流電源から単相の交流負荷に電力を供給するインバータの動作原理を示したものである。図1(a)のように，インバータはスイッチ S_1〜S_4 で構成されるが，実際の回路では，スイッチのかわりにトランジスタやサイリスタなどの半導体バルブデバイスが使用される。図1(b)において，t_0 [s] で S_2 と S_3 をオフにし，S_1 と S_4 にオンにすると，図1(a)の負荷 R [Ω] には左側が + 極となる電源電圧 V [V] が加わり，$S_1 → R → S_4$ へと負荷電流が流れる。

次に，t_1 [s] で S_1 と S_4 をオフにし，S_2 と S_3 をオンにすると，右側が + 極となる電源電圧 V [V] が負荷 R に加わり，負荷電流は $S_3 → R → S_2$ へと流れる。ふたたび，t_2 [s] で S_2 と S_3 をオフにし，S_1 と S_4 をオンすると，t_0 [s] における状態に戻る。

これを繰り返すと負荷 R には，図1(b)のような方形波状の交流電圧が加わって，直流を交流に変換することができる。t_0 [s] から t_2 [s] までの時間 T [s] が1周期になり，この T を変えることによって，交流出力の周波数 f [Hz] を変えることができる。図1(c)は，短絡を防ぐためのデッドタイムを示している。❶

❶ dead time；S_1 と S_2，もしくは S_3 と S_4 を同時にオンにすると，短絡状態になり，短絡電流が流れて回路が破損する。このため，実際の回路では図1(c)のように，すべてのスイッチがオフの時間をつくる必要がある。この時間をデッドタイム t_d という。

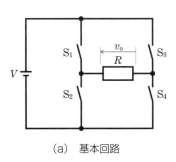

(a) 基本回路

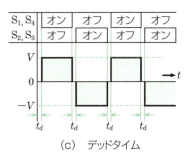

(b) 出力電圧波形　　(c) デッドタイム

▲図1　インバータの原理図

2 インバータの種類

インバータ装置は，図2のように整流回路とインバータ回路で構成されている。インバータ回路には，出力電圧を制御する**電圧形インバータ**[1]と出力電流を制御する**電流形インバータ**[2]の二つに分けられる。

[1] VSI；voltage source inverter
[2] CSI；current source inverter
[3] このダイオードは帰還ダイオードとよばれ，p.267で学習する。

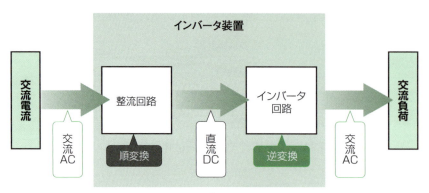

▲図2　インバータ装置の構成

a 電圧形インバータ　図3は，IGBTを用いた電圧形インバータの基本回路である。

インバータの直流電源側に大容量のコンデンサ C を並列に接続し，定電圧源として動作させる。それぞれのIGBTには，逆並列に $D_1 \sim D_4$ のダイオードを接続する。[3]電圧形インバータは，エアコンや冷蔵庫，産業用モータの速度制御に広く利用されている。

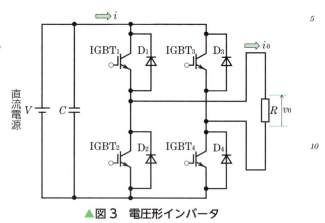

▲図3　電圧形インバータ

b 電流形インバータ　図4は，IGBTを用いた電流形インバータの基本回路である。

インバータの入力側に大容量のリアクトル L を直列に接続し，定電流源として動作させる。半導体スイッチにはサイリスタのような逆阻止形半導体が必要なため，IGBTなどを使用する場合は，それぞれのIGBTには直列に $D_1 \sim D_4$ のダイオードを接続する。直流送電のインバータや一部の大型インバータにはサイリスタを用いた電流形インバータが利用されている。

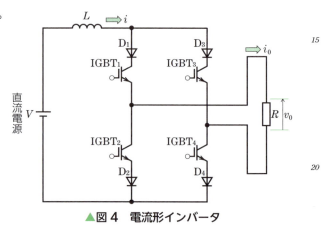

▲図4　電流形インバータ

3 インバータの動作

図5(a)は，IGBTを用いた単相電圧形インバータの基本回路である。❶

インバータの出力に誘導性の負荷が接続されている場合，図5(b)のように，$t=0$ s のときに，IGBT$_2$ と IGBT$_3$ をオフにし，瞬時に IGBT$_1$ と IGBT$_4$ をオンにしようとする。しかし，負荷は誘導性のため，出力電流 i_0 [A] は図5(b)のように t_0 [s] まで負方向に流れているので，IGBT$_1$ と IGBT$_4$ はオンにできない。この間に i_0 はダイオード D$_1$ と D$_4$ を通って流れ，負荷のインダクタンスに蓄えられたエネルギーの一部が電源に帰還❷される。また，D$_1$ と D$_4$ の導通と同時に，負荷の電圧は $-V$ [V] から $+V$ [V] に切り換わる。

t_0 [s] では，i_0 は 0 A になり，IGBT$_1$ と IGBT$_4$ が導通して，以後，t_1 [s] まで，i_0 は正方向に増加していく。

t_1 [s] では，IGBT$_1$ と IGBT$_4$ をオフにし，IGBT$_2$ と IGBT$_3$ をオンにする。しかし，i_0 はそれまでと同じ方向に流れ続けようとするので，IGBT$_2$，IGBT$_3$ はオフのままである。そこで，i_0 は t_2 [s] まで正方向のまま D$_2$ と D$_3$ を通って流れ，負荷側から電源に電流が帰還される。また，負荷の電圧は t_1 [s] の瞬時に $+V$ [V] から $-V$ [V] に切り換わる。

t_2 [s] で i_0 は 0 A になり，IGBT$_2$ と IGBT$_3$ が導通して，以後，t_3 [s] まで，i_0 は負の方向に増加し，$t=0$ s のときと同じ状態に戻って，このような変化を繰り返す。

なお，D$_1$～D$_4$ は負荷のインダクタンスに蓄えられたエネルギーを電源に帰還させる働きをすることから，**帰還ダイオード**❸という。

❶電圧形インバータの基本回路に誘導性負荷を接続したもの。

❷ feedback；出力の一部を入力側に戻すことをいう。

❸ feedback diode

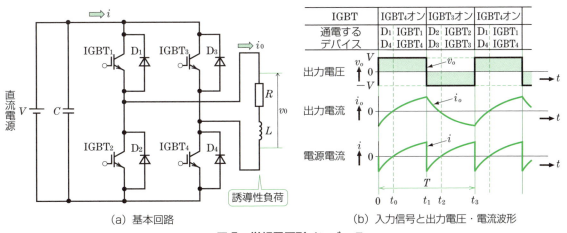

(a) 基本回路　　(b) 入力信号と出力電圧・電流波形

▲図5　単相電圧形インバータ

2 インバータの出力電圧調整

インバータの出力電圧の大きさを調整するには，パルス幅を変えてスイッチング1周期の平均電圧を変える方法がある。パルス幅を変えるには，**パルス幅制御**❶と**パルス幅変調制御（PWM 制御）**❷がある。

1 パルス幅制御

図5(a)に示す単相電圧形インバータの出力電圧を調整するには，図6のように，IGBT$_4$に対して IGBT$_1$ のオン時間を，IGBT$_3$ に対して IGBT$_2$ のオン時間をそれぞれ T_α [s] 遅らせて，オン・オフを行うと，図6(a)の出力電圧 v_0 [V] の波形になる。出力電圧 v_0 のプラス電圧の時間①，②と，マイナス電圧の期間④，⑤は，ともに $\left(\dfrac{T}{2} - T_\alpha\right)$ [s] になる。ゆえに，方形波である出力電圧 v_0 の実効値 V_0 [V] は，電源電圧を V [V] とすると，次式で表される。

$$V_0 = \sqrt{1 - \dfrac{2T_\alpha}{T}}\,V \qquad (1)$$ ❸

図6の時間②と⑤では，IGBT$_1$ と IGBT$_4$，また IGBT$_2$ と IGBT$_3$ がオン状態の時間で，電源電流 i [A] が流れている。時間③と⑥では，出力電流 i_0 [A] が IGBT とダイオードを通して還流し，負荷が短絡されて出力電圧 v_0 は 0 V，i も 0 A になる。この動作を**環流モード**❹という。期間①と④では，負荷が誘導性のため，遅れ電流がダイオードを通って，電源に帰還電流として流れ込む。

❶ pulse duration control；パルスの繰り返し周波数を一定とし，そのパルス幅を変える制御。

❷ PWM control；pulse width moduration control

❸ $V_0{}^2 = \dfrac{2}{T}\displaystyle\int_0^{\frac{T}{2}-T_\alpha} v_0{}^2 dt$
$\phantom{V_0{}^2} = \dfrac{2}{T}\left(\dfrac{T-2T_\alpha}{2}\right)V^2$
$\phantom{V_0{}^2} = \left(1 - \dfrac{2T_\alpha}{T}\right)V^2$
ゆえに，
$V_0 = \sqrt{1 - \dfrac{2T_\alpha}{T}}\,V$

❹ free-wheeling mode

❺ higher harmonics；基本波のほかに基本波周波数の整数倍の周波数をもつ複数の正弦波を合成したもの。これらの波形成分を高調波という。

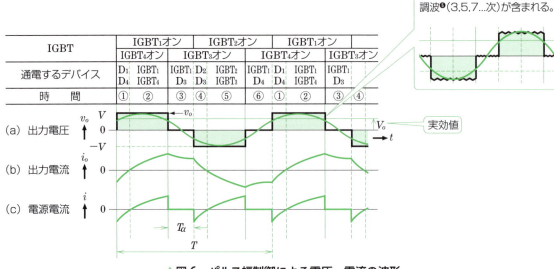

▲図6　パルス幅制御による電圧・電流の波形

このように，負荷を短絡して，入力からの電力供給を中断する期間 T_a [s] を制御することで，インバータの出力電圧を調整することができる。このような制御をパルス幅制御という。

2 パルス幅変調制御

図6のパルス幅制御の出力波形には，高調波成分が含まれている。そこで，方形波パルスをさらに分割し，パルス幅を時間的に変化させて高調波成分を減らすパルス幅変調制御（PWM制御）がある。

パルス幅変調制御のうち，負荷が誘導性という条件のもとで，**通電率**❶を正弦波状に変化させれば，出力電圧のパルス幅は正弦波の振幅に対応して変化し，出力電流波形は正弦波に近づく。この方法を**正弦波PWM制御**❷といい，このように制御するインバータを**PWMインバータ**❸という。

図7(a)は，PWM波形を発生させるしくみである。入力として，信号波（正弦波）と搬送波（三角波）を**コンパレータ**❹に加える。図7(b)の波形は，信号波と搬送波の振幅と時間の関係を表している。図7(c)，図7(d)は，信号波の振幅が大きい場合と小さい場合のそれぞれのときにコンパレータが出力する方形波である。

このような正弦波PWM制御によるインバータの場合は，高調波成分が少なく，正弦波に近い出力波形になる。

❶パルス周期に対する通電時間の割合をいう。

❷ sinusoidal PWM control
❸ PWM inverter

❹ comparator；比較器のこと。二つの入力信号の大小を比較し，0または1の出力信号を出すもの。

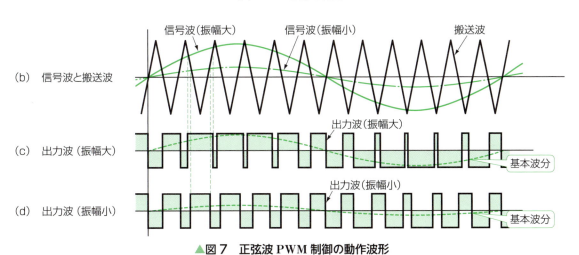

▲図7 正弦波PWM制御の動作波形

3 方形波インバータの波形改善

インバータの出力電圧は方形波であるが，方形波を交流電源として用いると，高調波障害が生じる。出力電圧の高調波を低減させ，正弦波形になるように，**フィルタ**，**多重インバータ**，PWM インバータなどが用いられている。

1 フィルタ

図8に示すインダクタンス L とコンデンサ C からなる回路は，基本波（低周波）を通過させ，高調波を低減する働きがあり，この回路を **交流フィルタ** という。

この回路の L は，高調波に対して大きなリアクタンスとして働き，C は小さなリアクタンスとして働く。これにより，入力電圧 v_i [V] に含まれる高調波成分は，C を通って流れるため，出力電圧 v_o [V] はひずみの少ない正弦波形になる。

❶ higher harmonic interference；高調波電流が電源ラインに接続された進相コンデンサなどの機器に流れ，機器に障害を与えること。
❷ filter
❸ multiplex inverter
❹ AC filter

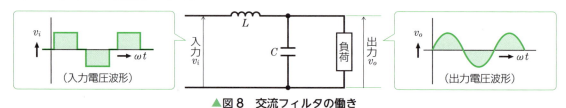

▲図8　交流フィルタの働き

2 多重インバータ

図9(a)のように，多重インバータは，パルス幅制御のインバータユニットを複数設け，それぞれのインバータが適切な位相差 θ をもつように多重接続されたものである。この多重インバータの出力は，図9(b)のように重なり合って正弦波に近い波形となる。これをさらにフィルタを通すことで滑らかな正弦波にすることができる。

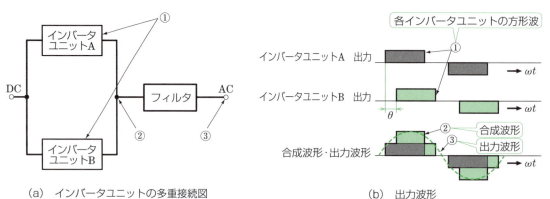

（a）インバータユニットの多重接続図　　（b）出力波形

▲図9　多重インバータ

4 インバータの利用

1 VVVF 電源装置

VVVF 電源装置は，VVVF インバータ装置ともよばれ，誘導電動機や同期電動機の回転速度に適した周波数と電圧に可変制御できる電源装置である。

[1] VVVF；可変電圧可変周波数電源装置；variable voltage variable frequency

a $\frac{V}{f}$ 一定制御 $\frac{V}{f}$ 一定制御[2]は，速度に関係なく発生する最大トルクを一定にする制御である。電動機内部のインピーダンスによる電圧降下の影響が大きくなるため，回転速度とトルクの関係は図10のようになる。周波数が低いほど最大トルクが低下するので，図11のように，電圧降下を補償するために電圧を増加させてトルクが大きくなるようにする。これを**トルクブースト**[3]という。

[2] $\frac{V}{f}$ control

[3] torque boost；低速度においても一定トルクが生じるようにすること。

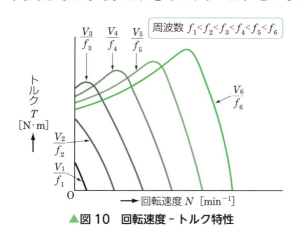

▲図 10 回転速度－トルク特性

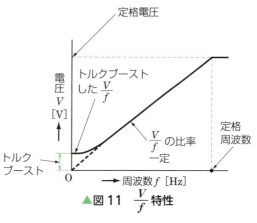

▲図 11 $\frac{V}{f}$ 特性

b PWM 制御 図12に示す VVVF 電源装置は，インバータ回路に IGBT とダイオードを組み合わせて半導体スイッチ $S_1 \sim S_6$ を構成し，S_1 と S_2 を U 相，S_3 と S_4 を V 相，S_5 と S_6 を W 相の三つを用いて三相インバータを構成している。インバータは PWM 制御により，一相分のスイッチは上下が同時にオンしないように交互にオンさせ，各相間電圧の位相差を 120°になるように出力することで，三相誘導電動機の可変速運転を可能にしている。

VVVF 電源装置は，ビルの空調用送風機の電動機，エレベータ用電動機，電気鉄道の主電動機，電気自動車の電動機，身近なものではルームエアコンディショナなどの電動機の制御に広く利用されている。電動機を動力とする電気鉄道，電気自動車，エレベータなどは，制動時に電動機を発電機として運転し，発生した電力を電源，または機器に搭載した蓄電装置に回生させることができる[4]。

[4] 回生制動という。第1章 p.47, 第4章 p.154, 第7章 p.263 参照。

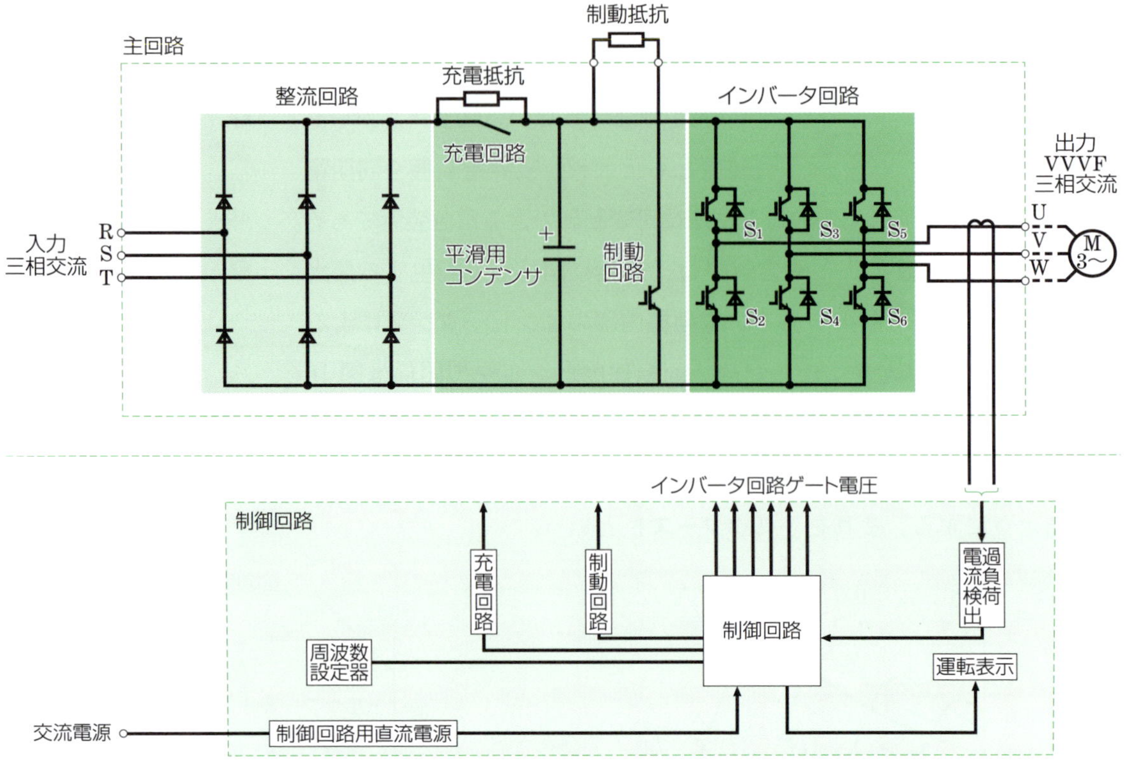

▲図12　可変電圧可変周波数電源装置（VVVF電源装置）の回路構成の例

図13は，電力を回生できるVVVF電源装置の回路構成の例である。図に示すように，PWM整流回路にもインバータ回路と同様の回路を使用し，電源を電動機として見てPWM制御することにより，回生電力を電源側に戻すことができる。PWM制御によって電流制御を行い，電源に流れる電流の位相を電圧の位相に近づけることにより，電源側の力率を1に近くすることが可能である。

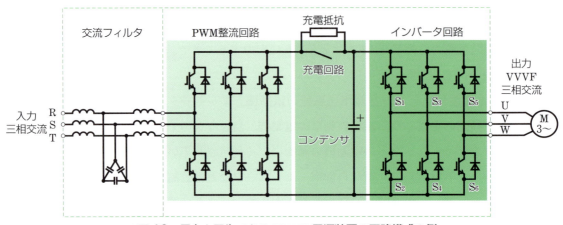

▲図13　電力を回生できるVVVF電源装置の回路構成の例

2 CVCF 電源装置

電気通信設備やコンピュータ機器には，安定した交流電力を供給する **定電圧定周波電源装置**(CVCF)や停電時に交流電力を供給する **無停電電源装置**(UPS)が用いられる。また，太陽光発電設備の **パワーコンディショナ**(PCS)にもインバータ装置が利用されている。

❶ CVCF；constant voltage constant frequency
❷ UPS；uninterruptible power supply；UPSの給電方式には，常時インバータ給電方式，ラインインタラクティブ方式，常時商用給電方式などがある。
❸ PCS；power conditioning subsystem
❹ on-line UPS

a 無停電電源装置（UPS）

交流電力系統に瞬時電圧低下や停電などの電源障害が発生した場合，無停電で電源を供給する装置である。二次電池を内蔵しており，電源障害を検出すると，二次電池から電力を供給する。

図14は，UPSの給電方式のひとつで，**常時インバータ給電方式** の例である。通常時運転では，商用電源を整流回路で直流電圧に変換し，つねに二次電池を充電しながら，CVCF機能により，定電圧・定周波数の安定した正弦波の電力に変換して接続機器に給電している。

商用電源に電圧変動や停電などの異常が発生したときは，途切れずに二次電池からインバータを通して電力を供給する。UPSの保守点検時や異常が発生したさいは，バイパス回路から交流電力を供給することができる。この方式は，定電圧で定周波数の電力供給，正弦波出力を継続し，ノイズやサージの吸収効果が高い特徴をもっている。しかし，つねにインバータが動作しているため，UPS本体の騒音と常時一定の電力損失がある。

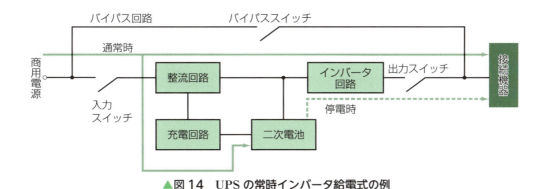

▲図14　UPSの常時インバータ給電式の例

b パワーコンディショナ（PCS）

PCSは，直流電力を安定した交流電力に変換するだけでなく，太陽電池から多くの電力を取り出すための制御機能や，異常時や故障時のための保護機能などを備えている。図15に，PCSの構成例を示す。

太陽電池が発生する直流電力は，日射強度や太陽電池の表面温度によって変動する。**最大電力点追従制御**(MPPT)とは，これらの変動に対して太陽電池の動作点がつねに最大出力を追従するように変化させ，太陽電池から最大電力を取り出すための制御方式である。

❶ MPPT；maximaum power point tracking

　MPPTは，直流チョッパ回路の入力電力とPCSの出力電力が最大となるように，直流チョッパ回路の昇圧比，およびPCSの出力電流を制御することで可能にしている。

　系統連系保護装置は，商用電力系統と接続するために必要な装置で，系統側やPCS内に異常が起きたさいに，PCSの出力を遮断して，電力会社の電力系統を保護する。

❷ utility interactive protection unit

　電力会社で停電などが起きた場合に，太陽光発電設備から電力を供給しないように単独運転防止機能が働く。これは，停電している配電線に電力が入ることで，事故が起きないようにするためである。

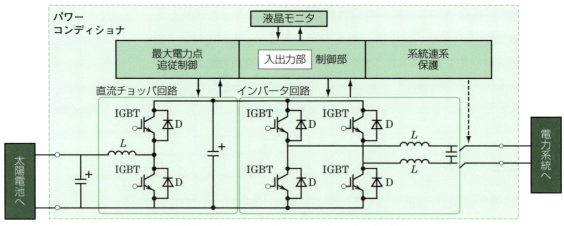

▲図15　パワーコンディショナ(PCS)の構成例

　図16は，住宅用の**太陽光発電設備**の構成例である。**太陽電池**が発電した直流電力は，PCSにより系統電源と同じ交流電力に変換され，家庭内の負荷や電力系統へ供給される。太陽光発電設備には，発電設備を電力系統と接続する系統連系型と，系統と接続しない独立型に分類される。また，系統連系型では，余剰電力を電力系統に送ることができる。

❸ photovoltaic power generation
❹ photovoltaic cell

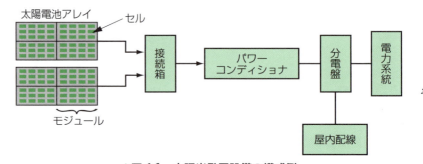

▲図16　太陽光発電設備の構成例

3 周波数変換設備と直流送電設備

日本の商用周波数は，東日本地域が 50 Hz，西日本地域は 60 Hz である。両地域の電力は，図 17 に示す周波数変換装置を通して**電力融通**❶ が行われている。50 Hz 側から 60 Hz 側に電力を送る場合には，サイリスタ変換装置Ⅰで 50 Hz の電力を直流電力に変換したのち，サイリスタ変換装置Ⅱで直流から 60 Hz の電力に変換する。逆に，60 Hz 側から 50 Hz 側に電力を送る場合には，サイリスタ変換装置Ⅱで 60 Hz の交流から直流へ変換，サイリスタ変換装置Ⅰが直流から 50 Hz の交流に変換を行う。

北海道と本州の間では，津軽海峡に敷設された海底ケーブルを通して，**直流送電**❷ により，電力の融通を行っている。このため，北海道と本州（青森）に，交流直流変換装置が設けられている。

また，**紀伊水道直流連系設備**❸ は本州（紀北変換所）と四国（阿南変換所）を海底ケーブルで結んでいる。

❶電力融通の目的
・故障時など緊急時の応援融通。
・供給コストを低くする経済融通。

❷直流送電の利点
・同じ絶縁能力で，交流より高圧送電ができる。
・海底ケーブル送電に適している。

❸資料 4 参照。

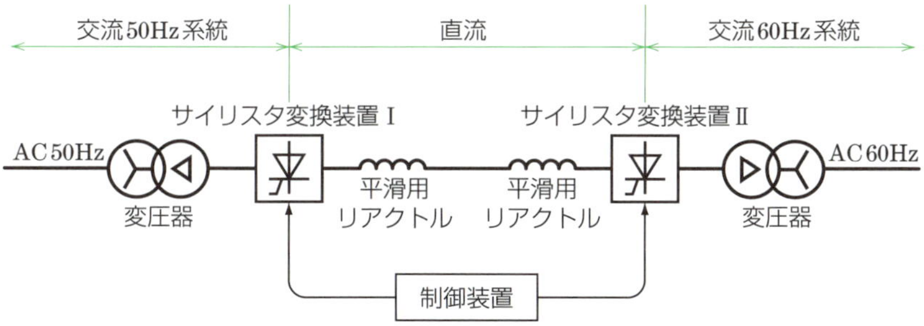

電力の伝送方向	サイリスタ変換装置Ⅰの動作	サイリスタ変換装置Ⅱの動作
50Hz ⟶ 60Hz	交流 ⟶ 直流	直流 ⟶ 交流
50Hz ⟵ 60Hz	交流 ⟵ 直流	直流 ⟵ 交流

▲図 17　50 Hz・60 Hz 周波数変換装置

5 その他の変換装置

ある周波数をもった交流電力を，別の周波数の交流電力に変換する装置を**周波数変換装置**❹ という。これには，図 12 の VVVF 電源装置のように，交流をいったん直流に変換し，これを別の周波数の交流に変換する**間接交流変換装置**❺ と，図 18 に示す**マトリックスコンバータ**❻ や図 19 に示す**サイクロコンバータ**❼ のように，直流を介することなく，交流をじかに変換する**直接交流変換装置**❽ とがある。

❹ frequency converter
❺ indirect AC converter
❻ matrix converter
❼ cycloconverter
❽ direct AC converter

1 マトリックスコンバータ

マトリックスコンバータは，三相交流電源電圧をPWM制御によって，任意の電圧や周波数へと直接交流変換が行える装置である。図18に示すように，主回路部は交流フィルタと格子状（マトリックス）に接続された9個の双方向スイッチから構成されている。

入力の三相交流電力をマトリックスコンバータに加えてPWMスイッチングを行うと，マトリックスコンバータは入力電流と出力電圧を同時に制御できる。インバータ回路に比べ，電源高調波の抑制，回生制動が可能，高効率運転などの特徴をもっている。

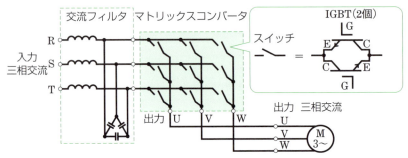

▲図18 マトリックスコンバータの構成例

2 サイクロコンバータ

サイクロコンバータは，バルブデバイスにサイリスタを用いて，交流電力をじかに入力周波数より低い周波数の交流電力に変換できる装置である。インバータ回路と比べ，直流を介さないので変換効率が高い特徴をもつ。しかし，電源波形の一部を組み合わせて出力しているので，出力周波数が電源周波数に近くなると波形が悪くなる。サイクロコンバータは，大容量の交流電動機の可変速運転などに用いられる。図19(a)に基本回路，図19(b)に出力電圧波形を示す。

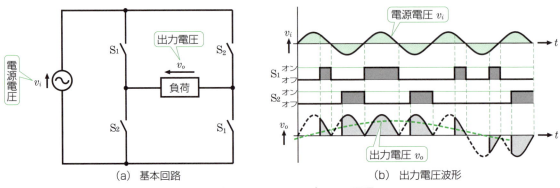

▲図19 サイクロコンバータの原理

■ 節末問題 ■

1 帰還ダイオードは，どのような回路に用いられているか述べよ。

2 インバータの出力電圧の大きさを調整する方法について説明せよ。

3 インバータの出力電圧波形を正弦波形に近づけるには，どのような方法があるか述べよ。

4 インバータは，身近なところでどのように使われているか調べよ。

5 次の文章は，インバータの基本原理に関する記述である。①～④に当てはまる語句を語群から選べ。

　インバータの基本原理は，四つのスイッチ S_1～S_4 から構成される。スイッチ S_1～S_4 を実現する半導体バルブデバイスは，それぞれ ① 機能をもつデバイス（IGBT）と，それと逆並列に接続した ② とからなる。インバータは，出力の交流電圧と交流周波数とを変化させて運転することができる。交流電圧を変化させる方法にはおもに二つあり，一つは，直流電圧源の電圧を変化させて，交流電圧波形の ③ を変化させる方法である。もう一つは，直流電圧源の電圧は一定にして，基本波1周期の間に多数のスイッチングを行い，その多数のパルス幅を変化させて全体で基本波1周期の電圧波形をつくり出す ④ とよばれる方法である。

　語群　波高値　オンオフ制御　ダイオード　サイリスタ　PWM制御

6 VVVF インバータ装置が定格電圧 $V = 200$ V，周波数 $f_1 = 60$ Hz の誘導電動機を $\dfrac{V}{f}$ 一定制御で駆動している。この VVVF インバータ装置を用いて，定格電圧 $V = 200$ V，周波数 $f_2 = 50$ Hz の誘導電動機を 50 Hz で運転するときの電圧を求めよ。

7 次の文章は，太陽光発電システムに関する記述である。①～④に当てはまる語句を語群から選べ。

　太陽光発電システムは，太陽電池アレイ，パワーコンディショナ，これらを接続する接続箱，交流側に設置する分電盤・交流開閉器などで構成される。太陽電池アレイは，複数の太陽電池 ① を直列に接続して構成される太陽電池 ② をさらに直並列に接続したものである。パワーコンディショナは，直流を交流に変換する ③ と，連系保護機能を実現する系統連系用保護装置などで構成されている。太陽電池アレイの出力は，日射強度や太陽電池の温度によって変動する。これらの変動に対し，太陽電池アレイからつねに ④ の電力を取り出す制御は，MPPT 制御とよばれている。

　語群　ア．最小　イ．最大　ウ．セル　エ．インバータ
　　　　　オ．モジュール　カ．コンバータ

この章のまとめ

1節

① 交流電力を直流電力に変換することを整流または順変換といい，直流電力を交流電力に変換することを逆変換という。▶p.242

② パワーエレクトロニクスによる電力の変換・制御は，半導体バルブデバイスのオンオフ動作による電力の断続で行う。▶p.242

③ 半導体バルブデバイスには，整流ダイオード，サイリスタ，GTO，パワートランジスタなどが使われ，ほかの電子部品といっしょにパッケージに収められたパワーモジュールもある。
▶p.244〜250

2節

④ 整流回路には，単相半波整流回路，単相全波整流回路，三相全波整流回路などがある。
▶p.252〜257

⑤ サイリスタを用いた整流回路は，制御角 α を変化させることで，直流平均電圧の大きさを制御することができる。▶p.253

3節

⑥ 直流チョッパの出力電圧は，半導体スイッチのオンとオフの時間を変えることによって制御できる。▶p.259

⑦ 直流チョッパは半導体バルブデバイスを用い，直流電力を断続して電圧の大きさを制御する装置である。これには，電源電圧より低い出力の直流降圧チョッパ，電源電圧より高い出力が得られる直流昇圧チョッパ，両者を組み合わせた直流昇降圧チョッパがある。▶p.259〜262

⑧ 直流電力の変換装置としてスイッチングレギュレータがあり，小・中容量のものを中心に普及している。▶p.264

4節

⑨ 直流電力を交流電力に変換することを逆変換といい，その装置をインバータという。▶p.265

⑩ インバータの半導体バルブデバイスには逆並列に帰還ダイオードが接続されていて，誘導性の負荷時に，負荷側から電源に向かう電流の経路を形づくっている。▶p.267

⑪ インバータの電圧調整には，パルス幅制御とパルス幅変調（PWM）制御がある。▶p.268〜269

⑫ 方形波の交流には多くの高調波が含まれているので，フィルタを用いて高調波を除去し，正弦波交流をつくっている。▶p.270

⑬ インバータは，VVVF 電源装置・CVCF 電源装置に利用される。また，インバータと蓄電池によってつくられた，瞬時停電や電圧降下の影響を受けない電源装置として，UPS がある。
▶p.271〜274

⑭ インバータを利用した周波数変換装置によって，50 Hz と 60 Hz の電力系統間の電力融通を行っている。▶p.275

章末問題

1. 半導体バルブデバイスによるオンオフ動作は，有接点スイッチのオンオフ動作とどこが違うのか比較せよ。
2. 導通状態にある逆阻止3端子サイリスタをターンオフさせる方法を説明せよ。
3. 半導体バルブデバイスとして使われるトランジスタのシングル形とダーリントン接続形の特徴について説明せよ。
4. IGBT が半導体バルブデバイスとして注目されている理由を調べよ。
5. 環流ダイオードは，どのような回路に使われているか説明してみよう。
6. インバータ回路の IGBT と逆並列に接続されたダイオードの働きについて述べよ。
7. インバータを用いて直流電源から単相の交流負荷に電力を供給するとき，安全に動作させるために，半導体スイッチが同時にオンにならない必要がある。その理由をあげよ。
8. 次の語句を説明せよ。
   (1) VVVF　(2) CVCF　(3) UPS　(4) PCS

---

1. 単相 200 V の交流電圧が単相全波整流回路を通して抵抗負荷に接続されているとき，直流側の直流平均電圧 V_d [V] を求めよ。ただし，整流ダイオード1か所あたりの順方向電圧降下は 2 V とし，交流側のインピーダンスは無視するものとする。
2. サイリスタ1個を用いた単相半波整流回路がある。サイリスタの制御角を 30° としたときの直流平均電圧 V_d [V] を求めよ。ただし，電源電圧は実効値 100 V の正弦波交流とする。
3. サイリスタ4個を用いた単相全波整流回路に抵抗負荷が接続されている。サイリスタの制御角が 45° のとき直流平均電圧 V_d [V] を求めよ。ただし，電源電圧は実効値 200 V の正弦波交流電圧とする。
4. 電源電圧が 100 V の直流昇圧チョッパ回路において，周波数が 1 kHz でオン・オフするとき，平均出力電圧を 400 V にするための T_{ON} と T_{OFF} の期間 [ms] をそれぞれ求めよ。
5. 電源電圧が 100 V の直流昇降圧チョッパ回路において，通流率を 0.4，0.6 としたときの平均出力電圧 V_d [V] をそれぞれ求めよ。
6. インバータのパルス幅制御の波形 (p.268 図6(a)) を用いて出力電圧を制御する。次の条件のときの出力電圧の実効値 V_0 [V] を求めよ。電源電圧は 100 V，出力電圧の周波数は 50 Hz，IGBT$_3$ に対して IGBT$_2$ のオン時刻を $T_\alpha = 3$ ms 遅らせることとする。

問題解答

第1章 直流機

1節
- [p.20] 問1　2.4 V
- [p.21] 問2　0.02 N

節末問題 [p.27]
1. ①カ　②イ　③ウ
   ④オ　⑤キ
2.～4. 略

2節
- [p.29] 問1　0.01 Wb
- [p.33] 問2　206 V
- [p.35] 問3　10 Ω，4 kW
- [p.36] 問4　略
- [p.36] 問5　103 V，5.15 kW
- [p.36] 問6　90 V

節末問題 [p.36]
1. ①ア　②イ　③ウ　④カ
2.～3. 略
4. 0.05 Wb
5. 167 V，83.3 A
6. 239 V

3節
- [p.38] 問1　0.16 N·m
- [p.39] 問2　31.8 N·m，5 kW
- [p.41] 問3　63.7 N·m
- [p.41] 問4　0.3 Ω
- [p.42] 問5　1630 min^{-1}
- [p.44] 問6　略
- [p.44] 問7　35.4 A，1412 min^{-1}
- [p.45] 問8　2.46 Ω
- [p.47] 問9　1125 min^{-1}

節末問題 [p.48]
1. ①イ　②ア　③ウ　④ウ　⑤オ
2. (1) 7.2 V　(2) 9.25 kW
   (3) 3.3 Ω
3. 略
4. 39.6 N·m

4節
- [p.50] 問1　7.5 %
- [p.50] 問2　93.4 %
- [p.52] 問3　6.02 kW，59.2 A

節末問題 [p.52]
1. 5 %
2. 3.45 %
3. 5.45 %
4. 87 %

章末問題 [p.54]
A ① 980 min^{-1}
  ② 略
  ③ 160 V
  ④～⑤ 略
  ⑥ 39.0 N·m
  ⑦ 1280 min^{-1}
B ① 206 V
  ② 11.8 %，0.2 Ω
  ③ 2.53 Ω
  ④ 87.4 %，39.8 N·m

第2章 電気材料

1節
- [p.58] 問1～2　略

節末問題 [p.60]
1. 略
2. エナメル線，ガラス巻線，紙巻線
3. ホルマール線，ポリエステル線，ポリエステルイミド線
4. 超電導ケーブル
   開発中：超電導限流器，超電導変圧器

2節
- [p.63] 問1～2　略

節末問題 [p.64]
1.～3. 略

3節
節末問題 [p.68]
1.～3. 略

章末問題 [p.69～70]
A ① (1) ①導電率　②99.96
       ③抵抗率　④硬銅
     (2) ⑤ヒステリシス損
       ⑥渦電流損　⑦渦電流損
       ⑧けい素　⑨抵抗率
       ⑩ヒステリシス損
       ⑪純度
     (3) ⑫継鉄　⑬磁気
       ⑭直流　⑮着磁
       ⑯電磁石
     (4) ⑰耐力　⑱上昇
  ②～⑥ 略
B ①～③ 略

第3章 変圧器

1節
- [p.75] 問1　略
- [p.77] 問2　略
- [p.79] 問3　210 V，$I_2 = 42$ A，$I_1 = 1.4$ A
- [p.82] 問4　略
- [p.82] 問5　20，$\dot{Z}_1 = 0.2 + j\,2$ Ω，$\dot{Z}_2 = 0.0005 + j\,0.005$ Ω
- [p.84] 問6　200 V，2.5 A，80 Ω
- [p.85] 問7　1000 A

節末問題 [p.85]
1. ③
2. (1) 30　(2) 220 V　(3) 6000 V
3. 30
4. (1) 40 A　(2) 4000 V
5. (1) 110 V　(2) 6000 V
   (3) 3600
6. $Y_0 = 30.3 \times 10^{-6}$ S，
   $g_0 = 2.30 \times 10^{-6}$ S，
   $b_0 = 30.2 \times 10^{-6}$ S

2節
- [p.87] 問1　10 %
- [p.87] 問2　221 V
- [p.89] 問3　1.64 %，4.08 %
- [p.92] 問4　1 %，2 %，2.24 %
- [p.92] 問5　9.32 %，6.04 %
- [p.92] 問6　190 A
- [p.92] 問7　略
- [p.94] 問8　40.1 W，0.004 S，0.0145 S
- [p.97] 問9　99.2 %，99.3 %
- [p.97] 問10　99.2 %
- [p.97] 問11　98.2 %
- [p.101] 問12　略
- [p.101] 問13　70.2 ℃

節末問題 [p.102]
1. 6462 V
2. 略
3. (1) 97.1 %　(2) 96.4 %
   (3) 96.0 %
4. 96.4 %
5. 170 A
6. 0.856 kW
7. 566 W
8. (1) 1 %　(2) 3 %　(3) 2.6 %

3節
- [p.104] 問1　略

[p.104] 問2　$V_2 = 40$ V,
　　　　　$V_3 = 160$ V
[p.104] 問3～4　略
[p.106] 問5　8 kV·A
[p.109] 問6　$\dfrac{\pi}{6}$ rad
[p.111] 問7　34.6 kV·A

節末問題 [p.112]

1 (1)①→u　(2)②→U
　(3)溶断した場合
　　　　　③→u, ④→v
　　溶断しない場合
　　　　　③→v, ④→u
2 (1) 30 kV·A　(2) 17.3 kV·A
　(3) $I_1 = 5.77$ A, $I_2 = 86.6$ A,
　　 $I_1' = 3.33$ A, $I_2' = 50$ A
3 $2\,080$ kV·A, $I_1 = 180$ A,
　　 $I_2 = 601$ A
4 $I_1' = 11.1$ A, $I_2' = 167$ A,
　　 $V_1 = 5\,200$ V
5 86.6 kV·A
6 232 kV·A

4節

[p.115] 問1～2　略
[p.117] 問3　0.8 kV·A,
　　　　　　4.8 kV·A, 4 A
[p.118] 問4　略
[p.123] 問5～6　略
[p.123] 問7　$10\,000$ kW

節末問題 [p.123]

1 $I_1 = 111$ A, $I_2 = 100$ A
　$I = 11$ A, $V_1 = 900$ V
2 (2)
3～4 略

章末問題 [p.126～127]

A **1**～**2** 略
　3 $r_1' = 0.0005$ Ω, $x_1' = 0.005$ Ω,
　　　 $r_2 = 0.005$ Ω, $x_2 = 0.0005$ Ω,
　　　 $a^2 g_0 = 0.072$ S, $a^2 b_0 = 0.364$ S
　4 0.725 A
　5 4.33
　6 1.85 Ω
　7 (1) 1.2 %　(2) 4.55 %
　　　 (3) 4.39 %
　　　 (4) 4.23 %, 3.59 %, 1.2 %
　8 96.7 %
B **1** 略
　2 53.5 kW, 98.5 %
　3 77.5 kW
　4 3.81 %

5 4.15 %
6 A変圧器に流れる電流 $I_A = 316$ A, B変圧器に流れる電流 $I_B = 309$ A

第4章　誘導機

1節

[p.134] 問1　8極
[p.135] 問2～3　略
[p.137] 問4　略
[p.138] 問5　1152 min^{-1}
[p.140] 問6　3.33 Hz
[p.140] 問7　略
[p.141] 問8　2180 A
[p.142] 問9　略
[p.144] 問10　31.3 A
[p.144] 問11　1140 min^{-1},
　　　　　　　15.2 kW, 3 Hz
[p.144] 問12　(1) 1500 min^{-1}
　　　　　　　(2) 4 %　(3) 0.96
　　　　　　　(4) 460 W
[p.147] 問13　$\dfrac{1}{4}$ 倍
[p.147] 問14　127 N·m, 15.2 kW
[p.149] 問15　30 %
[p.152] 問16　66.7 A
[p.152] 問17　$\dfrac{2}{3}$ 倍, $\dfrac{4}{9}$ 倍
[p.152] 問18　略

節末問題 [p.157～158]

1 略
2 4 %, 2 Hz
3 (1) 4 %　(2) 22.9 kW
　(3) 0.96　(4) 22.9 kW
4～5 略
6 17.4 kW, 2.4 kW, 11.8 kV·A
7 (1) 960 min^{-1}, 1150 min^{-1}
　(2) 458 W, 458 W
　(3) Y-Δ 始動法
8 (1) 0.508 Ω
　(2) 0.390 A, 4.08 A,
　　　3.375×10^{-3} S,
　　　3.535×10^{-2} S
　(3) 0.891 Ω, 2.38 Ω
9 2 Ω
10 ①ク　②ア　③キ
　　　④ウ　⑤オ

2節

[p.161] 問1～2　略
[p.165] 問3　略
[p.167] 問4～5　略

[p.168] 問6　300 V, 287 V, 250 V,
　　　　　　　200 V, 150 V, 113 V,
　　　　　　　100 V

節末問題 [p.170]

1～**5** 略
6 ①大きく　②多い　③内側
　④外側　⑤発電機

章末問題 [p.172～174]

A **1** 1120 W
　2 59.6 N·m
　3 48 A
　4 64 %, 64 %
　5 289 N·m
　6 ①回転　②かご形
　　　③巻線形　④端絡環
　　　⑤スリップリング
　7 略
　8 一次電流→D, 効率→A,
　　　力率→B, 回転速度→C,
　　　滑り→E
　9 8 kW, 400 W
　10 79.3 %
　11 ①イ　②ア　③オ
　　　　④キ
　12 ①イ　②エ　③オ
　　　　④ク　⑤ケ
　13 2.0 Ω
B **1** 32.3 kW
　2 1430 min^{-1}
　3 0.96 倍
　4 72.4 %
　5 160 W
　6 555 min^{-1}
　7 70.7 %

第5章　同期機

1節

[p.178] 問1　1500 min^{-1}
[p.180] 問2　(1) 60 Hz
　　　　　　(2) 1980 V
　　　　　　(3) 3430 V
[p.183] 問3　略
[p.185] 問4　略
[p.187] 問5　略
[p.188] 問6　略
[p.190] 問7　略
[p.191] 問8　略
[p.191] 問9　$1.2, 83.3$ %, 10.6 Ω
[p.191] 問10　略

問題解答　**281**

[p.194] **問 11** $\sqrt{3}\,V_n I_n$ [V・A]

[p.197] **問 12〜13** 略

節末問題 [p.197]

1. ①ウ ②エ ③ア ④オ ⑤イ ⑥カ
2. (1) 時計回り (2) 強く
   (3) 弱く
   (4) 交差磁化作用
3. (1) 同期リアクタンス
   (2) 電機子巻線抵抗
   (3) 同期インピーダンス
4. 2.54 Ω, 0.95, 105 %
5. 略
6. ①ア ②エ ③カ
7. (1) 力率 64 %, 80 %
   (2) 有効分電流 640 A, 640 A, 1280 A, 無効分電流 768 A, 480 A, 1250 A
   (3) $I = 1790$ A, 71.5 %
   (4) 4860 kW

2節

[p.200] **問 1** 略

[p.201] **問 2** $\dot{V}, \dot{I}_M$ の方が $I_M^2 r_a$ だけ大きい。

[p.202] **問 3** 略

[p.204] **問 4** 略

[p.206] **問 5** 略

[p.208] **問 6** 略

節末問題 [p.209]

1. 略
2. $212\,\varepsilon^{-j0.337}$ [V], 0.337 rad

章末問題 [p.211〜212]

A
1. 50 Hz
2. 2
3. 600 min^{-1}
4. ①オ ②ア ③ウ ④エ ⑤イ
5. (1) 70 A (2) 1.2
   (3) 45.4 Ω (4) 83.3 %
6. ①イ ②ア ③エ ④ウ ⑤キ ⑥カ ⑦オ
7. 略

B
1. 106 m/s
2. 11 000 V
3. 3 Ω
4. 1.25
5. 1.21
6. 0.244 Wb
7. 1220 kW

8. 149 kW
9. ①オ ②イ ③ア ④ウ ⑤エ

第6章 小形モータと電動機の活用

1節

[p.216] **問 1〜2** 略

[p.225] **問 3** 略

[p.227] **問 4** 48, 400 pps

節末問題 [p.230]

1. ①オ ②カ ③ア ④ケ ⑤コ ⑥ウ ⑦セ ⑧ス ⑨イ ⑩ク ⑪シ ⑫エ ⑬キ ⑭サ
2. 60 %
3. 15°

2節

[p.231] **問 1** 略

[p.234] **問 2** 19 kW

[p.234] **問 3** 1.4 kW

[p.235] **問 4** 9.6 kW

節末問題 [p.236]

1. (1) 永久磁石形同期電動機, 三相誘導電動機
   (2) 三相かご形誘導電動機・交流サーボモータ・リニアモータ
   (3) 三相かご形誘導電動機
2. 2.0 m³/min

章末問題 [p.237〜238]

A
1〜2 略
3. (1) ウ (2) イ (3) オ
   (4) ア (5) エ
4. 略
5. (1) ウ, オ (2) イ, エ (3) ア
6. 略

B
1. $P_1 = 2.0$ kW, $P_2 = 0.18$ kW, $P_3 = 0.22$ kW
2. 11 kW
3. 2.1 kW
4. 5.2 kW
5. 0.69 kW

第7章 パワーエレクトロニクス

1節

節末問題 [p.251]

1. 略
2. $R_1 = 2.4$ mΩ, $R_2 = 24$ kΩ
3〜10 略

2節

節末問題 [p.258]

1. $V_d = 0.45$ V
2. 67.5 V
3. 略
4. 667 V
5. $V_{d1} = 168$ V, $V_{d2} = 154$ V, $V_{d3} = 135$ V
6. 234 V

3節

[p.260] **問 1** 120 V

節末問題 [p.264]

1. 24.0 A
2. 略
3. (a) 0.075 ms
   (b) 286 V

4節

節末問題 [p.277]

1〜4 略
5. ①オンオフ制御
   ②ダイオード
   ③波高値
   ④PWM 制御
6. 167 V
7. ①ウ ②オ ③エ ④イ

章末問題 [p.279]

A ①〜⑧ 略

B
1. 176 V
2. 42 V
3. 154 V
4. $T_{ON} = 0.75$ ms
   $T_{OFF} = 0.25$ ms
5. $\alpha = 0.4$ のとき 66.7 V
   $\alpha = 0.6$ のとき 150 V
6. 83.7 V

索引

あ行

あ アノード・・・・・・・・・・・・・・・・・ 244
　アルキルベンゼン・・・・・・・・・ 67
　アルニコ磁石・・・・・・・・ 64, 215
　安全動作領域・・・・・・・・・・・ 248
い 位相制御・・・・・・・・・・・・・・・ 257
　位相特性曲線・・・・・・・・・・・ 205
　位相変位・・・・・・・・・・・・・・・ 108
　一次インピーダンス・・・・・・・ 81
　一次エネルギー・・・・・・・・・・・ 6
　一次側からみた等価回路
　　・・・・・・・・・・・・・・・・・・・・・・ 83
　一次側に換算した等価回路
　　・・・・・・・・・・・・・・・・・・・・・・ 83
　一次電流・・・・・・・・・・・・ 77, 141
　一次銅損・・・・・・・・・・・・・・・ 143
　一次入力・・・・・・・・・・・・・・・ 143
　一次負荷電流・・・・・・・・ 81, 143
　一次巻線・・・・・・・・・・・・ 73, 117
　一次誘導起電力・・・・・・・・・・ 77
　インテリジェントパワーモ
　　ジュール・・・・・・・・・・・・・ 250
　インバータ・・・・・・・・・ 242, 264
　インバータ装置・・・・・・・ 10, 265
　インピーダンスワット・・・・・ 94
う 渦電流・・・・・・・・・・・・・・・ 14, 74
　渦電流損・・・・・・・・・・・・ 14, 74
　打ち抜き鉄心・・・・・・・・・・・・ 74
　埋込磁石形同期モータ・・・ 220
え エアギャップ・・・・・・・・・・・・・ 22
　永久磁石形・・・・・・・・・・・・・ 227
　永久磁石形直流モータ・・・ 215
　永久磁石形同期電動機・・・ 209
　永久磁石形同期モータ・・・ 220
　エナメル線・・・・・・・・・・・・・・ 58
　エレベータ・・・・・・・・・・・・・ 234
　円筒形・・・・・・・・・・・・・・・・・ 182
お オフ状態・・・・・・・・・・・・・・・ 244
　オンオフ動作・・・・・・・・・・・ 242
　オン状態・・・・・・・・・・・・・・・ 244
　温度上昇限度・・・・・・・・・・・・ 65

か行

か 界磁・・・・・・・・・・・・・・・・・・・ 22
　界磁起磁力・・・・・・・・・・・・・・ 31
　界磁磁束・・・・・・・・・・・・・・・・ 29
　界磁制御法・・・・・・・・・・・・・・ 46
　界磁鉄心・・・・・・・・・・・・・・・・ 22
　界磁巻線・・・・・・・・・・・・・・・・ 22
　回生制動・・・・・・ 47, 154, 263, 271
　外鉄形・・・・・・・・・・・・・・ 74, 114
　回転界磁形同期発電機・・・ 178
　回転機・・・・・・・・・・・・・・・・・・ 9
　回転子・・・・・・・・・・・・ 22, 135, 180
　回転磁界・・・・・・・・・・・・・・・ 131
　外部特性曲線・・・・・・・・ 33, 191
　加極性・・・・・・・・・・・・・・・・・ 103
　かご形アルミダイカスト回転子
　　・・・・・・・・・・・・・・・・・・・・ 136
　かご形回転子・・・・・・・・・・・ 136
　かご形導体・・・・・・・・・・・・・ 136
　重ね接続・・・・・・・・・・・・・・・・ 74
　重ね巻・・・・・・・・・・・・・・・・・・ 24
　カソード・・・・・・・・・・・・・・・ 244
　型巻コイル・・・・・・・・・・・・・ 181
　カットコア・・・・・・・・・・・・・・ 75
　可変電圧可変周波数電源装置
　　・・・・・・・・・・・・・・・・・・・・ 152
　可変リラクタンス形・・・・・ 227
　紙巻線・・・・・・・・・・・・・・・・・・ 58
　ガラス巻線・・・・・・・・・・ 58, 135
　簡易等価回路・・・・・・・・ 83, 142
　環境配慮型変圧器・・・・・・・ 128
　間接交流変換装置・・・・・・・ 275
　環流ダイオード・・・・・・・・・ 255
　環流モード・・・・・・・・・・・・・ 268
き 紀伊水道直流連系設備・・・ 275
　機械損・・・・・・・・・・・・・・ 50, 143
　機械的出力・・・・・・・・・・・・・ 143
　帰還・・・・・・・・・・・・・・・・・・・ 267
　帰還ダイオード・・・・・・・・・ 267
　基準インピーダンス・・・・・・ 89
　逆回復時間・・・・・・・・・・・・・ 245
　逆起電力・・・・・・・・・・・・・・・・ 40
　規約効率・・・・・・・・・・・・・・・・ 95
　逆相制御・・・・・・・・・・・・・・・ 155
　逆阻止3端子サイリスタ
　　・・・・・・・・・・・・・・・・・・・・ 246
　逆阻止状態・・・・・・・・・・・・・ 246
　逆転・・・・・・・・・・・・・・・・ 47, 154
　逆転制動・・・・・・・・・・・・・・・・ 47
　逆変換・・・・・・・・・・・・・ 242, 265
　キャリヤ・・・・・・・・・・・・・・・ 249
　極性・・・・・・・・・・・・・・・・・・・ 103
　極ピッチ・・・・・・・・・・・・・・・ 178
　虚数単位・・・・・・・・・・・・・・・・ 16
く 偶力・・・・・・・・・・・・・・・・・・・・ 37
　くま取りコイル・・・・・・・・・ 165
　クレーン・・・・・・・・・・・・・・・ 233
け 計器用変圧器・・・・・・・・・・・ 121
　継鉄・・・・・・・・・・・・・・・・・・・・ 22
　系統連系保護装置・・・・・・・ 274
　ゲート・・・・・・・・・・・・・・・・・ 246
　ゲートターンオフサイリスタ
　　・・・・・・・・・・・・・・・・・・・・ 246
　減極性・・・・・・・・・・・・・・・・・ 103
　減磁起磁力・・・・・・・・・・・・・・ 31
　減磁作用・・・・・・・・・・・・ 31, 185
　原動機・・・・・・・・・・・・・・・・・・ 19
こ コアレスDCモータ・・・・・ 217
　高温超電導・・・・・・・・・・・・・・ 59
　交差起磁力・・・・・・・・・・・・・・ 31
　交差磁化作用・・・・・・・・ 31, 184
　硬銅・・・・・・・・・・・・・・・・・・・・ 57
　交番磁界・・・・・・・・・・・・・・・ 161
　交番磁束・・・・・・・・・・・・・・・・ 22
　効率・・・・・・・・・・・・・・・ 145, 148
　交流（AC）サーボモータ
　　・・・・・・・・・・・・・・・・・・・・ 225
　交流整流子モータ・・・ 220, 222
　交流電力調整回路・・・・・・・ 257
　交流電力調整器・・・・・・・・・ 257
　交流フィルタ・・・・・・・・・・・ 270
　交流変換・・・・・・・・・・・・・・・ 242
　交流変換装置・・・・・・・・・・・・ 10
　小形直流モータ・・・・・・・・・ 215
　呼吸作用・・・・・・・・・・・・・・・ 100
　固定子・・・・・・・・・・・ 22, 134, 180
　コンサベータ・・・・・・・・・・・ 100
　コンスタンタン・・・・・・・・・・ 60
　コンパレータ・・・・・・・・・・・ 269

さ行

さ サーボモータ・・・・・・・・・・・ 224
　サイクロコンバータ
　　・・・・・・・・・・・・・・ 152, 275, 276
　最高使用温度・・・・・・・・・・・・ 65
　最小定理・・・・・・・・・・・・・・・・ 96
　最大電力点追従制御・・・・・ 274
　サイリスタ・・・・・・・・・ 244, 246
　サイリスタ整流回路・・・・・ 253
　三次巻線・・・・・・・・・・・・・・・ 117
　三相かご形誘導電動機
　　・・・・・・・・・・・・・・・・・ 135, 136
　三相全波整流回路・・・・・・・ 256
　三相同期電動機・・・・・・・・・ 199
　三相同期発電機・・・・・・・・・ 177
　三相2極誘導電動機・・・・・ 132
　三相ブリッジ整流回路・・・ 256
　三相変圧器・・・・・・・・・・・・・ 113
　三相巻線形誘導電動機
　　・・・・・・・・・・・・・・・・・ 135, 137
　三相誘導電圧調整器・・・・・ 166
　三相誘導電動機・・・・・・・・・ 131
　三巻線変圧器・・・・・・・・・・・ 117
　残留磁気・・・・・・・・・・・・・・・・ 15
し 直入れ始動法・・・・・・・・・・・ 150
　磁化曲線・・・・・・・・・・・・・・・・ 15
　磁化電流・・・・・・・・・・・・・・・・ 79
　磁気飽和・・・・・・・・・・・・・・・・ 15
　磁気漏れ変圧器・・・・・・・・・ 117
　軸出力・・・・・・・・・・・・・・・・・ 143
　自己始動法・・・・・・・・・・・・・ 207
　自己容量・・・・・・・・・・・ 116, 168
　自己励磁・・・・・・・・・・・・・・・ 192
　持続短絡電流・・・・・・・・・・・ 189
　実測効率・・・・・・・・・・・・・・・・ 95
　始動器・・・・・・・・・・・・・・・・・・ 44
　始動抵抗・・・・・・・・・・・・・・・・ 44
　自動電圧調整器・・・・・・・・・ 192
　始動電動機法・・・・・・・・・・・ 208
　始動電流・・・・・・・・・・・・・・・・ 44
　始動トルク・・・・・・・・・・・・・ 146
　始動法・・・・・・・・・・・・・ 150, 207
　始動補償器法・・・・・・・・・・・ 151
　周波数変換装置・・・・・・・・・ 275
　出力・・・・・・・・・・・・・・・・・・・ 143
　出力特性曲線・・・・・・・・・・・ 147
　順変換・・・・・・・・・・・・・・・・・ 242
　消弧角・・・・・・・・・・・・・・・・・ 254
　常時インバータ給電方式
　　・・・・・・・・・・・・・・・・・・・・ 273
　少数キャリヤ・・・・・・・・・・・ 249
　ショットキー接合・・・・・・・ 245
　ショットキーバリアダイオード
　　・・・・・・・・・・・・・・・・・・・・ 244
　シリコーン油・・・・・・・・・・・・ 67
　自励発電機・・・・・・・・・・・・・・ 33
す 水車発電機・・・・・・・・・・・・・ 183
　スイッチトリラクタンスモータ
　　・・・・・・・・・・・・・・・・・・・・ 221
　スイッチングレギュレータ
　　・・・・・・・・・・・・・・・・・・・・ 264
　スコット結線・・・・・・・・・・・ 118
　スコット結線変圧器・・・・・ 118
　ステッピングモータ・・・・・ 226
　ステップ角・・・・・・・・・・・・・ 226
　滑り・・・・・・・・・・・・・・・・・・・ 138
　滑り周波数・・・・・・・・・・・・・ 139
　スラッジ・・・・・・・・・・・・・・・ 100
　スロット・・・・・・・・・・・・・・・・ 22
せ 制御角・・・・・・・・・・・・・・・・・ 253
　正弦波PWM制御・・・・・・・ 269
　静止形無効電力補償装置
　　・・・・・・・・・・・・・・・・・・・・ 208
　静止器・・・・・・・・・・・・・・・・・・ 9
　静止レオナード方式・・・・・・ 46
　制動・・・・・・・・・・・・・・・・ 47, 154
　制動巻線・・・・・・・・・・・・・・・ 204
　整流子・・・・・・・・・・・・・・・・・・ 20
　整流子片・・・・・・・・・・・・・・・・ 20
　整流装置・・・・・・・・・・・・ 10, 242
　整流ダイオード・・・・・・・・・ 244
　積層・・・・・・・・・・・・・・・・・・・・ 61
　積層鉄心・・・・・・・・・・ 14, 22, 74

絶縁ゲートバイポーラトランジスタ……………… 248	直巻発電機…………… 35	転流回路…………… 247	熱硬化性材料………… 68
絶縁材料……………… 67	直流機………………… 19	電流形インバータ…… 266	**は 行**
絶縁耐力……………… 65	直流降圧チョッパ…… 259	電流駆動形………… 248	ハイブリッド形……… 227
絶縁電線……………… 58	直流昇圧チョッパ… 259, 261	電力化率……………… 6	バイポーラパワートランジスタ……………… 248
絶縁油………………… 73	直流昇降圧チョッパ	電力変換回路……… 242	発電機………………… 26
繊維質絶縁材料……… 68	……………… 259, 262	電力変換装置………… 10	発電制動………… 47, 154
センサレスベクトル制御	直流送電……………… 275	電力融通…………… 275	バリアメタル………… 245
……………………… 153	直流直巻電動機…… 222	等価回路……………… 81	パルス周波数………… 227
全日効率……………… 97	直流チョッパ……… 259	同期インピーダンス	パルス幅制御………… 268
占積率………………… 74	直流 (DC) サーボモータ	……………… 187, 189	パルス幅変調制御…… 268
全節巻……………… 179	……………………… 225	同期機………………… 65	パルスモータ………… 226
全電圧始動法……… 150	直流電動機………… 19, 20	同期速度…………… 133	パワー MOSFET…… 248
全負荷運転………… 148	直流発電機………… 19, 20	同期調相機………… 208	パワーエレクトロニクス
そ	直流変換…………… 242	同期外れ…………… 204	……………………… 241
増磁作用…………… 185	直流変換装置…… 10, 259	同期発電機………… 178	パワーエレクトロニクス技術
送風機……………… 235	直列巻線…………… 116	同期リアクタンス… 187	……………………… 10
双方向性3端子サイリスタ	**つ**	同期リアクタンスモータ	パワーコンディショナ… 273
……………………… 246	通電率……………… 269	……………………… 221	パワートランジスタ
測温抵抗体…………… 98	通流率……………… 260	同期ワット………… 145	……………… 244, 248
速度制御……………… 46	**て**	銅損…………… 50, 92	パワー半導体デバイス… 241
速度特性……………… 42	低温超電導…………… 59	突極形……………… 182	パワーモジュール…… 250
速度特性曲線……… 145	定格………………… 49	突発短絡電流……… 189	バンク……………… 107
速度変動率…………… 51	定格運転…………… 148	トップランナー変圧器… 72	半導体バルブデバイス… 242
た 行	定格出力…………… 143	トップランナーモータ… 130	**ひ**
タービン発電機…… 183	定格値……………… 49	トライアック……… 246	光トリガサイリスタ… 246
ダーリントン接続… 248	定格負荷…………… 49	トランジスタ……… 248	ヒステリシス………… 15
ダイオード整流回路… 252	抵抗制御法…………… 46	トルク……………… 37	ヒステリシス曲線…… 15
耐熱クラス…………… 65	定出力負荷………… 232	トルク-速度曲線…… 146	ヒステリシス損……… 15
太陽光発電設備…… 274	定速度電動機………… 42	トルク特性…………… 42	ヒステリシスループ… 15
太陽電池…………… 274	定電圧定周波電源装置… 273	トルクブースト…… 271	百分率抵抗降下……… 88
多重インバータ…… 270	定電流特性………… 117	**な 行**	百分率同期インピーダンス
脱出トルク………… 204	停動トルク………… 146	内鉄形…………… 74, 113	……………………… 190
他励発電機…………… 32	定トルク負荷……… 232	波巻………………… 24	百分率リアクタンス降下
短鉄心………………… 74	鉄心…………… 73, 134	軟鋼………………… 61	……………………… 88
端子記号…………… 103	鉄損……… 50, 74, 92, 143	軟鋼板……………… 22	表面磁石形同期モータ… 220
短節巻……………… 179	鉄損角………………… 79	軟銅………………… 57	漂遊負荷損…………… 94
単相制動…………… 155	鉄損電流……………… 79	**に**	漂遊無負荷損………… 93
単相全波整流回路… 255	Δ 結線……………… 107	2極の回転磁界…… 132	平角線…………… 22, 76
単相半波整流回路… 252	Δ-Δ 結線…………… 107	二次インピーダンス… 81	比例推移…………… 148
単相ブリッジ整流回路… 255	Δ-Y 結線…………… 108	二次エネルギー……… 6	**ふ**
単相変圧器………… 115	電圧形インバータ… 266	二次側に換算した等価回路	ファストリカバリダイオード
短絡インピーダンス… 89	電圧駆動形………… 248	……………………… 84	……………………… 244
短絡インピーダンス試験	電圧制御法…………… 46	二次効率…………… 143	ファラデーの法則…… 13
……………………… 94	電圧比………………… 78	二次抵抗始動法…… 151	フィルタ…………… 270
端絡環……………… 136	電圧変動率…… 49, 50, 86	二次電流………… 77, 139	フェライト磁石…… 64, 215
短絡曲線…………… 188	電気角……………… 133	二次銅損…………… 143	負荷角…………… 194, 200
短絡電流………… 91, 189	電気雑音…………… 218	二次入力…………… 143	負荷損………………… 94
短絡比……………… 190	電機子……………… 22	二次巻線………… 73, 117	深みぞかご形誘導電動機
短絡容量……………… 91	電機子起磁力………… 31	二重かご形誘導電動機… 159	……………………… 160
ち	電機子鉄心…………… 22	二次誘導起電力…… 77, 139	負荷容量…………… 116
蓄積効果…………… 249	電機子反作用… 29, 184, 202	二乗トルク負荷…… 232	複素数……………… 16
着磁………………… 63	電機子反作用によるリアクタンス	二相交流…………… 162	負担………………… 121
鋳鋼………………… 61	……………………… 186	二層巻…………… 24, 181	ブッシング…………… 99
中性軸………………… 30	電機子巻線…………… 22	**ね**	ブラシレス DC モータ
鋳鉄グリッド………… 60	電気的中性軸………… 30	ネオジム系磁石……… 64	……………………… 218
超電導………………… 58	電磁鋼板…… 22, 61, 74, 137	ネオジム磁石………… 56	ブリーザ…………… 100
直接交流変換装置… 275	電磁誘導……………… 13	ネオジム-鉄-ホウ素系磁石	プリント配線モータ… 217
直巻電動機………… 222	電磁力…………… 12, 20	……………………… 215	ブレークオーバ…… 246
	電動機…………… 26, 231	熱可塑性材料………… 68	
	電動機の効率……… 143		

ブレークオーバ電圧 …… 246
フレミングの左手の法則
　…………… 11, 20, 37, 131
フレミングの右手の法則
　………… 13, 14, 19, 28, 131
分巻発電機 ………………… 34
分路巻線 ………………… 116

へ
並行運転 …………… 104, 194
ベクトル …………………… 16
ベクトル制御 …………… 153
変圧器 ……………………… 73
変圧器の効率 ……………… 95
変圧器油 …………………… 99
変圧比 ……………… 78, 122
変速度電動機 ……………… 43
変流器 …………………… 120
変流比 ……………… 78, 120

ほ
方向性電磁鋼帯 …………… 62
飽和電圧 ………………… 248
補極 ………………… 31, 41
保持電流 ………………… 247
補償巻線 …………… 31, 41
保磁力 ……………………… 15
母線 ……………………… 194
ポリエステルイミド線 …… 58
ポリエステル線 …… 58, 135
ホルマール線 … 58, 76, 135
ポンプ …………………… 235

ま行
ま　巻数比 ………………… 78
　　巻線 ………… 58, 73, 135
　　巻線形回転子 ………… 136
　　巻鉄心 ………………… 74
　　マグネットワイヤ ……… 58
　　マトリックスコンバータ
　　　　………………… 275, 276
　　丸線 ……………………… 76
　　マンガニン ……………… 60
み　右ねじの法則 …………… 11
　　脈動トルク …………… 215
む　無機質絶縁材料 ………… 68
　　無効横流 ……………… 196
　　無溝鉄心形 …………… 215
　　無停電電源装置 ……… 273
　　無負荷試験 ……………… 93
　　無負荷損 ………………… 93
　　無負荷飽和曲線 … 32, 188
　　無方向性電磁鋼帯 ……… 62
も　モータ …………………… 26
　　漏れリアクタンス … 80, 187

や行
ゆ　有機質高分子材料 ……… 68
　　有効横流 ……………… 196
　　有溝鉄心形 …………… 215
　　誘導機 …………… 65, 131
　　誘導起電力 ……………… 13

誘導電圧調整器 ………… 166
誘導電流 …………………… 13
誘導発電機 ……………… 168
誘導モータ ………… 220, 222
ユニバーサルモータ …… 222
よ　4極巻 ………………… 133

ら行
ら　乱調 …………………… 204
り　リアクタンス ………… 186
　　リアクトル …………… 259
　　理想変圧器 ……………… 77
　　リニア新幹線 …………… 59
　　リニア直流モータ …… 223
　　リニア同期モータ …… 223
　　リニアパルスモータ … 223
　　リニアモータ …… 220, 223
　　リニア誘導モータ …… 223
　　リプル ………………… 259
　　リラクタンスモータ … 220
　　臨界温度 ………………… 58
れ　励磁アドミタンス ……… 79
　　励磁コンダクタンス …… 79
　　励磁サセプタンス ……… 79
　　励磁電流 ……… 79, 93, 143
　　レンツの法則 …… 13, 131
ろ　六ふっ化硫黄 …………… 67

英字
AVR ……………………… 192
BH 曲線 ………………… 15
CT ……………………… 120
CVCF …………………… 273
EV ……………………… 241
FRD ……………………… 244
GTO ……………… 244, 246
HB 形 …………………… 227
HV ……………………… 241
IGBT …………………… 248
IPM ……………………… 250
IPMSM ………………… 220
LDM …………………… 223
LIM ……………………… 223
LPM …………………… 223
LSM …………………… 223
MOSFET ……………… 249
MPPT ………………… 274
n 形半導体 …………… 244
PCS …………………… 273
PM ……………………… 250
PM 形 ………………… 227
pn 接合 ………………… 244
PWM インバータ … 269, 270
PWM 制御 ……… 268, 271
p 形半導体 …………… 244
SBD …………………… 244
SCR …………………… 246
SPMSM ……………… 220

SRM …………………… 221
SVC …………………… 208
SynRM ………………… 221
T 結線 ………………… 118
UPS …………………… 273
$\dfrac{V}{f}$ 一定制御 ……… 152, 271
VR 形 ………………… 227
VT ……………………… 122
VVVF 電源装置 … 152, 271
V-V 結線 ……………… 110
V 曲線 ………………… 205
Y-Y 結線 ……………… 109
Y-Δ 結線 ……………… 109
Y-Δ 始動法 …………… 150

●本書の関連データが web サイトからダウンロードできます。
https://www.jikkyo.co.jp で
「新訂電気機器概論」を検索してください。

■監修

東京工業大学教授
千葉　明
（ちば　あきら）

■編修

昆　秀行（こん　ひでゆき）　　酒井豊喜（さかい　とよき）

庄司忠信（しょうじ　ただのぶ）　　津田良仁（つだ　りょうじ）

並木正則（なみき　まさのり）　　山口亨一（やまぐち　りょういち）

実教出版株式会社

写真提供・協力——愛知電機㈱　オリエンタルモーター㈱　㈱関東機械センター　（公財）高輝度光科学研究センター　四国電力㈱　写真 AC　シャープ㈱　新日鐵住金㈱　㈱第一エレクトロニクス　中部電力㈱　電光工業　東海旅客鉄道㈱　東京電力㈱　㈱東芝　東芝エネルギーシステムズ㈱　㈱ニコン　日産自動車㈱　㈱日立製作所　（一社）日本電機工業会　富士通クライアントコンピューティング㈱　富士電機㈱　㈱マグナ　三菱自動車工業㈱　三菱電機㈱　㈱明電舎　安川電機　ルネサスエレクトロニクス㈱　レシップ㈱　JFE スチール㈱　㈱アフロ

QR コードは㈱デンソーウェーブの登録商標です。

表紙デザイン——難波邦夫
本文基本デザイン——DESIGN + SLIM　松利江子

First Stage シリーズ　　　　　　　　　　2024 年 9 月 20 日　初版第 1 刷発行

新訂電気機器概論

Ⓒ著作者　千葉　明
　　　　　ほか 7 名（別記）
●発行者　小田良次
●印刷者　株式会社太洋社

無断複写・転載を禁ず

●発行所　実教出版株式会社
〒102-8377　東京都千代田区五番町 5
電話〈営業〉（03）3238-7765
　　〈企画開発〉（03）3238-7751
　　〈総務〉（03）3238-7700
https://www.jikkyo.co.jp

Ⓒ A. Chiba

ISBN978-4-407-36470-5

電力用半導体デバイスの利用

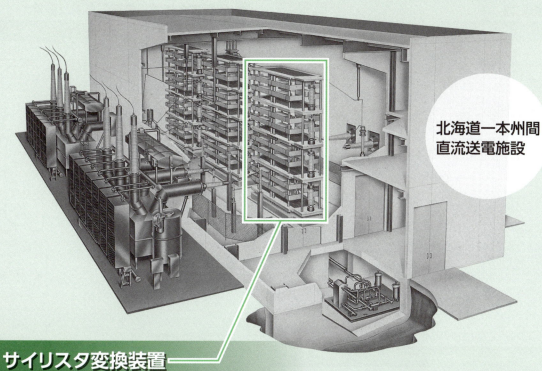

北海道―本州間直流送電施設

サイリスタ変換装置

サイリスタを用いて，交流から直流，および直流から交流への両方向の変換を行う装置。

紀伊水道直流連系設備阿南変換所に設置されているサイリスタ変換装置。

変換容量：700 MW
直流定格：250 kV - 2 800 A

光トリガサイリスタ

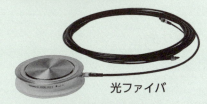

光ファイバ

北海道―本州間直流送電施設のサイリスタ変換装置に使用されている光トリガサイリスタ（▶p.246）。このような光トリガサイリスタを多数合わせて，サイリスタモジュールが構成される。

定格：6 kV - 2 500 A
直径：10 cm

サイリスタモジュール

このサイリスタモジュールをいくつも合わせて何層にも積み重ねると，上の写真に示したサイリスタ変換装置になる。

電気用図記号 その1　基礎受動部品と電気エネルギーの発生および変換

■ 抵抗器

名　称（説明）	図記号
抵抗器（一般図記号）	
可変抵抗器	
しゅう(摺)動接点付抵抗器	
しゅう(摺)動接点付ポテンショメータ	
分流器（シャント）個別の電流端子および電圧端子付抵抗器	
発熱素子	

■ コンデンサ（キャパシタ）

名　称（説明）	図記号
コンデンサ（一般図記号）	
有極性コンデンサ（電解コンデンサ）	
可変コンデンサ	
半固定コンデンサ	

■ インダクタ

名　称（説明）	図記号
コイル（一般図記号）巻線（一般図記号）（インダクタ，チョーク，リアクトル）	
磁心入インダクタ リアクトル	
ギャップ付磁心入インダクタ リアクトル	
固定タップ付インダクタ（固定タップ2個の場合を示す）	

■ 電気エネルギーの発生および変換①

名　称（説明）	図記号
ステッピングモータ（パルスモータ）	
直流直巻電動機	
直流分巻電動機	
直流複巻（内分巻）発電機（端子およびブラシ付きを示す）	
永久磁石付直流電動機（端子およびブラシ付きを示す）	
単相直巻電動機	
単相同期電動機	
(中性点を引き出した星形結線の)三相同期発電機	
(各相の巻線の両端を引き出した)三相同期発電機	
三相かご形誘導電動機	
単相かご形誘導電動機（両端引き出しの場合を示す）	
三相巻線形誘導電動機	

資料 5

電気エネルギーの発生および変換② (様式1:単線図表示, 様式2:複線図表示)

名　称（説明）	図記号	名　称（説明）	図記号
2巻線変圧器(一般図記号) 例：2巻線変圧器（瞬時電圧極性を示した場合） ｛印を付けた巻線の端部から入る瞬時電流は，巻線の磁束を増加する｝	様式1　様式2	三相誘導電圧調整器	様式1　様式2
3巻線変圧器(一般図記号)	様式1　様式2	計器用変圧器 (計器用変成器)	様式1　様式2
単巻変圧器(一般図記号)	様式1　様式2	変流器(一般図記号)	様式1　様式2
単相電圧調整変圧器	様式1　様式2	(3本の1次導体をまとめて通した) 変流器	様式1　様式2
星形三角結線の三相変圧器 (スターデルタ結線)	様式1　様式2	直流－直流変換装置 (DC-DCコンバータ) チョッパ	
星形三角結線の単相変圧器の三相バンク	様式1　様式2	整流器(順変換装置)	
		全波接続(ブリッジ接続)の整流器	
		インバータ(逆変換装置)	
電圧調整式の 単相単巻変圧器	様式1　様式2	1次電池 2次電池 1次電池 または 2次電池 ｛長線が陽極（＋）を示し，短線が陰極（－）を示している｝	

(JIS C 0617-4,6:2011 による)

電気用図記号 その2 半導体

◾ ダイオード

名　称（説明）	図記号
半導体ダイオード （一般図記号） （文字A，Kは端子名で， 　アノード，カソードを表す）	A ▽ K
発光ダイオード（LED） （一般図記号）	
温度検出ダイオード	θ
可変容量ダイオード （バラクタ）	
トンネルダイオード （江崎ダイオード）	
一方向性降伏ダイオード （定電圧ダイオード， 　ツェナーダイオード）	
双方向性降伏ダイオード	
双方向性ダイオード	

◾ トランジスタ

名　称（説明）	図記号
pnpトランジスタ （文字B，C，Eは端子名で， 　ベース，コレクタ，エミッタ 　を表す）	B─◁─C 　　　E
npnトランジスタ （文字B，C，Eは端子名で， 　ベース，コレクタ，エミッタ 　を表す） （コレクタを外囲器と接続）	
pチャネル接合形 電界効果トランジスタ（JFET） （文字G，D，Sは端子名で， 　ゲート，ドレーン，ソースを表す）	G─▷─D 　　　S
nチャネル接合形 電界効果トランジスタ（JFET） （ゲートとソースの接続は，一直 　線上に描かなければならない）	
pチャネル絶縁ゲート形 電界効果トランジスタ（IGFET） （エンハンスメント形・単ゲート・ 　サブストレート接続のない場合 　を示す）	
nチャネル絶縁ゲート形 電界効果トランジスタ（IGFET） （エンハンスメント形・単ゲート・ 　サブストレート接続のない場合 　を示す）	
pチャネル絶縁ゲート形 電界効果トランジスタ（IGFET） （デプレション形・単ゲート・ 　サブストレート接続のない場 　合を示す）	
nチャネル絶縁ゲート形 電界効果トランジスタ（IGFET） （デプレション形・単ゲート・ 　サブストレート接続のない場 　合を示す）	